轨道交通装备制造业职业技能鉴定指导丛书

磨 工

中国北车股份有限公司 编写

中国铁道出版社

2015年·北京

图书在版编目(CIP)数据

磨工/中国北车股份有限公司编写 . —北京：中国
铁道出版社,2015.3

(轨道交通装备制造业职业技能鉴定指导丛书)

ISBN 978-7-113-19297-6

Ⅰ.①磨… Ⅱ.①中… Ⅲ.①磨削－职业技能－
鉴定－教材 Ⅳ.①TG58

中国版本图书馆 CIP 数据核字(2014)第 225957 号

书　　名：	轨道交通装备制造业职业技能鉴定指导丛书
	磨工
作　　者：	中国北车股份有限公司

策　　划：	江新锡　钱士明　徐　艳
责任编辑：	张卫晓　　　　　编辑部电话：010-51873065
封面设计：	郑春鹏
责任校对：	龚长江
责任印制：	郭向伟

出版发行：	中国铁道出版社(100054,北京市西城区右安门西街 8 号)
网　　址：	http://www.tdpress.com
印　　刷：	北京海淀五色花印刷厂
版　　次：	2015 年 3 月第 1 版　2015 年 3 月第 1 次印刷
开　　本：	787 mm×1 092 mm　1/16　印张：15.25　字数：375 千
书　　号：	ISBN 978-7-113-19297-6
定　　价：	49.00 元

序

在党中央、国务院的正确决策和大力支持下，中国高铁事业迅猛发展。中国已成为全球高铁技术最全、集成能力最强、运营里程最长、运行速度最高的国家。高铁已成为中国外交的新名片，成为中国高端装备"走出国门"的排头兵。

中国北车作为高铁事业的积极参与者和主要推动者，在大力推动产品、技术创新的同时，始终站在人才队伍建设的重要战略高度，把高技能人才作为创新资源的重要组成部分，不断加大培养力度。广大技术工人立足本职岗位，用自己的聪明才智，为中国高铁事业的创新、发展做出了重要贡献，被李克强同志亲切地赞誉为"中国第一代高铁工人"。如今在这支近5万人的队伍中，持证率已超过96％，高技能人才占比已超过60％，3人荣获"中华技能大奖"，24人荣获国务院"政府特殊津贴"，44人荣获"全国技术能手"称号。

高技能人才队伍的发展，得益于国家的政策环境，得益于企业的发展，也得益于扎实的基础工作。自2002年起，中国北车作为国家首批职业技能鉴定试点企业，积极开展工作，编制鉴定教材，在构建企业技能人才评价体系、推动企业高技能人才队伍建设方面取得明显成效。为适应国家职业技能鉴定工作的不断深入，以及中国高端装备制造技术的快速发展，我们又组织修订、开发了覆盖所有职业（工种）的新教材。

在这次教材修订、开发中，编者们基于对多年鉴定工作规律的认识，提出了"核心技能要素"等概念，创造性地开发了《职业技能鉴定技能操作考核框架》。该《框架》作为技能人才评价的新标尺，填补了以往鉴定实操考试中缺乏命题水平评估标准的空白，很好地统一了不同鉴定机构的鉴定标准，大大提高了职业技能鉴定的公信力，具有广泛的适用性。

相信《轨道交通装备制造业职业技能鉴定指导丛书》的出版发行，对于促进我国职业技能鉴定工作的发展，对于推动高技能人才队伍的建设，对于振兴中国高端装备制造业，必将发挥积极的作用。

中国北车股份有限公司总裁：

2015.2.7

前　言

　　鉴定教材是职业技能鉴定工作的重要基础。2002 年，经原劳动保障部批准，中国北车成为国家职业技能鉴定首批试点中央企业，开始全面开展职业技能鉴定工作。2003 年，根据《国家职业标准》要求，并结合自身实际，组织开发了《职业技能鉴定指导丛书》，共涉及车工等 52 个职业（工种）的初、中、高 3 个等级。多年来，这些教材为不断提升技能人才素质、适应企业转型升级、实施"三步走"发展战略的需要发挥了重要作用。

　　随着企业的快速发展和国家职业技能鉴定工作的不断深入，特别是以高速动车组为代表的世界一流产品制造技术的快步发展，现有的职业技能鉴定教材在内容、标准等诸多方面，已明显不适应企业构建新型技能人才评价体系的要求。为此，公司决定修订、开发《轨道交通装备制造业职业技能鉴定指导丛书》（以下简称《丛书》）。

　　本《丛书》的修订、开发，始终围绕促进实现中国北车"三步走"发展战略、打造世界一流企业的目标，努力遵循"执行国家标准与体现企业实际需要相结合、继承和发展相结合、坚持质量第一、坚持岗位个性服从于职业共性"四项工作原则，以提高中国北车技术工人队伍整体素质为目的，以主要和关键技术职业为重点，依据《国家职业标准》对知识、技能的各项要求，力求通过自主开发、借鉴吸收、创新发展，进一步推动企业职业技能鉴定教材建设，确保职业技能鉴定工作更好地满足企业发展对高技能人才队伍建设工作的迫切需要。

　　本《丛书》修订、开发中，认真总结和梳理了过去 12 年企业鉴定工作的经验以及对鉴定工作规律的认识，本着"紧密结合企业工作实际，完整贯彻落实《国家职业标准》，切实提高职业技能鉴定工作质量"的基本理念，在技能操作考核方面提出了"核心技能要素"和"完整落实《国家职业标准》"两个概念，并探索、开发出了中国北车《职业技能鉴定技能操作考核框架》；对于暂无《国家职业标准》、又无相关行业职业标准的 40 个职业，按照国家有关《技术规程》开发了《中国北车职业标准》。经 2014 年技师、高级技师技能鉴定实作考试中 27 个职业的试用表明：该《框架》既完整反映了《国家职业标准》对理论和技能两方面的要求，又适应了企业生产和技术工人队伍建设的需要，突破了以往技能鉴定实作考核中试卷的难度与完整性评估的"瓶颈"，统一了不同产品、不同技术含量企业的鉴定标准，提高了鉴定考核的技术含量，保证了职业技能鉴定的公平性，提高了职业技能鉴定工作质量和管理水平，将成为职业技能鉴定工作、进而成为生产操作者技能素质评价的新标尺。

　　本《丛书》共涉及 98 个职业（工种），覆盖了中国北车开展职业技能鉴定的所有职业（工种）。《丛书》中每一职业（工种）又分为初、中、高 3 个技能等级，并按职业技能鉴定理论、技能考试的内容和形式编写。其中：理论知识部分包括知识要求练习题与答案；技能操作部分包括《技能考核框架》和《样题与分析》。本《丛书》按职业（工种）分册，并计划第一批出版 74 个职业（工种）。

　　本《丛书》在修订、开发中，仍侧重于相关理论知识和技能要求的应知应会，若要更全面、系统地掌握《国家职业标准》规定的理论与技能要求，还可参考其他相关教材。

　　本《丛书》在修订、开发中得到了所属企业各级领导、技术专家、技能专家和培训、鉴定工作人员的大力支持；人力资源和社会保障部职业能力建设司和职业技能鉴定中心、中国铁道出版社等有关部门也给予了热情关怀和帮助，我们在此一并表示衷心感谢。

　　本《丛书》之《磨工》由北京二七轨道交通装备有限责任公司《磨工》项目组编写。主编冯雅旭，副主编赵连颖；主审马国忠，副主审高瑜泽。

　　由于时间及水平所限，本《丛书》难免有错、漏之处，敬请读者批评指正。

中国北车职业技能鉴定教材修订、开发编审委员会
二〇一四年十二月二十二日

目　录

磨工(职业道德)习题

一、填空题

1. 职业道德是从事一定职业的人们在从业过程中所应遵循的,与其特定职业活动相适应的(　　)。

2. 职业道德是一个人从业应有的行为规范,也是事业有成的(　　)。

3. 对企业来说,职业道德是调整人与人、个人与企业、企业与企业之间关系,维持企业正常和谐活动和企业生存发展的(　　)。

4. 一个有(　　)的职业道德的人,他的职业行为没有被强制的色彩,他能够发自内心去热爱本职工作,忠于职守,出色完成各项工作任务,对人民负责,对社会负责。

5. 职业内部,有了职业道德规范,人们行为就有了遵循,有了依据,有了(　　)。

6. 企业之间各部门都有自己的职业道德,如果各部门都能遵守本部门的职业道德,那么部门之间、企业之间就不会再有扯皮、互卡、拖拉、敷衍的现象,从而形成一个(　　)的社会。

7. "为人民服务;团结协作、相互服务;主人翁的劳动态度",是社会主义职业道德三条(　　)。

8. 单位对职工,企业对从业人员进行职业道德规范的教育是(　　),这是外部影响,还必须调动职工的内因。

9. 从业人员,在掌握职业道德规范的具体内涵之后,就要身体力行,付诸实施,把自己掌握的职业道德规范用于(　　)。

10. 在多数情况下,遵章守纪本身就是(　　),如果违章违纪,既要受到道德谴责,又要受到纪律处分,甚至追究刑事责任。

11. 职业道德既是本行业人员在职业活动中的行为规范,又是行业对社会所负的道德责任和(　　)。

12. 职业道德的主要内容:爱岗敬业,诚实守信,办事公道,服务群众,奉献社会,(　　)。

13. 职业道德有时又以制度、章程、条例的形式表达,让从业人员认识到职业道德又具有(　　)的规范性。

14. 职业道德的基本职能是(　　)。它一方面可以调节从业人员内部的关系,另一方面,职业道德又可以调节从业人员和服务对象之间的关系。

15. 职业道德的基本特征:鲜明的(　　)、内容形式的多样性、较强的适用性、相对的稳定性和连续性。

16. (　　)是社会主义职业道德的核心。

17. 职业道德的服务标准:对待工作、(　　)、对待客人。

18. 良好的职业修养是每一个优秀员工必备的素质,良好的职业道德是每一个员工都必须具备的基本品质,这两点是企业对员工最基本的规范和要求,同时也是每个员工担负起自己的工作责任必备的(　　)。

19. （   ）是一个职场人士根据工作需要,为了很好的完成工作任务主动或被动的在工作过程中养成的工作习惯,也是保证工作任务和工作质量必须具备的品质。

20. 职业道德承载着企业（   ）和凝聚力,影响深远。

21. 集体主义是（   ）的基本原则,员工必须以集体主义为根本原则,正确处理个人利益、他人利益、班组利益、部门利益和公司利益的相互关系。

22. 尊职敬业,是从业人员应该具备的一种崇高精神,是做到求真务实、优质服务、勤奋奉献的前提和（   ）。

23. （   ）是从业人员的职业道德的内在要求。随着市场经济市场的发展,对从业人员的职业观念、态度、技能、纪律和作风都提出了新的更高的要求。

24. 实事求是,不只是思想路线和认识路线的问题,也是一个道德问题,而且是（   ）的核心。

25. 严守秘密是（   ）必须的重要准则。

26. 优质服务是职业道德所追求的最终目标,优质服务是职业生命力的（   ）。

27. 职业道德具有（   ）,不同的行业和不同的职业,有不同的职业道德标准。

28. 一个行业、一个企业的信誉,也就是它们的形象、信用和声誉,是指企业及其产品与服务在社会公众中的信任程度,提高企业的信誉主要靠产品的质量和服务质量,而从业人员（   ）是产品质量和服务质量的有效保证。

29. 职业行为过程,就是（   ）过程,只有在实践过程中,才能体现出职业道德的水准。

30. 中国各行各业制定的职业公约,如商业和其他服务行业的"服务公约"、人民解放军的"军人誓词"、科技工作者的"科学道德规范"以及工厂企业的"职工条例"中的有些规定,都属于（   ）的内容,它们在职业生活中已经发挥了巨大的作用。

二、单项选择题

1. 职业道德是和人们的（   ）紧密联系在一起的。
(A)职业生活   (B)职业习惯   (C)文化素质   (D)行为规范

2. 职业道德是一个人从业应有的（   ）,也是事业有成的基本保证。
(A)职业习惯   (B)行为规范   (C)工作态度   (D)文化素质

3. （   ）是社会主义职业道德的核心。
(A)为人民服务   (B)提高劳动生产率   (C)保证产品持量   (D)提高经济效益

4. （   ）是铁路企业的宗旨。
(A)多拉快跑   (B)人民铁路为人民   (C)安全第一   (D)提速运营

5. 在现代社会条件下,要求职业劳动者具有优良的（   ）素质。
(A)技能   (B)道德   (C)文化   (D)综合

6. 爱岗（   ）是对人们工作态度的一种普遍的要求。
(A)爱厂   (B)如家   (C)敬业   (D)爱民

7. （   ）是企业的生命。
(A)产品   (B)信誉   (C)质量   (D)效益

8. 质量第一,用户至上,是（   ）职业道德的基本要求。
(A)第一产业   (B)第二产业   (C)第三产业   (D)服务行业

9. 为保证产品质量,就必须严格执行(　　)。
(A)规章制度　　　　(B)工艺文件　　　　(C)生产计划　　　　(D)操作规程

10. (　　)是保障正常生产秩序的条件。
(A)劳动纪律　　　　(B)工艺文件　　　　(C)生产计划　　　　(D)操作规程

11. 现代物流企业职业道德建设应重点从(　　)和行为规范两个层面来开展。
(A)核心价值观　　　(B)敬业精神　　　　(C)规章制度　　　　(D)企业文化

12. 管理的本质是(　　)。
(A)管理者自己完成工作　　　　　　　　(B)让别人来完成工作
(C)通过他人并同他人一起来完成工作　　(D)计划、组织、领导和控制

13. 职业道德作为一个道德规范体系,它的社会功能是(　　)。
(A)调整行业内从业人员之间的人际关系
(B)调整行业之间从业人员的人际关系
(C)调整行业内部从业人员之间及其与社会其他各方面的人际关系
(D)调整行业与社会其他各方面之间的关系

14. 一个物流企业的下列利益相关中,最重要的是(　　)。
(A)顾客　　　　　　　　　　　　　　　(B)员工
(C)股东　　　　　　　　　　　　　　　(D)供应商、政府和社会团体

15. 现代资本主义的职业精神源自于(　　)。
(A)职业是上帝的天职　　　　　　　　　(B)职业是追逐利润至上的途径
(C)职业是追求个人成功的途径　　　　　(D)职业是实现自我价值的途径

16. 支持企业可持续发展的核心因素是(　　)。
(A)超额的利润　　　　　　　　　　　　(B)有生命力的企业文化
(C)合理的利润　　　　　　　　　　　　(D)企业的管理制度

17. 敬业精神表现为职业的尊严感和荣誉感,表现为从业人员在职业活动中(　　)。
(A)不允许自己做有损于本职业的事情
(B)不容忍他人做有损于自身职业的行为
(C)给自己和他人的职业行为不做任何约束
(D)既不允许自己做有损于本职业的事情,也不容忍他人做有损于自身职业的行为

18. "诚"和"信"的逻辑关系是(　　)。
(A)先有"信"后有"诚"　　　　　　　　(B)先有"诚"后有"信"
(C)"诚"和"信"没有逻辑关系　　　　　(D)"诚"和"信"不分先后

19. "管理"和"领导"的概念关系是(　　)。
(A)领导是管理的职能活动之一　　　　　(B)一个领导者必然是管理者
(C)两者没有关系　　　　　　　　　　　(D)管理就是领导

20. 一个高级物流师在知识、技能、品质和态度等方面的职业能力应该表现为(　　)。
(A)在别人的指导下能完成部分工作任务
(B)能独立完成部分工作任务
(C)能较快较好地完成一项工作任务
(D)能出色地完成一项工作任务,并能指导他人完成工作任务

(E)能独立完成一项工作任务

21. 关于道德,准确的说法是(　　)。

(A)道德就是做好人好事

(B)做事符合他人利益就是道德

(C)道德就是处理人与人、人与社会、人与自然之间关系的特殊行为规范

(D)道德因人、因时而异,没有确定的标准

22. 在职业活动中,有的从业人员将享乐于劳动、奉献、创造对立起来,甚至为了个人享乐,不惜损害他人和社会利益。这些人所持的理念属于(　　)。

(A)极端个人主义的价值观　　　　　(B)拜金主义的价值观

(C)享乐主义的价值观　　　　　　　(D)小团体主义的价值观

23. 古人所谓的"鞠躬尽瘁,死而后已",就是要求从业者在职业活动中做到(　　)。

(A)忠诚　　　　(B)审慎　　　　(C)勤勉　　　　(D)民主

24. 下列关于职业技能构成要素之间的关系,正确的说法是(　　)。

(A)职业知识是关键,职业技术是基础,职业能力是保证

(B)职业知识是保证,职业技术是基础,职业能力是关键

(C)职业知识是基础,职业技术是保证,职业能力是关键

(D)职业知识是基础,职业技术是关键,职业能力是保证

25. 下列说法,正确的是(　　)。

(A)职业道德素质差的人,也可能具有极高的职业技能,因此职业技能与职业道德没有什么关系

(B)相对于职业技能,职业道德据次要地位

(C)一个人事业要获得成功,关键是职业技能

(D)职业道德对职业技能的提高具有促进作用

26. 齐家、治国、平天下的先决条件是(　　)。

(A)修身　　　　(B)自励　　　　(C)节俭　　　　(D)诚信

27. 尊重、尊崇自己的职业岗位,以恭敬和负责的态度对待自己的工作,做到工作专心,严肃认真,精益求精,尽职尽责,有强烈的职业责任感和职业义务感。以上描述的职业道德规范是(　　)。

(A)敬业　　　　(B)诚信　　　　(C)奉献　　　　(D)公道

28. 与法律相比,道德(　　)。

(A)产生的时间晚　　　　　　　　　(B)适用范围更广

(C)内容上显得十分笼统　　　　　　(D)评价标准难以确定

29. 从我国历史和国情出发,社会主义职业道德建设要坚持的最根本的原则是(　　)。

(A)人情主义　　　(B)爱国主义　　　(C)社会主义　　　(D)集体主义

30. 按照既定的行为规范开展工作,体现了职业化三层次内容中的(　　)。

(A)职业化素养　　　　　　　　　　(B)职业化技能

(C)职业化行为规范　　　　　　　　(D)职业道德

三、多项选择题

1. 爱岗敬业的具体要求是(　　)。

(A)树立职业理想　　　　　　　　　(B)强化职业责任

(C)提高职业技能　　　　　　　　　(D)抓住择业机遇

2. 关于勤劳节俭的正确说法是(　　　)。

(A)消费可以拉动需求,促进经济发展,因此提倡节俭是不合时宜的

(B)勤劳节俭是物质匮乏时代的产物,不符合现代企业精神

(C)勤劳可以提高效率,节俭可以降低成本

(D)勤劳节俭有利于可持续发展

3. 职工个体形象和企业整体形象的关系是(　　　)。

(A)企业的整体形象是由职工的个体形象组成的

(B)个体形象是整体形象的一部分

(C)职工个体形象与企业整体形象没有关系

(D)没有个体形象就没有整体形象

4. 维护企业信誉必须做到(　　　)。

(A)树立产品质量意识　　　　　　　(B)重视服务质量,树立服务意识

(C)妥善处理顾客对企业的投诉　　　(D)保守企业一切秘密

5. 企业文化的功能有(　　　)。

(A)激励功能　　　　(B)自律功能　　　　(C)导向功能　　　　(D)整合功能

6. 下列说法中,正确的有(　　　)。

(A)岗位责任规定岗位的工作范围和工作性质

(B)操作规则是职业活动具体而详细的次序和动作要求

(C)规章制度是职业活动中最基本的要求

(D)职业规范是员工在工作中必须遵守和履行的职业行为要求

7. 文明生产的具体要求包括(　　　)。

(A)语言文雅、行为端正、精神振奋、技术熟练

(B)相互学习、取长补短、互相支持、共同提高

(C)岗位明确、纪律严明、操作严格、现场安全

(D)优质、低耗、高效

四、判断题

1. 职业道德与职业习惯的目的是一致的。(　　　)

2. 职业纪律本身就是职业道德的一部分,只不过要求角度不同而已。(　　　)

3. 人们长期从事某些职业而形成的道德心理和道德行为是有差异的。(　　　)

4. 在实际工作中,要求从业者必须具有优良的道德素质。(　　　)

5. 职业道德与办企业的目的是完全一致的,而且是先决条件。(　　　)

6. 服从分配,听从指挥,遵守纪律,爱岗敬业,坚持原则是职业道德的体现。(　　　)

7. 质量第一,用户之上,是第三产业职业道德的基本要求。(　　　)

8. 职业道德是一个人从业应有的行为规范,也是事业有成的基本保证。(　　　)

9. 保证产品质量,提高经济效益,就必须严格执行操作规程。(　　　)

10. 生产计划是保证正常生产秩序的先决条件。(　　　)

磨工(职业道德)答案

一、填空题

1. 道德准则和行为规范
2. 基本保证
3. 保证性条件
4. 良好
5. 目标
6. 和谐、团结
7. 基本原则
8. 必要的
9. 实践中去
10. 职业道德规范的要求
11. 义务
12. 素质修养
13. 纪律
14. 调节职能
15. 职业性
16. 为人民服务
17. 对待集体
18. 素质
19. 职业习惯
20. 文化
21. 职业道德
22. 基础
23. 敬业奉献
24. 统计职业道德
25. 统计职业道德
26. 延伸
27. 多样性
28. 职业道德水平高
29. 职业实践
30. 社会主义职业道德

二、单项选择题

1. A	2. B	3. A	4. B	5. D	6. C	7. B	8. B	9. B
10. A	11. A	12. C	13. C	14. A	15. A	16. B	17. D	18. B
19. A	20. D	21. C	22. C	23. C	24. C	25. D	26. A	27. A
28. B	29. D	30. C						

三、多项选择题

1. ABC   2. CD   3. ABD   4. ABC   5. ABCD   6. ABCD   7. ABCD

四、判断题

1. ×	2. √	3. √	4. ×	5. √	6. √	7. ×	8. √	9. ×
10. ×								

磨工(初级工)习题

一、填 空 题

1. 在平面上反映机器零件的图形可采取两种形式：一种是立体图，另一种是（　　）。

2. 主视图所在的投影面称为（　　）投影面，用字母 v 表示。

3. 在机械视图中，剖面有（　　）和重合剖面两种。

4. 标注普通螺纹时，螺纹的尺寸界线应从（　　）线上引出。

5. 百分表的测量范围一般有 0～3 mm、（　　）和 0～10 mm。

6. 现行国家标准中，根据孔和轴的公差带之间的不同关系，可分为（　　）配合，过渡配合和过盈配合。

7. 游标卡尺测量工件结束后，要（　　），尤其是大尺寸的游标卡尺更应注意，否则尺身会弯曲、变形。

8. 现行国家标准中，有（　　）个公差等级，其中 IT01 级精度最高，IT18 级精度最低。

9. 机床的第一级传动，大都采用（　　）传动，这种传动适应两轴中心距较远的场合。

10. 为了使链传动磨损均匀，应尽可能采用（　　）数链节配以奇数齿链轮。

11. 在机械传动中，（　　）传动可方便地把主动件的回转运动转变为从动件的直线往复运动。

12. 工件的原始形状误差会影响磨削的圆度。当工件中心（　　）磨削轮和导轮的中心连线时，工件才能磨圆。否则工件被磨成等直径棱圆形。

13. 平面磨削砂轮与工件接触面积比外圆磨削大，故产生热量大，平面磨削表面容易（　　）。

14. 任何一种热处理工艺都是由（　　），保温和冷却三个阶段组成的。

15. 常用的热处理方法有（　　）、退火、回火及淬火、表面淬火、化学热处理。

16. 按钢中含碳量分，44 钢属于中碳钢，T8A 钢属于高碳钢。按质量分，44 钢属于优质钢，T8A 钢属于（　　）。

17. 将钢加热到一定温度，保温一段时间，然后将工件放入（　　）中急速冷却的热处理工艺称为淬火。

18. 从一批相同规格的零件（或部件）中，任取一件，不需任何修配就能装到所属的机器（或部件）上去，而且能满足（　　），我们就称它为具有互换性的零件（或部件）。

19. 通过各种测量方法，在零件的同一位置上所测得的尺寸，与其真实尺寸之代数差，叫做（　　）。

20. 材料硬度是指材料表面（　　）的能力。

21. 极限尺寸是允许零件实际尺寸变化的（　　）。

22. 圆锥体大、小端直径之差与（　　）之比称之为锥度。

23. 表面粗糙度是指零件在加工表面上具有较小间距的峰谷所组成的（　　　）。

24. 基孔制是指基本偏差为一定的孔的公差带,与不同基本偏差的（　　　）形成各种不同性质的配合。

25. 影响材料切削性能的主要因素有力学性能、（　　　）、化学性能、热处理状态。

26. 液压系统由能源部分、（　　　）、控制部分、辅助装置、传动介质五部分组成。

27. 控制阀可分为压力控制阀、（　　　）、流量控制阀三大类。

28. 方向控制阀主要分单向阀和（　　　）两种。

29. 材料在外力作用下,单位面积上承受的力称为（　　　）。

30. 碳素钢主要按含碳量分类,含碳量<0.24%为低碳钢,含碳量在 0.24%～0.6%为中碳钢,含碳量在（　　　）为高碳钢。

31. 溢流阀在液压系统中的功能有四种:1. 起溢流作用,2.（　　　）,3. 起卸荷作用,4. 起背压作用。

32. 偏差可以为正、负或零,但公差却只能为（　　　）。

33. 介于间隙配合和过盈配合之间的配合称之为（　　　）。

34. M7140A 型的磨床,工作台面宽度为（　　　）。

35. 公制圆锥的号数表示（　　　）。

36. 用贯穿法磨削时,倾斜的导轮经修整后为（　　　）形,以保证导轮与工件成线接触。

37. 一般选用贯穿法磨削细长轴。为防止振动,可将工件中心调整至（　　　）。

38. 常用的万能外圆磨床主要由床身、（　　　）、头架、尾架、砂轮架和内圆磨具等部分组成。

39. 磨床型号 M7474B 中,M 表示（　　　）,74 表示工作台直径为 740 mm,B 表示第二次结构重大改进。

40. 头架上的主轴经（　　　）带动工件旋转,从而获得不同的转速。

41. 无心外圆磨床由两个砂轮组成,其中一个起切削作用,称为（　　　）砂轮,另一个砂轮起传动作用,称为导轮。

42. 通常使用的磨床有外圆磨床、内圆磨床、（　　　）、外圆无心磨床、万能工具磨床。

43. 磨削力可分解为切向力、径向力、轴向力三个分力,一般条件下轴向力是（　　　）的2～3倍。

44. 砂轮结构三要素是指（　　　）、结合剂和网状空隙。

45. 磨料是砂轮的主要成分,分为天然磨料和人造磨料两大类。天然磨料有（　　　）和金刚玉,人造磨料分刚玉类、碳化硅类、超硬类三大类。

46. 常用的平形砂轮其代号是（　　　）。

47. 砂轮的不平衡是指砂轮的重心与旋转中心（　　　）,即由不平衡质量偏离旋转中心所致。

48. 刚玉类磨料的主要成分是（　　　）。

49. 磨削套类零件的外圆时,可使用心轴装夹,常用的心轴有:涨力心轴、阶台心轴、（　　　）、液性塑料心轴、顶尖式心轴等五种。

50. 磨削精密主轴时,应采用（　　　）顶尖。

51. 磨削较长零件的内孔时,通常可采用（　　　）来装夹工件。

52. 三爪卡盘是一种（　　）夹具,由卡爪、卡盘体、丝盘和锥齿轮组成,转动丝盘,通过平面螺纹作用,三个卡爪能等速移动,一般定心精度为 0.08 mm。

53. 当工件以与孔的轴线相平行的平面定位时,可选用（　　）和角铁装夹。

54. 常见的中心孔有普通中心孔和有保护锥中心孔两种。中心孔为 60°,圆锥孔起（　　）工件的作用。

55. 切削液有以下四个作用:冷却、（　　）、清洗、防锈。

56. 磨削时常用的水溶性切削液有（　　）和合成液。

57. 磨削时常用的油性切削液有（　　）和煤油。

58. 一般内圆磨削余量取（　　）mm。

59. 砂轮的垂直进给量是根据横向进给量大小确定的,横向进给量大时,垂直进给量应（　　）。

60. 磨削用量包括:（　　）、工件圆周速度、横向进给量。

61. 外圆磨削常用来磨削零件的（　　）和肩面。

62. 平面磨削方式可分为圆周磨削和（　　）。

63. 成型磨削方法有（　　）、光学曲线磨削法、成形砂轮磨削法。

64. 无心外圆磨削的方法有（　　）、切入法和强迫贯穿法等三种。

65. 磨削圆锥体时,由于砂轮与工件接触,因此上工作台或头架所转动的角度是（　　）和轴线之间的夹角。

66. 立轴平面磨床砂轮与工件的接触面积大,则粒度应选（　　）才能避免烧伤。

67. 不平衡的砂轮作高速旋转时产生的离心力,会引起机床（　　）,加速轴承磨损,严重的甚至造成砂轮爆裂。

68. 衡量砂轮的工作特性要素包括磨料、（　　）、结合剂、硬度、组织、强度、形状和尺寸等八项。

69. 外圆磨削分（　　）;端面外圆磨削;无心外圆磨削等三种主要形式。

70. 在花盘平面上开有很多径向分布的（　　）,可安插 T 型螺钉装夹工件。使用时要注意使花盘保持平衡。

71. 用三爪卡盘装夹薄壁工件时,如装夹不当,工件将被磨成（　　）形。

72. 圆锥角公差用（　　）和 ATD 两种形式来表示。

73. MB1632 型表示为（　　）。

74. 精磨时,必须用较小走刀量和较小切削深度,精细修整砂轮,使磨粒产生微细切削刃,此刃称为（　　）。

75. 砂轮每打磨一次之后所能（　　）称为砂轮的耐用度。

76. 用结合剂将磨粒按一定要求粘接而成,能用于（　　）等工作的工具,叫做磨具。

77. 在磨削过程中,磨粒自行崩碎产生新棱角和及时自行脱落露出新的磨粒以使自己保持锋锐性能,称为（　　）。

78. 砂轮中磨粒的材料称（　　）。

79. 磨削加工一般是指在磨床上用（　　）,磨去工件表面上多余的金属层,使工件的加工表面达到预定要求的一种加工方法。

80. 磨粒与工件之间相互作用的挤压力和磨粒与工件之间的摩擦力所形成的一个合力称

为（　　　）。

81. 在外圆磨削和内圆磨削中,砂轮与工件所接触的圆弧叫接触弧。（　　　）长短与磨削方式、砂轮和工件的直径及磨削深度有关。

82. 从工件上将切屑切下来所需要的基本运动是主运动。在磨削加工中,（　　　）运动就是磨削主运动。

83. 磨削加工的生产率用砂轮每分钟切下来的金属来表示,即是说,磨削生产率就是每分钟（　　　）。

84. 在平面磨削中,砂轮与工件（　　　）部分叫接触弧。

85. 工件表面金属材料和磨屑,因受磨粒挤压而剧烈变形时,使得工件材料内部金属分子之间产生了相对移动,这种金属分子之间相对移动产生的摩擦称为（　　　）。

86. 在磨削加工中,由于砂轮挤压工件,砂轮与工件材料之间的摩擦称为（　　　）。

87. 使新的金属层不断投入切削,以便切出整个工件表面的运动称为（　　　）。

88. 磨削时,由于工件表面层材料塑性变形以及砂轮和工件表面高速磨擦,都要消耗一定的功,而这些功都将转化为热能,因磨削作用而产生的热量叫做（　　　）。

89. 砂轮作主切削运动,工件转动并随工作台一起作直线往复运动。每一往复终了时,砂轮作横向切入进给。这种磨削方法称（　　　）。

90. 磨削中,工件在每一次进给运动中在进给运动方向上的移动量称为（　　　）。

91. 内圆磨床,主要分（　　　）、内圆磨床、行星内圆磨床等三种类型。

92. 磨床的润滑方式有手工加油润滑、（　　　）油绳、油杆、溅油润滑等。

93. 无心磨床由砂轮、（　　　）和托架三者构成磨削形式。

94. 按砂轮工作表面分,磨削加工的方法可分为周边磨削、（　　　）、成形磨削。

95. 磨削余量分为粗磨余量、（　　　）、研磨余量。

96. 在平面磨电磁吸盘上装夹工件时,为安装牢固,工件在磁力台上应横跨（　　　）个以上的导磁条。

97. 磨削轴类的外圆表面时,常见装夹方法有用前后顶针装夹、（　　　）、用卡盘和后顶针装夹、用弹簧夹装夹、用专用夹具装夹。

98. 磨削过程中,磨削区内温度常达（　　　）℃。

99. 常见冷却润滑液的净化装置有:纸质过滤器、离心过滤器、（　　　）、涡流过滤器。

100. 内圆磨削时,一般装夹工件的方法有（　　　）、用卡盘和中心架安装、用花盘安装、用专用夹具安装。

101. 外圆磨削中,磨削用量是指（　　　）、工件圆周速度 $v_工$、工件(或砂轮)纵向进给量 $S_纵$、砂轮横向进给量 t。

102. 根据切削液冷却润滑能力的不同,可以分为水溶液和（　　　）两大类。

103. 内圆磨削方法有（　　　）、切入磨法、行星式磨削法三种。

104. 用金刚石砂轮磨削时,最主要的是选择合理的（　　　）和磨削速度 $v_砂$。

105. 60Si2Mn 是合金弹簧钢,而 T12 是（　　　）钢。

106. 划线是为了确定各表面的（　　　）,确定孔的位置,使加工时有明确的标志。

107. 麻花钻后角大小的选择是根据工件材料而定的。钻硬材料时,后角可适当（　　　）。

108. 铰刀根据加工孔的形状分为（　　　）铰刀和圆锥形铰刀。

109. 校对千分尺零位时,微分筒上的零刻线应与固定套筒的纵刻线对准,微分筒锥面的( )应与固定套筒的零刻线相切。

110. 英制螺纹的标注应从( )处引出标注,不能用尺寸界限和尺寸线形式标注。

111. 螺杆上的螺纹大径用粗实线表示,小径用( )线表示,终止线用粗线表示。

112. 配合代号在图样上写成( )形式,孔公差带代号在分子上,而分母是轴的公差带代号。

113. 形位公差分为形状公差和( )公差两大类。

114. 切削液分为( )和油类两大类。

115. 轴承零件一般应进行( )热处理。

116. 现行国家规定未注公差尺寸可以在( )公差等级中任意选择。

117. 未注公差尺寸的极限偏差 GB1804-79:未注公差尺寸的公差等级规定为 IT12 至 IT18,一般基准孔用 H,基准轴用 h,长度用( )。

118. 陶瓷结合剂是以( )和黏土为原料配制而成的。

119. 磨料必须具有很高的( )、耐热性以及相当的韧性,还要具有比较锋利的切削刃口。

120. 磨削过程中,工件加工表面的金属层将发生弹性变形和( )变形。

121. 间断磨削和普通磨削相比较,磨削热降低,刀具散热条件得到改善,减少磨削( ),并获得较细表面粗糙度。

122. 磨床主轴滑动轴承常使用( )润滑。

123. 砂轮钝化过程一般分为初期、( )、激烈磨损三个阶段。

124. 磨削精密圆柱角尺时,不能直接采用夹头传动,而采用端面( )经拨杆传动工件。

125. 磨削带键槽的内孔时,应尽可能选用直径( )、宽度较宽的砂轮,并增加长轴的刚性。

126. 采用转动上工作台的方法磨削外圆锥面时,上工作台转动角度一般为逆时针( );顺时针 3°。

127. 成型砂轮修整的方法主要有:用正弦修整角度工具修整砂轮;( )。

128. 采用无心贯穿法磨削时,导轮的倾角影响生产效率和工件表面粗糙度,因此应选择合理的角度。通常精磨时取( )。

129. 机械工程图样上,所标注的法定长度计量单位常以( )为单位。

130. 千分尺上的隔热装置的作用是防止手温影响( )。

131. 表面粗糙度代号在图样上可标注在可见轮廓线、尺寸界线或其( )线上。

132. 卡钳根据用途不同可分为外卡钳和内卡钳两种,前者用于测量外尺寸,后者用于测量( )。

133. 普通螺纹的主要基本几何参数有三直径、二角度、一长度;三直径的名称分别为( )。

134. 润滑的目的是减少磨床摩擦面和机构传动副的摩擦损失,并( )机构工作的灵敏度。

135. 修整砂轮用金刚石尖角为 70°~80°,金刚石尖端应低于砂轮中心( )mm。

136. 金属的性能一般包括物理性能;化学性能;力学性能;( )等。

137. 回火的种类有（　　）;中温回火;高温回火三种。

138. 碳化硅类磨料的（　　）比氧化铝高。

139. 单位面积上所承受的力称为（　　）,一般用符号 σ 表示。

140. 合金元素总量小于（　　）的钢称为低合金钢。

141. 砂轮是由磨粒、（　　）和网状空隙三要素构成的。

142. 引起砂轮不平衡的原因是由于砂轮本身不平衡和（　　）造成的。

143. M131W 型磨床表示为（　　）,最大磨削直径为 314 mm。

144. 加工精度高,且加工工序较长或需要多次修磨的工件,应采用（　　）的中心孔。

145. 内圆磨削分中心型内圆磨削、行星内圆磨削和无心内圆磨削等三种基本形式。大型机体的内孔可采用（　　）磨削。

146. 为了获得良好的磨削效果,砂轮直径与孔径的比值常在 0.4～0.9 之间,当工件孔径较小时,可取（　　）比值。内圆砂轮的宽度不能太大,已防止接长轴弯曲变形。

147. 假定 10 mm 量块的实际尺寸是 9.997 mm,比 10 mm 的公称尺寸小 0.003 mm;这数值就叫做 10 mm 量块的（　　）。

148. 平面磨床可分为:矩台卧轴平面磨床、圆台卧轴平面磨床、矩台立轴平面磨床、（　　）、双端面磨床。

149. 轴类零件用两顶尖装夹比用卡盘装夹的定位（　　）。

150. 工件以与孔的轴线相垂直的端面定位时,可采用（　　）盘装夹。

151. 工件用卡盘装夹时,头架主轴的轴向窜动会造成工件端面（　　）误差。

152. 头架和尾座的中心连线对工作台运动方向不平行(在垂直平面内),工件外圆将被磨成（　　）。

153. 内圆磨削的纵向进给量应比外圆磨削大些,有利于工件（　　）。

154. 采用角度修整器修整砂轮磨削圆锥面时,砂轮宽度应（　　）圆锥面长度。

155. 修磨电磁吸盘台面时,电磁吸盘应（　　）电源。

156. 外圆磨床通常分外圆磨床和（　　）两种,由床身、工作台、头架、尾架、砂轮架、横向进给机构、液压传动系统、电器系统等主要部件组成。

157. 磨削装夹工件,用四爪卡盘装夹时,要用（　　）找正工件基准的位置,使基准表面的轴心线与头架主轴轴心线重合。

158. 外圆磨床头架顶尖只起支撑工件和（　　）的作用,主轴不能旋转。

159. 用卡盘打表找正的方法较费时,对操作者的技术水平要求也较高,故一般只适用于单件小批生产或（　　）的场合。

160. 外圆磨床的液压系统中,换向阀第一次快跳是为了使工作台（　　）。

161. 精密机床、仪器等导轨的直线度误差应使用（　　）测量。

162. 直线度是表示在平面内实际表面与贴切直线之间的（　　）。

163. 制订工艺规程时,退火通常安排在粗加工之前,淬火应在（　　）加工之前。

164. 若要提高钢件的综合力学性能,可采用（　　）热处理工艺。

165. 切削液过滤装置中,（　　）是净化率最高的过滤装置。

166. 工件以两孔一面定位时,其中一孔用圆柱销定位,另一处孔用（　　）定位。

167. 测量表面粗糙度的仪器有:光学显微镜;（　　）和电动轮廓仪。

二、单项选择题

1. 为保证产品质量,就必须严格执行(　　)。
(A)规章制度　　　　(B)工艺文件
(C)生产计划　　　　(D)操作规程

2. (　　)是保障正常生产秩序的条件。
(A)劳动纪律　　　　(B)工艺文件
(C)生产计划　　　　(D)操作规程

3. 如图1所示的轴,正确的移出剖面图是(　　)。

4. 根据图2所示的主、左视图及立体图,正确的俯视图为(　　)。

5. 如图3所示,正确的A向局部视图为(　　)。

6. 如图4所示,正确的全剖视图为(　　)。

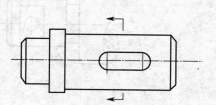

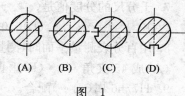

(A)　　(B)　　(C)　　(D)

图 1

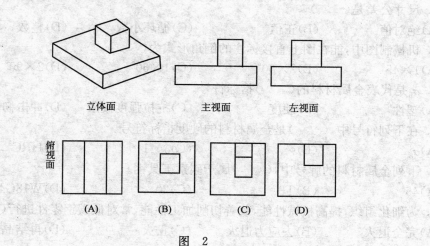

立体面　　　　主视面　　　　左视面

俯视面

(A)　　　(B)　　　(C)　　　(D)

图 2

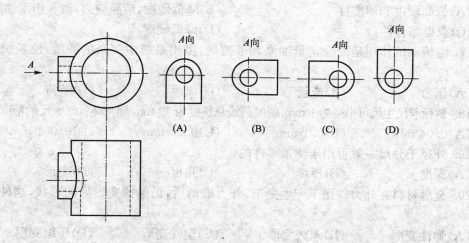

A

A向　　A向　　A向　　A向

(A)　　(B)　　(C)　　(D)

图 3

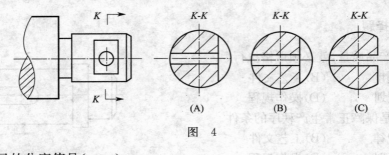

图　4

7. 千分尺的分度值是(　　)mm。

(A)0.1　　　　　(B)0.01　　　　　(C)0.001　　　　　(D)0.0001

8. 用百分表测量平面时,测量杆要与被测表面(　　)。

(A)成 45°夹角　　(B)垂直　　　　(C)平行　　　　　(D)成 60°夹角

9. H7/h6 属(　　)配合。

(A)间隙　　　　(B)过渡　　　　(C)过盈　　　　(D)没有这种配合

10. 尺寸公差是(　　)。

(A)绝对值　　　(B)正值　　　　(C)循环小数　　　(D)整数

11. 机械制图中,能在图上直接标注的倒角形式为(　　)。

(A)1×45°　　　(B)2×30°　　　(C)1×60°　　　(D)2×90°

12. σ_b 是代表金属材料的(　　)指标符号。

(A)塑性　　　　(B)硬度　　　　(C)抗拉强度极限　(D)冲击韧性

13. 在下列符号中,(　　)是金属材料的硬度指标符号。

(A)σ_b　　　　(B)ϕ　　　　(C)$\delta-1$　　　(D)HRC

14. 下列金属材料的牌号中,(　　)属于碳素工具钢。

(A)45　　　　　(B)T8　　　　　(C)20　　　　　(D)W18G4V

15. 为细化组织,提高机械性能,改善切削加工性能,常对低碳钢零件进行(　　)处理。

(A)完全退火　　(B)去应力退火　(C)正火　　　　(D)再结晶退火

16. 钢进行退火的主要目的是为了(　　)。

(A)提高硬度和耐磨性　　　　　(B)降低硬度,清除应力,改善切削性能

(C)获得综合性　　　　　　　(D)降低硬度

17. 溢流阀的作用是配合定量油泵和节流阀,溢出系统中多余的油液,使系统保持一定的(　　)。

(A)压力　　　　(B)流量　　　　(C)流速　　　　(D)节流

18. 游标卡尺主尺每小格为 1 mm,副尺刻线总长度为 49 mm 刻 40 格,此卡尺的精度为(　　)。

(A)0.04 mm　　(B)0.1 mm　　　(C)0.02 mm　　　(D)0.001 mm

19. 外径千分尺一般可用于测量零件的(　　)。

(A)深度　　　　(B)厚度　　　　(C)角度　　　　(D)变形

20. 金属材料在外力作用下产生变形,外力取消后,仍保持变形后的形状,这种变形称之为(　　)。

(A)弹性变形　　(B)永久变形　　(C)塑性变形　　(D)压缩变形

21. 极限量规常用于(　　)。

(A)单件生产中　　　(B)批量生产中　　　(C)安装调试中　　　(D)设备大修中

22. 正弦规是利用三角法测量（　　）的一种精密量具。

(A)厚度　　　(B)圆弧曲率　　　(C)角度　　　(D)接触弧长短

23. 安全电压的新等级是（　　）。

(A)42 V,36 V,24 V,18 V,12 V　　　(B)42 V,36 V,24 V,12 V,6 V

(C)36 V,24 V,18 V,12 V,6 V　　　(D)30 V,24 V,18 V,12 V,6 V

24. 常用金刚石砂轮磨削（　　）。

(A)40Gr　　　(B)硬质合金　　　(C)44　　　(D)Q234

25. 间断、开槽与表面粗糙度较低的磨削常用（　　）砂轮。

(A)陶瓷结合剂　　　(B)碳化硅类　　　(C)橡胶结合剂　　　(D)刚玉类

26. 砂轮圆周速度很高,外圆磨削和平面磨削时其转速一般在（　　）m/s。

(A)10～14　　　(B)20～24　　　(C)30～34　　　(D)40～44

27. 内圆磨削时,砂轮的圆周速度一般取（　　）m/s。

(A)18～30　　　(B)30～40　　　(C)10～20　　　(D)4～14

28. 外圆磨削时,横向进给量一般取（　　）mm。

(A)0.001～0.004　　　(B)0.004～1　　　(C)0.04～1　　　(D)0.004～0.04

29. 外圆磨削时,工件圆周速度一般为（　　）m/s。

(A)0～4　　　(B)4～30　　　(C)30～40　　　(D)40 以上

30. 外圆磨削的主运动为（　　）。

(A)工件的圆周进给运动　　　(B)砂轮的高速旋转运动

(C)砂轮的横向运动　　　(D)工件的纵向运动

31. 磨削过程中,磨粒与工件表层材料接触的瞬间为（　　）变形的第一阶段。

(A)滑移　　　(B)塑性　　　(C)挤裂　　　(D)弹性

32. 一般说来,精磨时所用乳化液的浓度比粗磨时所用的乳化液的浓度（　　）。

(A)高　　　(B)可高可低　　　(C)低　　　(D)相等

33. MQ8420 代表的磨床型号是（　　）。

(A)内圆磨床　　　(B)曲轴磨床　　　(C)花键磨床　　　(D)平面磨床

34. 磨削淬火钢最好选用（　　）作磨料的砂轮。

(A)WA　　　(B)PA　　　(C)SA　　　(D)BA

35. （　　）是构成砂轮的主要成分。

(A)结合剂　　　(B)磨料　　　(C)网状间隙　　　(D)尺寸

36. 砂轮硬度等级中,K 表示砂轮硬度为（　　）。

(A)软　　　(B)中软　　　(C)中硬　　　(D)硬

37. 单斜边砂轮的代号是（　　）。

(A)PX　　　(B)PSX$_2$　　　(C)PSX　　　(D)PDX

38. 砂轮型号 400×40×127WA46K 中,40 表示（　　）。

(A)外径　　　(B)内径　　　(C)厚度　　　(D)外径与内径差

39. 精磨时应选用粒度为（　　）的砂轮。

(A)40$^\#$～60$^\#$　　　(B)60$^\#$～100$^\#$　　　(C)100$^\#$～120$^\#$　　　(D)240$^\#$～W20

40. 用砂轮的圆周面磨削平面称之为( )。

(A)端面磨削 (B)纵向磨削 (C)圆周磨削 (D)径向磨削

41. 在矩台卧轴平面磨床上磨削长而宽的平面,一般采用( )。

(A)横向磨削法 (B)阶梯磨削法 (C)深度磨削法 (D)纵向磨削法

42. 砂轮对工件有切削、刻划、摩擦抛光三个作用,精密磨削时砂轮以( )为主。

(A)切削 (B)摩擦抛光 (C)刻划 (D)切削和刻划

43. 我国制造的砂轮,一般安全线速度为( )。

(A)34 m/s (B)64 m/s (C)24 m/s (D)44 m/s

44. 刚玉类磨料的主要化学成分是( )。

(A)氯化硅 (B)碳 (C)碳化硅 (D)氧化铝

45. 砂轮代号 P600×74×304 中,304 代表砂轮的( )。

(A)外径 (B)宽度 (C)内径 (D)粒度

46. ( )是表示砂轮内部结构松紧程度的参数。

(A)砂轮组织 (B)砂轮粒度 (C)砂轮硬度 (D)砂轮强度

47. 头架和尾架的中心连线对工作台运动方向不平行(在垂直平面内),工件外圆将被磨成( )。

(A)方形 (B)鼓形 (C)球形 (D)细腰形

48. 大批量磨削阶梯轴可采用( )磨床。

(A)中心型外圆 (B)无心外圆 (C)端面外圆 (D)内圆

49. ( )心轴适用于大型套类零件的装夹。

(A)微锥 (B)顶尖式 (C)阶台 (D)液性塑料

50. 为增大容屑空隙,内圆砂轮的组织要比外圆砂轮的组织( )。

(A)疏松 4~10 号 (B)紧密 1~2 号 (C)紧密 4~10 号 (D)疏松 1~2 号

51. 一般内圆磨削余量取( )mm。

(A)0.14~0.24 (B)0.04~0.14 (C)0.24~0.34 (D)0.34~0.44

52. ( )内圆磨削是指磨削时,工件固定不转,砂轮除了烧自身的轴线高速旋转外,还绕所磨孔的中心线以较低速度旋转实现圆周进给。

(A)行星式 (B)无心 (C)中心型 (D)无心和行星式

53. ( )磨削的接触弧最长。

(A)内圆 (B)内圆和平面 (C)外圆 (D)平面

54. ( )磨削的接触弧最短。

(A)内圆 (B)平面 (C)外圆 (D)内圆和平面

55. 在平面磨削时,如提高工作台纵向进给速度,则生产效率将会( )。

(A)降低 (B)提高 (C)不变 (D)或降低或提高

56. 砂轮的垂直进给量是根据( )大小确定的。

(A)横向进给量 (B)纵向进给量 (C)砂轮圆周速度 (D)工件圆周速度

57. 在磨削平面时,应以( )的表面作为第一定位基准。

(A)表面粗糙度值较小 (B)表面粗糙度值较大

(C)与表面粗糙度无关 (D)平面度误差较大

58. M131W 型机床的最大磨削直径为（　　）mm。

(A)131　　　　　(B)130　　　　　(C)340　　　　　(D)310

59. 在砂轮转速不变的情况下,砂轮直径越小,线速度（　　）。

(A)越小　　　　　(B)越大　　　　　(C)不变　　　　　(D)或大或小

60. 精磨时所选用的砂轮硬度应比粗磨（　　）为好。

(A)硬　　　　　(B)软　　　　　(C)不变　　　　　(D)软很多

61. 工件形状复杂,技术要求高,工序复杂时,磨削余量应取（　　）。

(A)大些　　　　　(B)一般　　　　　(C)小些　　　　　(D)无关

62. MM1420 所代表的磨床类型是（　　）。

(A)外圆磨床　　　(B)曲轴磨床　　　(C)内圆磨床　　　(D)花键磨床

63. M131W 万能磨床工作台纵向往复运动是利用（　　）传动。

(A)机械　　　　　(B)液压　　　　　(C)压缩空气　　　(D)机械与液压

64. 砂轮硬度是指磨粒（　　）。

(A)坚硬程度　　　　　　　　　　(B)受外力作用时脱落的难易程度

(C)粗细程度　　　　　　　　　　(D)磨粒硬度

65. 不锈钢材料具有塑性大、强度高、导热性差的特点,因此,磨削不锈钢时,应选用性能好的（　　）磨料。

(A)单晶刚玉　　　(B)黑碳化硅　　　(C)金刚石　　　　(D)棕刚玉

66. 磨削同一工件时,砂轮粒度号越大,则砂轮（　　）。

(A)无影响　　　　(B)散热好　　　　(C)越不容易堵塞　(D)越容易堵塞

67. 选用氧化液作冷却液,对某一工件进行粗磨和精磨,这时对乳化液浓度的要求是（　　）。

(A)精磨比粗磨时高些　　　　　　(B)精磨比粗磨时低些

(C)精磨与粗磨时相同　　　　　　(D)以上三种均可

68. 外圆深磨法的特点是（　　）。

(A)全部磨削余量在一次横向走刀中磨去

(B)全部磨削余量在一次纵向走刀中磨去

(C)全部磨削余量在一次横向走刀和一次纵向走刀中磨去

(D)全部磨削余量在二次纵向走刀中磨去。

69. 普通磨床的导轨常用（　　）作润滑剂。

(A)3 号锂基润滑脂　　　　　　　(B)2 号轴承脂

(C)N32、N68 机械油　　　　　　(D)20 号精密机床导轨油

70. 外圆磨削中,其他条件相同的情况下,工件的圆周速度增加,则工件表面的粗糙度（　　）。

(A)变细　　　　　(B)变粗　　　　　(C)不变　　　　　(D)很细

71. 磨削过程中工件发生烧伤时,其烧伤面硬度（　　）。

(A)升高　　　　　(B)降低　　　　　(C)不变　　　　　(D)升很高

72. 磨削铝质工件时,使用的冷却润滑液一般选用（　　）。

(A)乳化液　　　　　　　　　　　(B)硫化切削液

(C)煤油和机油的混合剂　　　　　(D)水溶性切削液

73. 内圆磨削时,接长轴的长度约等于(   )。

(A)工件孔长   (B)工件孔长减去砂轮宽度

(C)工件孔长加上砂轮宽度   (D)工件孔长加上 2 倍砂轮宽度

74. MG1432A 表示(   )万能外圆磨床。

(A)高级   (B)高速   (C)高效率   (D)高精度

75. M8240 型曲轴磨床,最大回转直径为(   )mm。

(A)40   (B)400   (C)4 000   (D)240

76. S7332 表示(   )磨床。

(A)高速   (B)数控   (C)螺纹   (D)齿轮

77. 万能外圆磨床的砂轮架安装在床身垫板的横向导轨上,可使砂轮实现(   )运动。

(A)垂直   (B)纵向   (C)横向   (D)斜向

78. 具有砂轮的旋转运动,工件的纵向运动、砂轮或工件的横向运动、砂轮的垂向运动的磨削方式是(   )磨削。

(A)外圆   (B)内圆   (C)圆锥   (D)平面

79. 精密磨床导轨的润滑剂常用(   )。

(A)L-AN2 全损耗系统用油   (B)L-AN10 全损耗系统用油

(C)L-AN68 全损耗系统用油   (D)L-AN4 全损耗系统用油

80. 磨料从韧到脆的次序为(   )。

(A)碳化硅、刚玉、金刚石、立方氮化硼   (B)刚玉、碳化硅、立方氮化硼、金刚石

(C)碳化硅、刚玉、立方氮化硼、金刚石   (D)金刚石、刚玉、碳化硅、立方氮化硼

81. 磨削铸铁材料时,应选择(   )磨料。

(A)黑色碳化硅   (B)棕刚玉   (C)立方氮化硼   (D)金刚石

82. 磨削硬材料时应选用(   )砂轮。

(A)硬   (B)软   (C)超硬   (D)超软

83. 超薄型切割用片状砂轮采用(   )结合剂。

(A)陶瓷   (B)树脂   (C)橡胶   (D)任何一种

84. (   )磨料主要用于磨削高硬度、高韧性的难加工钢材。

(A)棕刚玉   (B)立方氮化硼   (C)金刚石   (D)碳化硅

85. 精磨外圆时应选用粒度为(   )的砂轮。

(A)46# ～60#   (B)60# ～80#   (C)100# ～240#   (D)100# ～160#

86. 当砂轮直径变小时,会出现磨削质量下降的现象,是由于砂轮圆周速度(   )缘故。

(A)提高   (B)不变   (C)下降   (D)不稳定

87. 当砂轮与工件的接触面较大时,为避免工件烧伤和变形,应选择(   )的砂轮。

(A)粗粒度、较低硬度   (B)粗粒度、较高硬度

(C)细粒度、较高硬度   (D)细粒度、较低硬度

88. 工件的圆周速度应与(   )保持一定的比例关系。

(A)磨削余量   (B)砂轮宽度   (C)磨削速度   (D)砂轮转速

89. 磨削过程中,当工件材料进入塑性变形的第二阶段后,材料的晶粒发生(   )变形。

(A)滑移   (B)塑性   (C)挤裂   (D)弹性

90. 钝化的磨粒自行崩碎或脱落,使砂轮保持锐利的特性称为砂轮的( )。
(A)寿命　　　　(B)强度　　　　(C)耐用性　　　　(D)自锐性

91. ( )的大小与工件硬度、砂轮特性、磨削宽度以及磨削用量有关。
(A)砂轮圆周速度　(B)纵向进给速度　(C)磨削力　　　(D)横向进给速度

92. 磨削软金属和有色金属材料时,为防止磨削时产生堵塞现象,应选择( )的砂轮。
(A)粗粒度、较低硬度　　　　　　　(B)细粒度、较高硬度
(C)粗粒度、较高硬度　　　　　　　(D)细粒度、较低硬度

93. 磨削用量中,对磨削力影响最大的是( )。
(A)砂轮圆周速度　(B)背吃力量　　(C)纵向进给量　　(D)横向进给速度

94. 磨削时会产生大量的磨削热,一部分热量传入砂轮,磨屑或被切削液带走,有( )的热量传入工件和剩下的磨屑。
(A)40%　　　　(B)60%　　　　(C)80%　　　　(D)20%

95. 用纵向磨削法磨削外圆时,当砂轮磨削至台肩一边时,要使工作台( )以防出现凸缘或锥度。
(A)立即退出　　(B)停留片刻　　(C)缓慢移动　　(D)继续运动

96. 采用纵向磨削法磨削外圆时,砂轮超越工件两端的长度一般取砂轮宽度 B 的( )。
(A)1/2~2/3　　(B)1/3~1/2　　(C)1/3~2/3　　(D)2/3~1

97. 精磨外圆时,背吃刀量通常取( )。
(A)0.01 mm 以下　　　　　　　　(B)0.01~0.03 mm
(C)0.04~0.10 mm　　　　　　　　(D)0.03~0.04 mm

98. 磨削精密圆锥工件用涂色法检验时,接触面应大于( )。
(A)64%　　　　(B)74%　　　　(C)80%　　　　(D)84%

99. ( )主要用于装夹各种外形比较复杂的工件,如铣刀、支架、连杆等。
(A)四爪单动卡盘　(B)花盘　　　　(C)精密角铁　　(D)三爪卡盘

100. 工件在花盘上用几个压板压紧时,夹紧力方向应( )于工件的定位基准面。
(A)30°　　　　(B)60°　　　　(C)平行　　　　(D)垂直

101. 磨削较长工件的内圆,用四爪单动卡盘装夹时,一般约夹持( )mm。
(A)4~8　　　　(B)10~14　　　(C)20~30　　　(D)30~40

102. 内圆磨削所用砂轮的硬度比外圆磨削所用砂轮的硬度( )。
(A)高 1~2 级　(B)高 3~4 级　(C)低 3~4 级　(D)低 1~2 级

103. 内圆磨削时,粗磨留给精磨的余量一般取( )mm。
(A)0.02~0.04　(B)0.04~0.08　(C)0.08~0.10　(D)0.1~0.12

104. 当磨削锥度较大而又较长的工件时,只能用转动( )的方法来磨削。
(A)砂轮架　　　(B)尾架　　　　(C)上工作台　　(D)头架

105. 内圆磨削时,砂轮外圆与工件孔成( )接触。
(A)内接圆　　　(B)外接圆　　　(C)内切圆　　　(D)外切圆

106. 正弦规可用来检验( )的锥度。
(A)内圆锥　　　　　　　　　　　　(B)外圆锥
(C)内圆锥和外圆锥　　　　　　　　(D)内圆锥不能检验外圆锥

107. 用涂色法检验圆锥工件,应保证其接触面靠近(　　　)。

(A)任何一处　　　(B)小端　　　(C)中端　　　(D)大端

108. 采用转动上工作台的方法磨削外圆锥面时,上工作台可转动的角度一般为顺时针(　　　)。

(A)3°　　　(B)6°　　　(C)9°　　　(D)12°

109. M7120 型卧轴矩台平面磨床工作台的宽度为(　　　)。

(A)120 mm　　　(B)200 mm　　　(C)400 mm　　　(D)20 mm

110. 电磁吸盘是根据电的(　　　)原理制成的。

(A)电流感应　　　(B)磁效应　　　(C)欧姆定律　　　(D)电磁感应

111. 在电磁吸盘上装夹工件时,工件定位表面盖住绝缘磁层条数应尽可能地(　　　)。

(A)多　　　(B)少　　　(C)全部盖住　　　(D)盖住一条

112. 磨削薄片零件常用黏附装夹,所用黏结剂的黏接力从大到小顺次为(　　　)。

(A)松香、石蜡、低熔点合金　　　(B)石蜡、低熔点合金、松香

(C)低熔点合金、松香、石蜡　　　(D)石蜡、松香、低熔点合金

113. (　　　)法适用于在功率大,刚性好的磨床上磨削较大型的零件。

(A)横向磨削　　　(B)深度磨削　　　(C)台阶磨削　　　(D)纵向磨削

114. 精磨平面时的垂向进给量(　　　)粗磨时的垂向进给量。

(A)大于　　　(B)小于　　　(C)等于　　　(D)大于等于

115. 在刃磨刀具后面时,一般选用(　　　)砂轮。

(A)镶块　　　(B)平形　　　(C)碗形　　　(D)筒形

116. 刃磨圆柱铣刀后刀面时,砂轮粒度应选(　　　)。

(A)40#～80#　　　(B)80#～100#　　　(C)120#～240#　　　(D)100#～120#

117. 刃磨高速刚刀具最常用的是(　　　)砂轮。

(A)棕刚玉　　　(B)绿碳化硅　　　(C)金刚石　　　(D)白刚玉

118. 刃磨各种螺旋槽刀具可用(　　　)齿托片。

(A)直齿　　　(B)斜齿　　　(C)圆弧齿　　　(D)人字齿

119. 刃磨成形刀具及精密的刀具时,砂轮的硬度宜用(　　　)。

(A)H　　　(B)J　　　(C)K　　　(D)L

120. 刃磨硬质合金刀具的开槽砂轮,是在砂轮的(　　　)开出一定宽度、深度和数量的沟槽。

(A)轴向　　　(B)径向　　　(C)端面　　　(D)轴向及径向

121. 无心外圆磨床的导轮由(　　　)结合剂制成。

(A)陶瓷　　　(B)树脂　　　(C)金属　　　(D)橡胶

122. 无心外圆磨削套类零件时(　　　)修正原有的内外圆同轴度误差。

(A)可以　　　(B)完全能　　　(C)只可少量　　　(D)不能

123. 在无心外圆磨床上用通磨法磨削余量为 0.20～0.24 mm 的工件,一般应分(　　　)次粗磨。

(A)一　　　(B)二　　　(C)三　　　(D)四

124. 无心外圆磨削中,当工件直径小于 12 mm 时,采用(　　　)形导板。

(A)平　　　　　　(B)凹　　　　　　(C)凸　　　　　　(D)三角

125. 无心外圆磨床上用通磨法磨削细长轴时,为防止振动,可将工件中心调整至(　　)导轮和磨削轮中心连线。

(A)高于　　　　　(B)平齐于　　　　(C)大大低于　　　(D)低于

126. 同一线的螺纹上相邻两牙,在(　　)上对应两点间的轴向距离,称为导程。

(A)大径　　　　　(B)中径　　　　　(C)小径　　　　　(D)任意直径

127. 一般螺纹磨床采用的切削液为(　　)。

(A)煤油　　　　　(B)乳化液　　　　(C)硫化切削液　　(D)任意一种切削液

128. 用三针法测量牙型角为 30°的梯形螺纹,其量针直径的计算公式为(　　)。

(A)$d_0=0.382P$　(B)$d_0=0.418P$　(C)$d_0=0.866P$　(D)$d_0=0.732P$

注:d_0——量针直径(mm),P——导程(mm)。

129. 用单线砂轮磨削螺纹时,常用(　　)砂轮。

(A)碟形　　　　　(B)杯形　　　　　(C)平形　　　　　(D)筒形

130. 粗磨螺纹时,用螺纹磨床上自动修整器修整砂轮,样板倾斜的角度应(　　)牙型半角。

(A)小于　　　　　(B)等于　　　　　(C)大于　　　　　(D)不大于

131. 磨削螺纹对刀时,如砂轮偏离螺旋槽,则可旋转(　　)手轮,使砂轮与螺旋槽对正。

(A)砂轮横向进给　(B)砂轮纵向进给　(C)砂轮横向或纵向(D)对线

132. 用多线砂轮磨削螺纹时,当砂轮完全切入牙深后,工件回转(　　)以后即可磨出全部螺纹牙形。

(A)一周　　　　　(B)一周半　　　　(C)两周　　　　　(D)两周半

133. 机床设备上,照明灯使用的电压为(　　)V。

(A)24　　　　　　(B)220　　　　　(C)36　　　　　　(D)110

134. 在相同的条件下,磨削外圆和内孔所得的表面质量中(　　)。

(A)外圆比内孔高　　　　　　　　　(B)外圆比内孔低

(C)两者一样　　　　　　　　　　　(D)无法比较

135. 在过盈配合中,表面越粗糙,实际过盈量就(　　)。

(A)无法确定　　　(B)不变　　　　　(C)增大　　　　　(D)减小

136. HRC 符号代表金属材料的(　　)的指标。

(A)维氏硬度　　　(B)洛氏硬度　　　(C)布氏硬度　　　(D)肖氏硬度

137. 外螺纹的公差带均在零线之(　　)。

(A)上方　　　　　(B)中间　　　　　(C)上下方均有　　(D)下方

138. 下列各钢中(　　)是属于工具钢。

(A)Q234　　　　　(B)44 钢　　　　(C)16M　　　　　(D)CrWMn

139. 同轴度属于(　　)公差。

(A)形状　　　　　(B)位置　　　　　(C)定向　　　　　(D)跳动

140. 螺纹代号标准中,(　　)螺纹可省略加注旋向。

(A)左旋　　　　　(B)右旋　　　　　(C)左右旋均行　　(D)左右旋均不行

141. 在零件上某些表面,其表面粗糙度参数值要求相同时,可加"其余"字样统一标注在图样的(　　)。

(A)左下角　　　　(B)左上角　　　　(C)右上角　　　　(D)右下角

142. 位置公差的框格为(　　)格。

(A)二　　　　(B)三　　　　(C)四　　　　(D)二至五

143. 铣削一标准直齿条,其齿数 $Z=20$,应采用(　　)号齿轮盘铣刀。

(A)6　　　　(B)7　　　　(C)8　　　　(D)9

144. 用百分表测量圆柱形或平表面的工件时,应选用(　　)测量头。

(A)球面　　　　(B)任意　　　　(C)尖　　　　(D)平

145. 常用公制圆锥销的锥形铰刀,切削部具有(　　)的锥度。

(A)1∶20　　　　(B)1∶30　　　　(C)1∶40　　　　(D)1∶100

146. 下列各钢号中,属于结构钢的是(　　)。

(A)Cr12Mo　　　　(B)Q234-A　　　　(C)40CrD60Si2Mn　　　　(D)60Si2Mn

147. 与钢相比铸铁的工艺性能特点是(　　)。

(A)焊接性能好　　　　(B)热处理性能好　　　　(C)铸造性能好　　　　(D)机械加工性能好

148. 调质零件与正火零件相比,调质零件的(　　)。

(A)强度及韧性均低　　(B)韧性差　　　　(C)强度低　　　　(D)韧性高

149. (　　)是法定长度计量单位的基本单位。

(A)米　　　　(B)千米　　　　(C)厘米　　　　(D)毫米

150. 用千分尺测量圆形工件的直径时,直接从尺上读数,这种测量方法是(　　)。

(A)相对测量　　　　(B)绝对测量　　　　(C)直接测量　　　　(D)间接测量

151. 渗碳的目的是提高钢表层的硬度和耐磨性,而(　　)仍保持韧性和高塑性。

(A)组织　　　　(B)心部　　　　(C)局部　　　　(D)表层

152. 整个圆周的圆心角为(　　)弧度。

(A)3 600　　　　(B)2π　　　　(C)1 800　　　　(D)π

153. 长旋合长度的代号是(　　)。

(A)S　　　　(B)C　　　　(C)L　　　　(D)M

154. 量块按级使用时,取用它的(　　)尺寸。

(A)基本　　　　(B)平均　　　　(C)实际　　　　(D)公差

155. 精度为 0.02 mm 的游标卡尺,原理是将主尺上 49 mm 等于游标(　　)格刻度线的宽度。

(A)49　　　　(B)41　　　　(C)19　　　　(D)40

156. 公制圆锥按尺寸大小不同分成八个号码,它的号码是指(　　)的直径。

(A)小端　　　　(B)大端　　　　(C)距大端 3/4 处　　(D)中间

157. 圆锥公差共分为(　　)个精度等级以满足不同用途的需要。

(A)16　　　　(B)14　　　　(C)18　　　　(D)12

158. 垂直于切削刃在基面上投影的平面,称为(　　)。

(A)副剖面　　　　(B)横剖面　　　　(C)主剖面　　　　(D)纵剖面

159. 把电机、变压器、铁壳开关等电器设备的金属外壳用电阻很小的导线同埋在地下的接地极可靠地接地,叫做(　　)。

(A)保护接中线　　(B)保护接地　　(C)保护接零　　(D)保护地线

160. 机械效率值永远(　　)。
(A)大于1　　(B)小于1　　(C)小于0　　(D)等于0

161. 为消除铸、锻件和焊接件的内应力,降低硬度,提高塑性,改善切削性能,应采用(　　)热处理工艺。
(A)回火　　(B)时效处理　　(C)退火　　(D)调质

162. 将一种产品分散在许多工厂进行毛坯和零部件加工,最后集中在一个工厂里安装、调试的生产方式叫(　　)生产。
(A)集中化　　(B)规模化　　(C)专业化　　(D)分散

163. 划分工序的主要依据是零件加工过程中(　　)是否变动。
(A)操作工人　　(B)操作内容　　(C)工作地　　(D)工件

164. 一个零件的多数表面,前后多道工序都采用同一基准定位,称为基准(　　)的原则。
(A)重合　　(B)统一　　(C)合并　　(D)相同

165. 机械加工工艺过程是(　　)过程的主要组成部分,它直接影响到零件的质量和生产效率。
(A)生产　　(B)工艺　　(C)工序　　(D)工位

166. 工件经一次(　　)后所完成的那一部分工序称为安装。
(A)定位　　(B)夹紧　　(C)装夹　　(D)加工

167. 工件在一次(　　)中,在机床上所占据的每一个加工位置称为工位。
(A)定位　　(B)夹紧　　(C)装夹　　(D)加工

168. 在加工表面和加工(　　)不变的情况下,所连续完成的那一部分工序称为工步。
(A)步骤　　(B)方法　　(C)工具　　(D)工作地

三、多项选择题

1. 溢流阀在液压系统中的功能有(　　)。
(A)起溢流作用　　(B)起安全阀作用　　(C)起卸荷作用　　(D)起背压作用

2. 以下是常用热处理方法有(　　)。
(A)退火　　(B)淬火　　(C)调质　　(D)渗碳

3. 砂轮修整工具的种类有(　　)。
(A)金刚石修整工具　　(B)磨料修整工具
(C)硬质合金修整工具　　(D)金属修整工具

4. 避免工件表面烧伤的主要方法有(　　)。
(A)选择合适的砂轮　　(B)合理选择磨削用量
(C)减少工件和砂轮的接触面积　　(D)适当的冷却润滑剂

5. 属于高速钢的有(　　)。
(A)普通高速钢　　(B)高性能高速钢　　(C)低性能高速钢　　(D)工具钢

6. 常见的机构有(　　)。
(A)平面连杆机构　　(B)凸轮机构　　(C)间歇运动机构　　(D)星轮机构

7. 机械传动按传动力可分为(　　)。

(A)摩擦传动　　　　(B)带传动　　　　(C)啮合传动　　　　(D)链传动

8. 机械传动中,皮带传动的特点有(　　)。

(A)无噪声　　　　(B)效率高　　　　(C)成本低　　　　(D)寿命短

9. 影响工艺规程的主要因素有(　　)。

(A)生产条件　　　　(B)技术要求　　　　(C)制造方法　　　　(D)毛坯种类

10. 机械制造中所使用的基准可分为(　　)。

(A)设计基准　　　　(B)定位基准　　　　(C)测量基准　　　　(D)制造基准

11. 以下是形状公差的有(　　)。

(A)直线度　　　　(B)平面度　　　　(C)垂直度　　　　(D)对称度

12. 以下属于安全电压的有(　　)。

(A)42 V　　　　(B)36 V　　　　(C)24 V　　　　(D)12 V

13. 影响工序余量的因素有(　　)。

(A)前工序的工序尺寸　　　　　　(B)表面粗糙度

(C)变形层深度　　　　　　　　　(D)位置误差

14. 常用的铸铁材料有(　　)。

(A)灰口铸铁　　　　(B)白口铸铁　　　　(C)可锻铸铁　　　　(D)球墨铸铁

15. 轴类零件的一般简要加工工艺包括(　　)、其他机械加工、热处理、磨削加工等。

(A)备料加工　　　　(B)车削加工　　　　(C)划线　　　　(D)识图

16. 影响工件圆度的因素主要有(　　)。

(A)中心孔的形状误差或中心孔内有污物

(B)中心孔或顶尖因润滑不良而磨损

(C)工件顶得过松或过紧

(D)砂轮过钝

(E)切屑液供给不充分

17. 标定材料物理性能的指标有(　　)。

(A)比重　　　　(B)熔点　　　　(C)导电性

(D)热膨胀性　　　　(E)抗疲劳性

18. 划分粗精磨有利于合理安排磨削用量,提高生产效率和保证稳定的加工精度。在成批量生产中,可以合理选用(　　)。

(A)砂轮　　　　(B)磨床　　　　(C)机床　　　　(D)内圆磨床

19. 按钢的含碳量,碳钢可分为(　　)。

(A)低碳钢,含碳量小于 0.25%

(B)中碳钢,含碳量在 0.25%～0.6%

(C)高碳钢,含碳量大于 0.6%

(D)优质钢,含碳量大于 0.8%

20. 切削液的作用有(　　)、润滑作用。

(A)冷却作用　　　　(B)清洗作用　　　　(C)防腐作用　　　　(D)防锈作用

21. 造成工作台面运动时产生爬行的原因有(　　)、各种控制阀被堵塞或失灵、压力和流量不足或脉动。

(A)驱动刚性不足　　　　　　　　　　　(B)液压系统内存有空气

(C)液压系统内没有空气　　　　　　　　(D)导轨摩擦阻力太大或摩擦阻力变化

22. 工艺基准按用途不同，可分为（　　　）。

(A)加工基准　　　(B)装配基准　　　(C)测量基准　　　(D)定位基准

23. 液压传动系统一般由（　　　）组成。

(A)动力元件　　　(B)执行元件　　　(C)控制元件　　　(D)辅助元件

24. 液压传动系统与机械、电气传动相比较具有的优点是（　　　）。

(A)易于获得很大的力　　　　　　　　(B)操纵力较小、操纵灵便

(C)易于控制　　　　　　　　　　　　(D)传递运动平稳、均匀

25. 液压传动系统与机械、电气传动相比较存在的不足是（　　　）。

(A)有泄漏　　　　　　　　　　　　　(B)传动效率低

(C)易发生振动、爬行　　　　　　　　(D)故障分析与排除比较困难

26. 中间继电器由（　　　）等元件组成。

(A)线圈　　　(B)磁铁　　　(C)转换开关　　　(D)触点

27. 接触器由（　　　）等元件组成。

(A)线圈　　　(B)磁铁　　　(C)骨架　　　(D)触点

28. 制定工时定额的方法有（　　　）。

(A)经验估工法　　　(B)类推比较法　　　(C)统计分析法　　　(D)技术测定法

29. 下列属于测时步骤的是（　　　）。

(A)选择观察对象　　　　　　　　　　(B)制定测时记录表

(C)记录观察时间　　　　　　　　　　(D)下达定额工时

30. 产品加工过程中的作业总时间可分为（　　　）。

(A)定额时间　　　(B)作业时间　　　(C)休息时间　　　(D)非定额时间

31. 非定额时间包括（　　　）。

(A)准备时间　　　(B)非生产工作时间　　　(C)休息时间　　　(D)停工时间

32. 定额时间包括（　　　）。

(A)准备与结束时间　　　(B)作业时间　　　(C)休息时间　　　(D)自然需要时间

33. 作业时间按其作用可分为（　　　）。

(A)准备与结束时间　　　　　　　　　(B)基本时间

(C)辅助时间　　　　　　　　　　　　(D)布置工作地时间

34. 为了使辅助时间与基本时间全部或部分地重合，可采用（　　　）等方法。

(A)多刀加工　　　　　　　　　　　　(B)使用专用夹具

(C)多工位夹具　　　　　　　　　　　(D)连续加工

35. 计量仪器按照工作原理和结构特征，可分为（　　　）。

(A)机械式　　　(B)电动式　　　(C)光学式　　　(D)气动式

36. 专用夹具的特点是（　　　）。

(A)结构紧凑　　　　　　　　　　　　(B)使用方便

(C)加工精度容易控制　　　　　　　　(D)产品质量稳定

37. 组合夹具的特点是（　　　）。

(A)组装迅速　　　　(B)能减少制造成本　(C)可反复使用　　　(D)周期短

38. 适用于平面定位的有(　　　)。

(A)V 型支承　　　(B)自位支承　　　　(C)可调支承　　　(D)辅助支承

39. 常用的夹紧机构有(　　　)。

(A)斜楔夹紧机构　　　　　　　　　　(B)螺旋夹紧机构

(C)偏心夹紧机构　　　　　　　　　　(D)气动、液压夹紧机构

40. 难加工材料切削性能差主要反映在(　　　)。

(A)刀具寿命明显降低　　　　　　　　(B)已加工表面质量差

(C)切屑形成和排出较困难　　　　　　(D)切削力和单位切削功率大

41. 下列属于难加工材料的有(　　　)。

(A)中碳钢　　　(B)高锰钢　　　(C)钛合金　　　(D)紫铜

42. 杠杆卡规的刻度盘示值一般有(　　　)。

(A)0~100 mm 测量范围为 0.002　　(B)0~100 mm 测量范围为 0.005

(C)100~150 mm 测量范围为 0.005　(D)100~150 mm 测量范围为 0.010

43. 下列机床用平口虎钳的元件中,属于其他元件和装置的是(　　　)。

(A)活动座　　　(B)回转座　　　(C)底面定位键　　　(D)丝杠

44. 三爪自定心卡盘的(　　　)属于夹紧件。

(A)卡盘体　　　(B)卡爪　　　(C)小锥齿轮　　　(D)大锥齿轮

45. 在组合夹具中用来连接各种元件及紧固工件的(　　　)属于紧固件。

(A)螺栓　　　(B)螺母　　　(C)螺钉　　　(D)垫圈

46. 通用机床型号是由(　　　)组成的。

(A)基本部分　　　(B)辅助部分　　　(C)主要部分　　　(D)其他部分

47. 在难加工材料中,属于加工硬化严重的材料有(　　　)。

(A)不锈钢　　　(B)高锰钢　　　(C)高温合金　　　(D)钛合金

48. 在难加工材料中,属于高塑性的材料有(　　　)。

(A)纯铁　　　(B)纯镍　　　(C)纯铝　　　(D)纯铜

49. 冷硬铸铁的切削加工特点是(　　　)。

(A)切削力大　　　　　　　　　　　　(B)刀一屑接触长度长

(C)刀具磨损剧烈　　　　　　　　　　(D)刀具易崩刃破裂

50. 不锈钢、高温合金的切削加工特点是(　　　)。

(A)切削力大　　　(B)切削温度高　　　(C)刀具磨损快　　　(D)刀具易崩刃破裂

51. 机床夹具在机械加工中的作用是(　　　)。

(A)保证加工精度　　　　　　　　　　(B)减轻劳动强度

(C)扩大机床工艺范围　　　　　　　　(D)降低加工成本

52. 现代机床夹具的趋势是发展(　　　)。

(A)专用夹具　　　(B)通用可调夹具　　　(C)成组夹具　　　(D)数控机床夹具

53. 下列关于自位支撑描述正确的是(　　　)。

(A)只限制一个自由度　　　　　　　　(B)可提高工件安装刚性

(C)不能提高工件安装稳定性　　　　　(D)适用于工件以粗基准定位

54. 常用对刀装置的基本类型有（　　）。
(A)高度对刀装置 　　　　　　　　(B)直角对刀装置
(C)成形刀具对刀装置 　　　　　　(D)组合刀具对定装置

55. 铸铁中促进石墨化的元素有（　　）。
(A)碳 　　　(B)硅 　　　(C)磷 　　　(D)硫

56. 盲孔且须经常拆卸的销连接不宜采用（　　）。
(A)圆柱销 　　(B)圆锥销 　　(C)内螺纹园柱销 　　(D)内螺纹圆锥销。

57. 直线 AB 与 H 面平行，与 W 面倾斜，与 V 面倾斜，则 AB 不是（　　）线。
(A)正平 　　(B)侧平 　　(C)水平 　　(D)一般位置

58. 画平面图形时，应首先画出（　　）。
(A)基准线 　　(B)定位线 　　(C)轮廓线 　　(D)剖面线

59. 检查工作台低速爬行的方法有（　　）。
(A)光栅测量 　　(B)目测 　　(C)激光测量 　　(D)光学测量

60. 冷却液的净化装置有（　　）。
(A)纸质过滤器 　　(B)离心过滤器 　　(C)磁性分离器 　　(D)涡旋分离器

61. 零件加工的高精度主要取决于整个工艺系统的精度，引起工艺系统误差的因素除有原理误差、安装误差、机床误差外，还有（　　）。
(A)刀具误差 　　(B)夹具误差 　　(C)测量误差 　　(D)受力

62. 装配工艺规程的内容不包括（　　）。
(A)装配技术要求及检验方法 　　　(B)工人出勤情况
(C)设备损坏修理情况 　　　　　　(D)物资供应情况

63. 铸铁中促进石墨化的元素有（　　）。
(A)碳 　　　(B)硅 　　　(C)磷 　　　(D)硫

64. 工序卡片上的工序说明图包含完成本工序后工件的（　　）信息。
(A)形状和尺寸公差 　　　　　　　(B)安装方式
(C)刀具的形状和位置 　　　　　　(D)装配方法

65. 气动测量仪按其工作原理可分为（　　）。
(A)指示流量 　　(B)指示转速 　　(C)指示流速 　　(D)指示压力

66. 在精密磨削和超精密磨削时应用（　　）结合剂。
(A)陶瓷结合剂 　　(B)树脂结合剂 　　(C)低熔结合剂 　　(D)环氧结合剂

67. 属于通用夹具的是（　　）。
(A)平口虎钳 　　(B)分度头 　　(C)回转工作台 　　(D)心轴

68. 下列形位公差中属于形状公差符号是（　　）。
(A)▱ 　　(B)⊕ 　　(C)⊥ 　　(D)⌒

69. 平面度检测方法有（　　）。
(A)采用样板平尺检测 　　　　　　(B)采用涂色对研法检测
(C)采用百分表检测 　　　　　　　(D)使用游标卡尺检测

70. 尺寸精度可用（　　）等来检测。

(A)游标卡尺　　　　　(B)千分尺　　　　　(C)卡规　　　　　(D)直角尺

71. 阶台、直角沟槽的(　　)能用游标卡尺直接测出。

(A)宽度　　　　　(B)平面度　　　　　(C)深度　　　　　(D)长度

72. 键槽是要与键配合的,键槽的(　　)要求较高。

(A)深度尺寸精度　　　　　　　　　(B)宽度尺寸精度

(C)长度尺寸精度　　　　　　　　　(D)键槽与轴线的对称度

73. 大型零件通常采用(　　)毛坯。

(A)自由锻件　　　　　(B)砂型铸件　　　　　(C)焊接件　　　　　(D)粉末冶金件

74. 铸件的主要缺点是(　　)。

(A)内部组织疏松　　　　　　　　　(B)生产成本高

(C)力学性能较差　　　　　　　　　(D)材料利用率低

75. 锻件常见缺陷(　　)。

(A)裂纹　　　　　(B)折叠　　　　　(C)夹层　　　　　(D)尺寸超差

76. 自由锻件的特点是(　　)。

(A)精度和生产率较低　　　　　　　(B)精度和生产率较高

(C)适合小型件和大批生产　　　　　(D)适合大型件和小批生产

77. 使用组合夹具有哪些优点(　　)。

(A)方便装卸　　　　(B)缩短生产周期　　　(C)节约人力和物力　　　(D)保证质量

78. 麻花钻一般用来钻削(　　)的孔。

(A)精度较低　　　　　　　　　　　(B)表面结构要求低

(C)精度较高　　　　　　　　　　　(D)表面结构要求高

79. 切削用量时哪些因素对切削力有影响(　　)。

(A)切削宽度　　　　(B)切削深度　　　　(C)切削速度　　　　(D)切削进给量

80. 电气故障失火时,可使用(　　)灭火。

(A)四氯化碳　　　　(B)水　　　　　(C)二氧化碳　　　　(D)干粉

81. 发现有人触电时做法正确的是(　　)。

(A)不能赤手空拳去拉触电者

(B)应用木杆强迫触电者脱离电源

(C)应及时切断电源,并用绝缘体使触电者脱离电源

(D)无绝缘物体时,应立即将触电者拖离电源

82. 加工孔的通用刀具有(　　)。

(A)麻花钻　　　　(B)扩孔钻　　　　(C)铰刀　　　　(D)滚刀

83. 百分表的测量范围包括(　　)。

(A)0～3 mm　　　　(B)0～5 mm　　　　(C)0～10 mm　　　　(D)0～15 mm

84. 影响材料切削性能的主要因素有(　　)。

(A)力学性能　　　　(B)物理性能　　　　(C)化学性能　　　　(D)热处理状态

85. 外圆磨床自动测量仪装置常用(　　)两种。

(A)半自动测量仪　　(B)电动测量仪　　　(C)气动测量仪　　　(D)磁粉测量仪

86. 对加工质量要求很高的零件,其工艺过程通常划分为(　　)。

(A)粗加工　　　　(B)半精加工　　　　(C)精加工　　　　(D)光整加工

87. 机械加工中常用的毛坯有(　　)和组合毛坯五种。

(A)铸件　　　　(B)锻件　　　　(C)型材　　　　(D)焊接件

88. 测量条件主要指测量环境的(　　)。

(A)温度　　　　(B)湿度　　　　(C)灰尘　　　　(D)振动

89. 可获得较细的表面粗糙度的磨削方法有(　　)。

(A)半精密磨削　　(B)精密磨削　　　(C)超精密磨削　　(D)镜面磨削

90. 常用的光整加工方法有(　　)。

(A)低粗糙度磨削　(B)研磨　　　　(C)珩磨　　　　(D)抛光

91. 难磨材料可分为四种类型(　　)。

(A)极硬材料　　　(B)硬粘材料　　　(C)韧性材料　　　(D)极软材料

92. 以下是外圆磨横磨法的特点(　　)。

(A)生产率高　　　(B)成型表面　　　(C)易烧伤　　　(D)易变形

93. 以下是外圆磨纵磨法的特点(　　)。

(A)生产率高　　　(B)生产率低　　　(C)万能性　　　(D)易变形

94. 以下关于磨内锥孔说法正确的是(　　)。

(A)砂轮直径必须小于内锥面小端连线所对应的直角边

(B)磨第一件时,一般要多次调整工作台(或头架)的回转角度,从大端开始进行试切

(C)磨内锥孔与磨内孔一样,砂轮与工件的接触弧较长

(D)磨削时应采取散热、冷却措施

95. 以下关于磨床机床振动内振源说法正确的是(　　)。

(A)机床的各电机的振动　　　　(B)机床旋转零部件的不平衡

(C)往复运动零部件的冲击　　　(D)液压传动系统的压力脉冲

96. 老磨床会出现"启动开停阀,台面不运动"的现象,以下分析产生这种故障的原因说法正确的是(　　)。

(A)油泵的输油量和压力不足

(B)溢流阀的滑阀卡死,大量压力油溢回油池

(C)换向阀两端的截流阀调的过紧,将回油封闭

(D)油温低,油的粘度大,使油泵吸油困难

97. 关于砂轮破裂的原因,以下说法正确的是(　　)。

(A)砂轮两边的法兰盘直径不相等或扭曲不平

(B)砂轮内孔与法兰盘的配合间隙过小

(C)砂轮内孔与法兰盘的配合间隙过大

(D)磨削工件时吃刀过猛

98. 成组技术在机械加工中一般可归纳为零件组的有(　　)。

(A)结构相似零件组　　　　　　(B)工艺相似零件组

(C)同一调整零件组　　　　　　(D)同期投产零件组

99. 刃磨刀具时,要提高刀具耐用度需采取下列措施(　　)。

(A)适当增大刀具前角,使切削变形减小,从而减低切削热,减少刀具磨损

(B)适当减小主偏角,使刀尖相应增大,切屑厚度减小,从而减小切屑力,降低切屑热,使刀具磨损减小

(C)合理选择切屑用量

(D)充分使用冷却润滑

100. 关于平面磨削,以下说法正确的有(　　　)。

(A)正确选择定位基准面

(B)装夹必须合理牢靠

(C)薄片工件一般都要多次翻身磨削,且每次磨削量不宜太大

(D)经常检查电磁吸盘台面是否平整光洁

四、判　断　题

1. 保证产品质量,提高经济效益,就必须严格执行操作规程。(　　　)

2. 生产计划是保证正常生产秩序的先决条件。(　　　)

3. 图 5 所示的螺纹画法是正确的。(　　　)

4. 图 6 所示的半剖视图是正确的。(　　　)

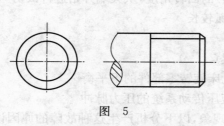

图　5

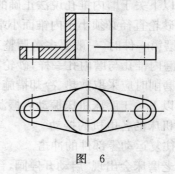

图　6

5. 图 7 所示的全剖视图是正确的。(　　　)

6. 图 8 所示的六角螺栓的连接画法是正确的。(　　　)

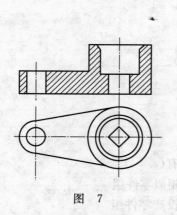

图　7

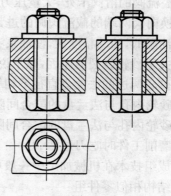

图　8

7. 塞尺主要用于检验工件平面间的垂直度。(　　　)

8. 卡钳是一种不能直接读出测量数值的间接量具。(　　　)

9. 表面粗糙度量值越小,其表面越光滑。(　　)

10. 形位公差就是限制零件的形状误差。(　　)

11. 磨床工作时工件的往复直线运动即为工件的纵向进给运动。(　　)

12. 日常生活中的一般安全电压为 220V。(　　)

13. 在平带传动中,带的拉力大小与小带轮的包角 α 有关。α 越大,拉力越小,反之越大。(　　)

14. 孔、轴公差带是由基本偏差与标准公差数值组成的。(　　)

15. 一般工件淬火冷却时,合金钢常用水冷,而碳钢则用油冷。(　　)

16. 凡形状不同于平面和圆柱面的表面均称为成型面。(　　)

17. M7474B 所表示的磨床型式是万能外圆磨床。(　　)

18. 磨床 M120W 所能磨削工件的最大直径为 ϕ200 mm。(　　)

19. 布氏硬度法适用较硬、较薄的工件。(　　)

20. 淬火加高温回火叫做调质处理。(　　)

21. 45 号钢含碳量较高,淬透性较好,所以一般用来做刀具之类零件。(　　)

22. 钢进行淬火的主要目的是为了提高硬度和耐磨性。(　　)

23. 将钢加热到一定的温度,保温一段时间,然后随炉缓慢冷却的热处理方法叫正火。(　　)

24. 公差是零件尺寸允许的变动范围。(　　)

25. 根据磨床型号可以确定磨床的使用范围。(　　)

26. 机床液压油需要定期检查和更换。一般说,一个月至两个月更换一次。(　　)

27. M7120B 型磨床型号中,"B"代表"半自动"。(　　)

28. M1080 型无心外圆磨床的最大磨削直径是 800 mm。(　　)

29. 外圆磨削时,工件的旋转运动是主运动。(　　)

30. 砂轮的耐用度是指从砂轮开始使用到报废所能磨削加工的时间。(　　)

31. 随着砂轮的磨钝,切削能力变低,因而作用于磨粒上的切削压力逐渐减小。(　　)

32. 磨削铸件,应选用碳化硅类砂轮。(　　)

33. 砂轮与工件接触面积较大时,为了避免工件烧伤或变形,应选用硬的砂轮。(　　)

34. 启动 M131W 万能磨床时,如工作台出现爬行现象,应打开放气阀。(　　)

35. 薄壁零件加工时,冷却液的量应大一些,进给量应小一些。(　　)

36. 薄片砂轮一般是用陶瓷结合剂黏结的。(　　)

37. 无心磨削时,工件的中心线应等高于两砂轮中心的连线。(　　)

38. 加工余量是根据材质确定的。(　　)

39. 砂轮修整工具主要有金刚石修整工具、磨料修整工具、硬质合金和金属修整工具等几种。(　　)

40. 内圆磨削时,由于砂轮较小,磨削速度较低,所以表面粗糙度一般较粗。(　　)

41. 三爪卡盘能自动定位,所以,它比四爪卡盘装夹精度高。(　　)

42. 外圆磨削时,工件的材料愈硬其圆周速度应选得愈低。(　　)

43. 冷却液温度越低,其散热性能越好,所以,磨削加工中,冷却液的温度越低越好。(　　)

44. 平面磨削时,砂轮与工件的接触面愈大,工件的散热性越好。(　　)

45. 外圆磨削中,横磨法较纵磨法使工件的变形大。（   ）

46. 粗磨时工件的圆周速度应比精磨时高。（   ）

47. 圆柱形表面的磨削余量是指半径方向的余量。（   ）

48. 仅用卡盘装夹工作时,如果工作较长,用工件定位的六点定律分析,工件是不可能得到确定的位置的。（   ）

49. 磨削细长轴时,工件容易产生振动,所以工件的圆周速度应适当降低。（   ）

50. 在磨床上使用的顶针有死顶针和活顶针两种。（   ）

51. 无心磨床适用于磨削大批量的光滑圆柱表面,圆锥体,定型的旋转体以及带台肩的圆柱表面。（   ）

52. 在电动机转速不变的情况下,砂轮外圆直径由于磨损而减小,砂轮的线速度会增大。（   ）

53. W18Cr4V 是合金工具钢。（   ）

54. 磨床的保修和润滑有利于延长磨床的使用寿命,而对磨床的精度和可靠性没有影响。（   ）

55. 磨床工作台纵向往复运动采用液压传动。（   ）

56. 通常情况下,磨床主轴的滑动轴承使用 N2 精密机床主轴油进行润滑。（   ）

57. 一般外圆、内圆、平面、无心磨以及刃磨用的砂轮都采用组织中等的砂轮。（   ）

58. 陶瓷结合剂的代号是 V。（   ）

59. 砂轮是热的不良导体,磨削时几乎有 80% 的磨削热传入工件和磨屑中。（   ）

60. 新安装的砂轮,一般只需做一次静平衡后即可用于正常磨削。（   ）

61. 磨削抗拉强度比较低的材料时,可选择黑色碳化硅砂轮。（   ）

62. 可以用一般砂轮的端面磨削较宽的外圆端面。（   ）

63. 平面磨床上,工件是用压板实现夹紧的。（   ）

64. 磁性夹具是平面磨床上常用的工件装夹工具。（   ）

65. 在磨削过程中,轴类工件用两顶尖装夹,比用卡盘装夹的定位精度要高。（   ）

66. 装夹外形不规则的工件或定位精度高的套类工件时,可采用三爪卡盘。（   ）

67. 在四爪卡盘的卡爪和工件间垫以铜衬片,有利于工件找正,且可避免夹伤工件表面。（   ）

68. 磨削同轴度要求较高的阶梯轴轴颈时,应尽可能在一次装夹中将工件各表面精磨完毕。（   ）

69. 磨削深孔和经热处理的孔,其余量适当加大,粗磨比精磨余量要更多些。（   ）

70. 切削液中杂质过多,对工件的加工表面的粗糙度没有什么影响。（   ）

71. 内圆磨削的纵向进给量应比外圆磨削的纵向进给量大些,这样有利于工件很好地散热。（   ）

72. 无心外圆磨削,工件用中心孔定位,工件磨削余量可相对减少。（   ）

73. 工件表面烧伤现象,实际上是一种由磨削热引起的局部退火现象。（   ）

74. YT 类硬质合金的成分是碳化钨,碳化钛和钴,其代号后面的数字代表碳化钛的百分比含量。（   ）

75. 平面磨削时,平面的的平面度误差主要是由工件的变形引起的。（   ）

76. 根据平常经验,表面越粗糙越不易生锈。(　　)

77. 采用深磨法磨削细长轴,有利于提高生产效率和加工精度。(　　)

78. 磨削过程中的主运动是工件的旋转运动。(　　)

79. 被加工的工件材料愈硬,磨削过程中产生的磨削力愈大。(　　)

80. 常用的标准圆锥有莫氏圆锥和公制圆锥两种。(　　)

81. 有 A、B 两个工件,A 的硬度为 240～280HBS,B 的硬度为 HRC62～64,A 的硬度比 B 的硬度高得多。(　　)

82. 砂轮的硬度是指结合剂黏结磨粒的牢固程度。(　　)

83. 千分尺当作卡规使用时,要用锁紧装置把测微螺杆锁住。(　　)

84. 磨削外圆时,常以前后顶尖装夹工件,工件的旋转是通过头架上的拨杆经夹头带动旋转实现的。(　　)

85. 磨削过程中,在砂轮转速不变的情况下,砂轮的圆周速度也是恒定不变的。(　　)

86. 杠杆百分表的杠杆测头面虽已磨成平面,但读表仍可使用。(　　)

87. 磨削时产生的热量较车削、铣削大。(　　)

88. 磨削的进给运动主要是由砂轮实现的。(　　)

89. 刚玉类磨料的主要化学成分是氧化铝。(　　)

90. 砂轮粒度号越大,表示磨料的颗粒越大。(　　)

91. 陶瓷结合剂一般可用于制造薄片砂轮。(　　)

92. 砂轮的硬度与磨料的硬度是一致的。(　　)

93. 砂轮组织疏松,砂轮中空隙大,可减少磨削热,因而使用寿命长。(　　)

94. 树脂结合剂砂轮的存放期要比橡胶结合剂砂轮的存放期长。(　　)

95. 我国制造的砂轮,一般安全工作速度为 34 m/s。(　　)

96. 磨削抗拉强度较高的材料时,应选用韧性较大的磨料。(　　)

97. 粗磨时应选用粗粒度砂轮。(　　)

98. 磨削硬材料应选用硬砂轮。(　　)

99. 金属磨削过程可依次分为滑擦、刻划和切削 3 个阶段。(　　)

100. 砂轮强度通常用安全工作速度来表示。(　　)

101. 一般径向磨削力为切向磨削力的 2～3 倍。(　　)

102. 磨削时,在砂轮与工件上作用的磨削力是不相等的。(　　)

103. 一般来说,工件材料含碳量越高,就越容易产生磨削裂纹。(　　)

104. 硬度较高的砂轮具有比较好的自锐性。(　　)

105. 磨削导热性差的材料或容易发热变形的工件时,砂轮粒度应细一些。(　　)

106. 磨削时,橡胶结合剂砂轮不能用油作切削液。(　　)

107. 一个国家的磨削工艺水平,往往反映了该国家的机械制造工艺水平。(　　)

108. 砂轮组织号越大,磨粒占其体积的分数越大。(　　)

109. 精磨时砂轮的硬度应比粗磨时低些为好。(　　)

110. 砂轮的"自锐作用"可使砂轮保持良好的磨削性能。(　　)

111. 工作台液压往复运动系统中,工作台的运动速度由溢流阀调节。(　　)

112. 液压传动系统的压力由节流阀调节。(　　)

113. 用金刚石笔修整砂轮时,笔尖要高于砂轮中心 1～2 mm。(　)

114. 修整外圆砂轮时,一般先修整砂轮端面,然后再修整砂轮的圆周面。(　)

115. 磨削外圆时砂轮的接触弧要小于磨削内圆时的接触弧。(　)

116. 用切入磨削法磨削外圆时,被磨工件外圆长度应小于砂轮宽度。(　)

117. 磨削轴肩端面时,砂轮主轴中心线与工件运动方向不平行会造成端面内部凹进。(　)

118. 内圆磨削的砂轮圆周速度在 30～34 m/s 范围内。(　)

119. 通常内圆磨削所用的砂轮硬度,比外圆磨削所用的砂轮软 1～2 小级。(　)

120. 用纵向磨削法磨削内圆时,砂轮超越孔的长度一般为砂轮宽度的 1/3～1/2。(　)

121. 内圆磨削的砂轮直径小,在相同的圆周速度下其磨粒在单位时间内参加切削的次数比外圆磨削要增加 10～20 倍。(　)

122. 采用转动砂轮架角度磨削外圆锥面时,工作台能作纵向运动。(　)

123. 采用转动工作台的方法磨削外锥面能获得较高的精度,使用也较为广泛。(　)

124. 当工件的圆锥斜角超过上工作台所能回转的角度时,可采用转动头架角度的方法来磨削圆锥面。(　)

125. 当工件上的圆柱面和圆锥面精度要求相同时,一般应先磨圆锥面。(　)

126. 在平面磨削时,一般可采用提高工作台纵向进给速度的方法来改善散热条件,提高生产效率。(　)

127. 横向磨削法适用于磨削长而宽的工件平面。(　)

128. 在用砂轮端面磨削平面时,将磨头倾斜一微小角度减少砂轮与工件的接触面积,可改善散热条件。(　)

129. 平面磨削时,应采用硬度低,粒度粗,组织疏松的砂轮。(　)

130. 用电磁吸盘装夹小而薄的工件时,无需放置挡板。(　)

131. 修磨电磁吸盘台面时,电磁吸盘应接通电源。(　)

132. 用横向磨削法平面磨削时,磨削宽度应等于横向进给量。(　)

133. 台阶端面磨削后,端面是否平整可观察工件端面的刀纹来判定,平整端面的刀纹为交叉曲线。(　)

134. 在刃磨刀具时,常用间断磨削。所谓间断磨削,就是在砂轮圆周上开有一定宽度、深度的沟槽。(　)

135. M6024 型万能工具磨床也可用来磨削内、外圆柱面和圆锥面。(　)

136. 在工具磨床上用万能夹具磨削有凸凹圆弧面和平面的工件时,应先磨平面,再磨凸圆弧面,最后再磨凹圆弧面。(　)

137. 修整凹圆弧砂轮的半径应比工件圆弧半径略小些。(　)

138. 修整凸圆弧砂轮的半径应比工件圆弧半径略大些。(　)

139. 用成形砂轮磨削成形面时,应将砂轮修整成与工件型面完全吻合的反型面。(　)

140. 无心外圆磨床的导轮和磨削轮所选用的砂轮有完全相同的特性。(　)

141. 无心外圆磨削为顺磨,即工件的旋转方向与磨削轮的旋转方向相同。(　)

142. 磨削 $\phi44$ mm 的工件外圆,可选择 M1040 型无心外圆磨床。(　)

143. 用靠模法磨削成形面,靠模工作型面是与工件型面完全吻合的反型面。(　)

144. 当在无心外圆磨床上加工细长工件时,为了防止磨削工程中工件上下跳动,可使工

件中心低于砂轮中心。（　　）

145. 无心外圆磨床磨削时,由磨削轮带动工件作圆周进给和纵向进给,导轮只起导向作用。（　　）

146. 采用单线砂轮磨削螺纹,粗磨时双向吃刀,精磨时可单向吃刀,保证两边磨削量一致。（　　）

147. 在装夹工件时,为了不使工件产生位移,夹（或压）紧力应尽量大,越大越牢固。（　　）

148. 对尺寸较大的阶台,一般都采用立铣刀加工。（　　）

149. 为了保证安全用电,铁壳开头装有机械连锁装置,因此当箱盖打开时,能用手柄操纵开关合闸,合闸后可以把箱盖打开。（　　）

150. Q234A 钢的含碳量在 0.14%～22% 之间。（　　）

151. 对零件有关尺寸规定的允许变动范围,称之为该尺寸的尺寸公差。（　　）

152. 普通螺纹公差带,由公差等级和基本偏差两者组合而成。（　　）

153. 文明生产就是搞好工作场地卫生。（　　）

154. 质量管理是管理人员的事,与操作工人无关。（　　）

155. 常用的万能外圆磨床上没有内圆磨具。（　　）

156. 用百分表测量工件时,其测量杆的行程在某些情况下可以超出它的测量范围。（　　）

157. 磨床敞开的滑动面和机械机构无须涂防锈油。（　　）

158. 磨削同轴度要求较高的阶梯轴轴径时,应尽可能在一次装夹中将工件各表面精磨完毕。（　　）

159. 金属化合物的特点是溶点高、硬度高和脆性大。（　　）

160. 粒度是表示网状空隙大小的参数。（　　）

161. 砂轮的粒度对工件表面的粗糙度和磨削效率没有影响。（　　）

162. 无机结合剂中最常用的是陶瓷结合剂。（　　）

163. 千分尺微分筒上的刻线间距为 1mm。（　　）

164. 使用杠杆百分表时,应避免振动撞击或使用强力。（　　）

165. 调质后的零件,塑性、韧性都比正火后零件高。（　　）

166. 标准圆锥只能在圆内通用,所以只要符合圆锥标准就能互换。（　　）

167. 当中心架的支撑中心与卡盘回旋轴线不一致时,往往会造成工件的轴向窜逃想象。（　　）

168. 磨削薄壁套时,砂轮粒度应粗些,硬度应软些,以减少磨削力与磨削热。（　　）

169. 刀具磨损的快慢影响刀具寿命的长短,其中关键是合理选刀具材料。（　　）

五、简答题

1. 未注公差尺寸是否就意味着无公差要求?

2. 普通螺纹的完整标注是由哪几个部分组成的?

3. 试说明陶瓷结合剂的性能特点。

4. 公差与配合图解是什么意思?

5. 如图 9 所示,工作简图为长轴,材料为 44 号钢,试简述其磨削工艺。

6. 试说明白钢玉的性能特点。

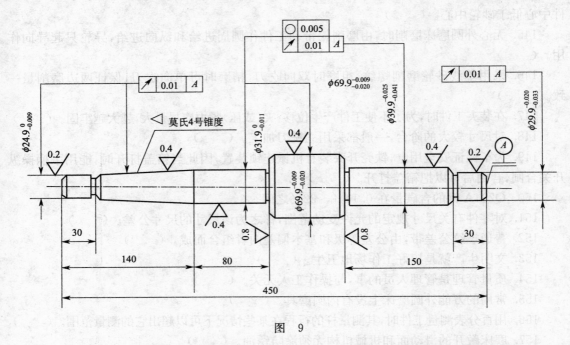

图　9

7. 如图 10 所示，工作简图为心轴，其材料为 44 号钢，热处理调质要求 HB200～240，试简述其磨削工艺。

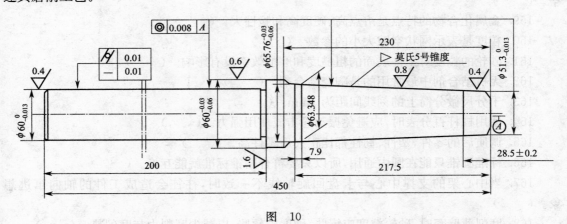

图　10

8. 为什么外圆无心磨削采用纵向磨削法的导轮要修成双曲面？

9. 内圆磨削时，工件产生锥形误差的原因主要有哪些？

10. 砂轮硬度选得太软或太硬，对加工质量有什么影响？

11. 砂轮是怎样对工件进行切削的？

12. 砂轮为什么要进行平衡试验？

13. 引起砂轮不平衡的原因有哪些？

14. 圆锥度不准确是哪些原因造成的？

15. 平面磨床的形式有哪几种？平面磨削的方式有哪几种？

16. 磨削内圆时应如何选择砂轮杆？为什么？

17. 什么情况下用卡盘和后顶针装夹工件?

18. 在平面磨电磁吸盘上装夹工件时,应注意哪些?

19. 在磨削加工中,冷却润滑液有什么作用?

20. 冷却润滑液是怎样起冷却和润滑作用的?

21. 什么是烧伤?工件表面产生烧伤和裂纹的原因是什么?

22. 外圆磨削时用两顶针装夹工件有何优缺点?

23. 夹具有哪些主要作用?

24. 如图 11 所示,工作简图为内锥轴,材料为 40Cr,试简述其磨削工艺。

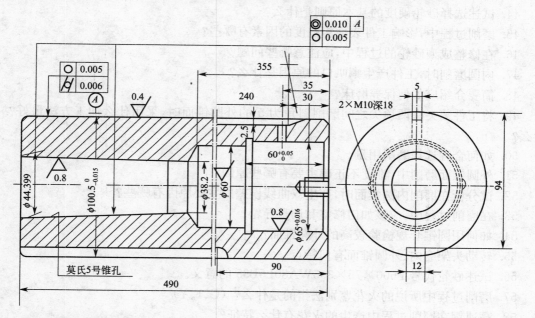

1. 内锥度莫氏 5 号端面位移量±1 mm;

2. 莫氏 5 号锥孔用 300 长标准量棒检测对基准 A 的圆跳动;轴端部为 0.005 mm,在远轴处为 0.015 mm;

3. 莫氏 5 号内锥面用标准锥规涂色检查接触面>75%,但必须大端处接触良好。

图　11

25. 接触弧的长短对工件的加工质量有什么影响?

26. 选择磨削余量的基本原则是什么?

27. 金属磨削过程分为哪三个阶段?

28. 内圆磨削分为哪三种形式,与外圆磨削相比有哪些特点?

29. 外圆磨削有哪几种形式和方法?

30. 什么叫做磨削力?

31. 在磨削工艺过程中,为什么要划分粗磨和精磨?

32. 试分析磨削工件时产生直波形振痕的原因是什么?

33. 在进行磨削前,应如何安装外圆砂轮?

34. 磨削过程中所提及的接触弧对磨削有何影响?

35. 什么形式的磨削称为行星式磨削?

36. 试述圆锥公差的具体含义。
37. 要磨好平行平面,应注意哪些事项?
38. 在平面磨削时,应如何选择第一次定位基准。
39. 什么叫做磨削深度、走刀量、磨削热?
40. 试述中心孔的哪些误差在磨削过程中将会影响工件的圆度?
41. 工件表面在磨削过程中产生螺纹痕迹的主要原因是什么?
42. 简述无心磨削的主要步骤。
43. 在磨削工艺过程中,怎么样评定切削液的性能好坏。
44. 试述选择砂轮硬度的基本原则是什么?
45. 磨削过程中,影响工件表面粗糙度的因素有哪些?
46. 在修整成型砂轮的过程中,应注意哪些问题?
47. 内圆磨削时,工件产生喇叭口的原因是什么?
48. 简要介绍应如何保养磨床?
49. 将工件装夹在两顶尖之间磨削斜角为 5°的外圆锥面时,采用什么加工方法最好? 为什么?
50. 如何合理选择磨削用量。
51. 外圆锥面磨削中,锥度不正确主要有哪些原因?
52. 试分析在磨削内圆锥面时,产生双曲线误差的主要原因有哪些?
53. 在磨削过程中,应该如何修整和调整导轮。
54. 如何用圆锥套规检验较高的外圆锥面?
55. 转动头架磨内、外圆锥面有何特点。
56. 试述砂轮代号 P600×75×305WA80L5B35 的意义。
57. 磨削过程中所说的火花鉴别法指的是什么?(C、1、Y)
58. 高速钢在磨削过程中产生的火花有什么特征?
59. 试述如何修整阶梯砂轮。
60. 造成内圆的圆度误差的原因主要有哪些?
61. 内圆磨削时,工件产生螺旋走刀痕迹的原因主要有哪些?
62. 平面磨削中,周边磨削有什么特点?
63. 锥度(或角度)的精度检验方法有哪几种?
64. 如何检验工件的平面度。
65. 螺纹磨削有哪些特点?
66. 磨削加工有哪些特点?
67. 常用的外圆磨削方法有哪几种? 各有什么特点?
68. 对中心孔有哪些技术要求?
69. 合理选择外圆砂轮应遵循哪些原则?
70. 圆锥面的配合有哪些特点?
71. 什么是砂轮的自锐性?
72. 磨削加工有哪几种形式?
73. 有哪些因素会影响磨削精度?

74. 工件划分粗、精磨的目的是什么？

75. 砂轮主轴轴承产生过热的原因是什么？

六、综 合 题

1. 在 $\triangle ABC$ 中，已知 $\angle B=60°$，$a=18$ cm，$c=24$ cm，求另外一边 b 的长度。

2. 两个相配合的轴和孔，已知孔的尺寸为 $\phi36^{+0.021}_{0}$ mm，轴的尺寸为 $\phi36^{-0.01}_{-0.035}$ mm，求最大间隙、最小间隙？这是一种什么配合？

3. 已知砂轮转速 1 990 r/mm，砂轮直径 350 mm，求砂轮的圆周速度。

4. 若取走刀量 $S=0.3B$，砂轮宽度 $B=50$ mm，工件转速 $n_工=150$ r/min，试求工作台纵向速度 V。

5. 某一圆锥体小端面直径 $d=110$ mm，圆锥长度 $L=45$ mm，锥度 $K=1：12$，求圆锥体大端面直径 D。

6. 有一油缸，其活塞有效工作面积 $A=12.556$ cm²，而进入油缸的流量 $Q=0.417\times10^{-3}$ m³/s（24 L/min），问活塞运动速度 V 是多少？

7. 如图 12 已知：$R_1=12$ Ω，$R_2=36$ Ω，$V=24$ V　求 I_1，I_2 总电阻 R 各是多少？

8. 某一工件的锥度 $K=1：6$，测得量规尺寸界线至工件端面的距离 $a=3$ mm（如图 13 所示），问工件需磨去多少余量才符合要求？

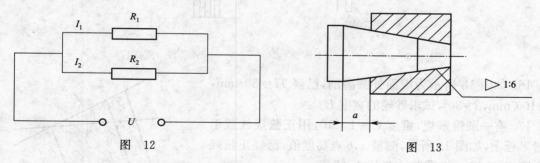

图　12　　　　　　　　　　　　　　　　　图　13

9. 如图 14 所示，已知圆锥体大头直径 $D=50$ mm，小头直径 $d=30$ mm，圆锥体的长度 $L=100$ mm，求：圆锥体的锥度 K 和顶角 β（角度可用反三角函数表示）。

10. 已知如图 15 所示：$R_1=50$ Ω，$R_2=60$ Ω，$V=220$ V。求：U_1、U_2、I 各为多少？

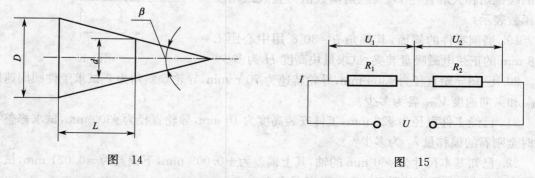

图　14　　　　　　　　　　　　　　　　　图　15

11. 已知某外圆磨床对砂轮的圆周速度要求为 30～35 m/s，主轴转速为 1 440 r/min，试问砂轮直径应在什么范围内选择？

12. 磨削工件直径为 $\phi30$ mm,若选取 $V_{工}=18$ m/min,试求工件的转速是多少?

13. 在某外圆磨床上,已知砂轮直径为 400 min,转速为 1 670 r/min,试选择工件合适的圆周速度。[提示:工件与砂轮应保持如下的速度关系: $V_{工}=\left(\dfrac{1}{80}\sim\dfrac{1}{160}\right)\times 60V_{砂}$]。

14. 如图 16 所示为外圆磨床横向进给机构,各数据如图 16 所示,试计算导轮上每格的横向进给量是多少?

15. 如图 17 所示为磨床头架传动系统简图,各参数如图中所示,试求头架主轴的最低转速为多少?

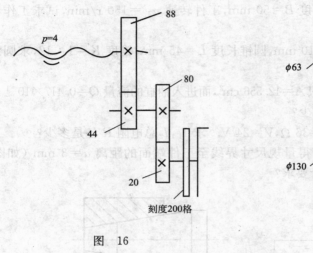

图　16

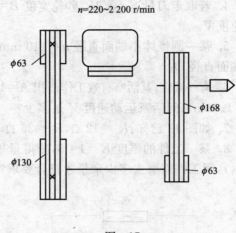

图　17

16. 如图 18 所示为端面外圆磨削,已经 $H=30$ mm, $L=100$ mm, $\beta=30°$,试求砂轮的宽度 B?

17. 有一圆锥塞规,锥度 $C=1:10'$,用正弦规放置于测量平板上,如图 19 所示,测量 a,b 点高度值,已经正弦规中心距 $L=100$ mm,求垫入量块之 H 值。

18. 用大小分别为 $\phi30$ mm 和 $\phi20$ mm 的钢球测量锥孔,如图 20 所示,测得 $h=5.5$ mm, $H=60.74$ mm,计算锥孔的圆锥角和大端直径 D。(三角函数值可查表或用反三角函数表示)

19. 磨削零件的斜面,其倾角 $\beta=30°8'$ 用中心距 $L=198$ mm 的正弦电磁吸盘装夹,试求量块高度 H 为多少?

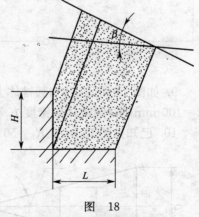

图　18

20. 已知导轮直径为 $\phi300$ mm,导轮转速为 70 r/min,导轮倾斜角为 2° 试求工件圆周速度 $V_{切向}$ 和纵向速度 $V_{纵向}$ 各为多少?

21. 已经工件直径为 $\phi20$ mm,工件安装高度为 10 mm,导轮直径为 $\phi300$ mm,试求修整导轮时金刚石的偏移量 h_1 为多少?

22. 已知基本尺寸为 $\phi60$ mm 的轴,其上偏差为 $+0.009$ mm,下偏差为 -0.021 mm,试求其最大极限尺寸、最小极限尺寸和公差各是多少?

23. 有一螺纹 M30×2,试计算其大径、小径和中径的其本尺寸各是多少?

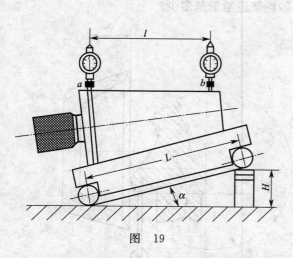

图 19

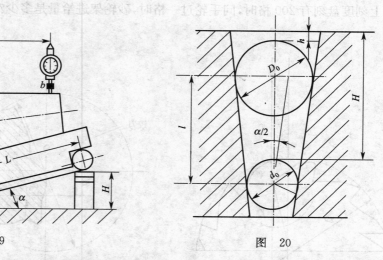

图 20

24. 普通外圆磨床的砂轮主轴的转速是 1 800 r/min,砂轮直径是 $\phi400$ mm,求该砂轮线速度是否安全?

25. 如图 21 所示用两根直径 $D=10$ mm 的圆柱测量燕尾槽,已经燕尾角 $\alpha=44°$,两圆柱内测的距离 $N=31.78$ mm,求燕尾槽大端的尺寸 B。$\left(\dfrac{1}{\tan\alpha/2}=1.921\right)$。

26. 如图 22 所示用 $\phi20$ mm 的圆柱测量 V 形槽,已知 V 形槽的夹角是 $90°$,槽外口尺寸 $L=32$ mm,工件高度 $h=35$ mm,圆柱顶端至工件底面的高度 H 应是多少?

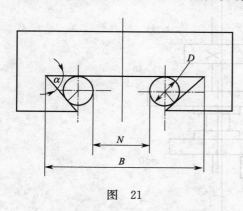

图 21

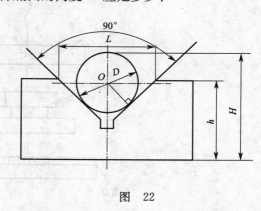

图 22

27. 有一直径 $D=25$ mm,前角 $\gamma_0=6°$ 的铰刀,刃磨前角时砂轮与铰刀的位置如图 23 所示,试计算砂轮偏移量 H。$(\sin6°=0.104\ 4)$

28. 有一直径 $D=25$ mm,后角 $\alpha_0=4°$ 的铰刀,刃磨后角时如图 24 所示,试计算齿托片比铰刀中心的下降值 H? $(\sin4°=0.069\ 8)$

29. 一梯形螺纹丝杆,大径 $d=48$ mm,中径 $d_2=45$ mm,螺距 $P=6$ mm,牙型角 $\alpha=30°$,用三针测量法测量螺纹中径,求量针直径和千分尺读数 M 值。

30. 已知工件斜角为 $\beta=45°$,用正弦电磁吸盘装夹磨削斜面,正弦圆柱的中心距 $L=200$ mm,求正弦圆柱下所垫量块组的高度?

31. 如图 25 所示的外圆磨床横向进给机构,试计算当手轮转一圈后砂轮架的进给量,当手轮上刻度盘刻有 200 格时,问手轮过一格时,砂轮架进给量是多少?

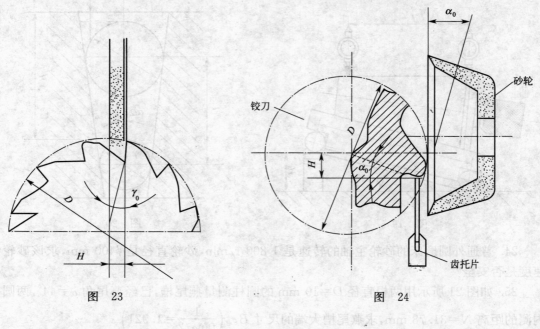

图　23　　　　　　　　　　　　　　　图　24

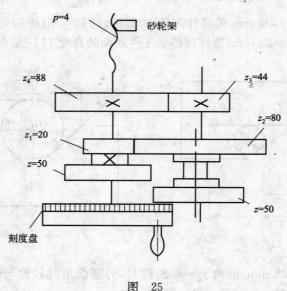

图　25

32. 如图 26 所示为外圆磨床工作台纵向移动传动机构,问当手轮转过一圈后,工作台实际移动的距离是多少?

33. 如图 27 所示的零件,在切削加工已得到尺寸 $80_{-0.1}^{0}$ mm 及 $50_{-0.06}^{-0.01}$ mm,为保证尺寸 20 ± 0.1 mm,磨削内孔时的控制长度 L 是多少?

34. 有一圆锥塞规,锥度 $C=1:10$,用正弦台放置在平板上测量,已知正弦台中心距 $L=100$ mm,求垫入量块高度 H 值。

35. 磨削热是怎么样产生的,对工件加工质量有哪些影响?

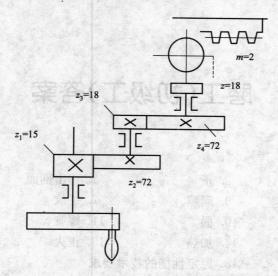

图　26

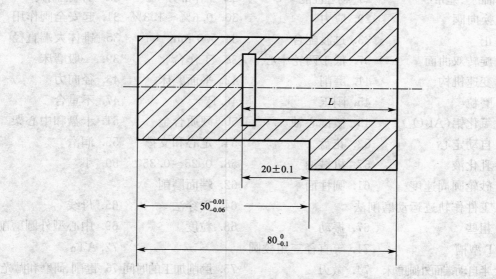

图　27

磨工(初级工)答案

一、填空题

1. 视图	2. 正	3. 移出剖面	4. 大径
5. 0~5 mm	6. 间隙	7. 平放	8. 20
9. 带	10. 偶	11. 螺旋	12. 高于
13. 烧伤	14. 加热	15. 正火	16. 高级优质钢
17. 水、盐水或油	18. 原定性能的技术要求		19. 测量误差
20. 抵抗其他硬物压入	21. 两个界限值	22. 圆锥体的长度	23. 微观几何形状误差
24. 轴的公差带	25. 物理性能	26. 工作部分	27. 方向控制阀
28. 换向阀	29. 应力	30. 0.6%~1.3%	31. 起安全阀作用
32. 正	33. 过渡配合	34. 500 mm	35. 锥体大端直径
36. 旋转双曲面	37. 低于两轮中心	38. 工作台	39. 一般磨床
40. 变速机构	41. 磨削	42. 平面磨床	43. 径向力
44. 磨粒	45. 刚玉	46. P	47. 不重合
48. 氧化铝(Al_2O_3)	49. 微锥心轴	50. 硬质合金	51. 卡盘和中心架
52. 自动定心	53. 花盘	54. 定心和支撑	55. 润滑
56. 乳化液	57. 机械油	58. 0.25~0.35	59. 小
60. 砂轮圆周速度	61. 圆柱面	62. 端面磨削	
63. 工件作轨迹运动磨削法		64. 贯穿法	65. 母线
66. 粗些	67. 振动	68. 粒度	69. 中心型外圆磨削
70. T 型槽	71. 等直径三角棱圆		72. ATα
73. 半自动端面外圆磨床	74. 微刃	75. 磨削加工的时间	76. 磨削、研磨和抛光
77. 砂轮的自锐性	78. 磨料	79. 高速旋转的砂轮	80. 磨削力
81. 接触弧	82. 砂轮的旋转	83. 金属磨除量	84. 所接触的
85. 内摩擦	86. 外摩擦	87. 磨削辅助运动	88. 磨削热
89. 纵磨法	90. 进给量	91. 无心内圆磨床	92. 滴油润滑
93. 导轮	94. 端面磨削	95. 精磨余量	96. 两
97. 用三爪或四爪卡盘装夹		98. 1 000~1 500	99. 磁性过滤器
100. 在三爪或四爪卡盘上安装		101. 砂轮圆周速度 $v_砂$	
102. 油类	103. 纵磨法	104. 磨削深度	105. 高碳
106. 加工余量	107. 小些	108. 圆柱形	109. 端面
110. 大径	111. 细实线	112. 分数	113. 位置

114. 水溶液　　　　115. 淬火　　　　116. IT12～IT18　　117. $\pm\frac{1}{2}$IT

118. 天然长石　　　119. 硬度　　　　120. 塑性　　　　121. 裂纹

122. N_2精密机床主轴油　123. 正常　　　　124. 工艺螺孔

125. 较大　　　　　126. 6°～9°　　　　127. 用修整圆弧工具修整砂轮

128. 1°30′～2°30′　　129. mm　　　　　130. 测量精度　　131. 延长

132. 内尺寸　　　　133. 大径；中径；小径 134. 提高　　　　135. 1～2

136. 工艺性能　　　137. 低温回火　　138. 硬度　　　　139. 应力

140. 3%　　　　　　141. 结合剂　　　142. 砂轮在法兰盘上安装所产生的不平衡量

143. 万能外圆磨床　144. 带保护锥　　145. 行星内圆　　146. 较大

147. 修正量　　　　148. 圆台立轴平面磨床 149. 精度高　　　150. 花

151. 圆跳动　　　　152. 细腰形　　　153. 散热　　　　154. 大于

155. 接通　　　　　156. 万能外圆磨床 157. 百分表　　　158. 使工件定中心

159. 精度要求较高　160. 迅速制动　　161. 光学平直仪　162. 最大坐标值

163. 精磨　　　　　164. 调质　　　　165. 旋涡分离器　166. 菱形销

167. 干涉显微镜

二、单项选择题

1. B	2. A	3. C	4. B	5. C	6. A	7. B	8. B	9. A
10. A	11. A	12. C	13. D	14. B	15. C	16. B	17. A	18. C
19. B	20. B	21. B	22. C	23. B	24. B	25. C	26. C	27. A
28. D	29. B	30. B	31. D	32. A	33. C	34. A	35. B	36. B
37. D	38. C	39. B	40. C	41. A	42. B	43. A	44. D	45. C
46. A	47. D	48. C	49. B	50. D	51. C	52. A	53. A	54. C
55. B	56. A	57. A	58. B	59. A	60. A	61. B	62. B	63. B
64. B	65. A	66. D	67. A	68. B	69. C	70. B	71. B	72. C
73. C	74. D	75. B	76. C	77. C	78. D	79. A	80. B	81. A
82. B	83. C	84. B	85. B	86. C	87. A	88. C	89. C	90. D
91. C	92. A	93. B	94. B	95. B	96. B	97. A	98. C	99. B
100. D	101. B	102. D	103. B	104. C	105. C	106. B	107. D	108. A
109. B	110. B	111. A	112. C	113. B	114. C	115. A	116. B	117. D
118. C	119. C	120. B	121. D	122. D	123. C	124. C	125. D	126. B
127. C	128. B	129. C	130. B	131. D	132. B	133. C	134. A	135. D
136. B	137. D	138. D	139. B	140. D	141. C	142. D	143. C	144. A
145. C	146. B	147. C	148. D	149. A	150. B	151. B	152. B	153. C
154. A	155. D	156. B	157. B	158. C	159. B	160. B	161. C	162. C
163. C	164. B	165. A	166. C	167. C	168. C			

三、多项选择题

1. ABCD	2. ABCD	3. ABCD	4. ABCD	5. AB	6. ABC	7. AC
8. ACD	9. ABCD	10. AD	11. AB	12. ABCD	13. ABCD	14. ABCD
15. AB	16. ABC	17. ABCD	18. AC	19. ABC	20. ABD	21. ABD
22. BCD	23. ABCD	24. ABCD	25. ABCD	26. ABD	27. ABCD	28. ABCD
29. ABC	30. AD	31. BD	32. ABCD	33. BC	34. CD	35. ABCD
36. ABCD	37. ABCD	38. BCD	39. ABCD	40. ABCD	41. BC	42. AC
43. BC	44. BCD	45. ABCD	46. AB	47. ABCD	48. ABCD	49. ACD
50. ABC	51. ABCD	52. BCD	53. ABD	54. ABCD	55. AB	56. ABC
57. ABD	58. AB	59. AC	60. ABCD	61. ABCD	62. BCD	63. AB
64. ABC	65. ACD	66. AB	67. ABCD	68. AD	69. ABC	70. ABC
71. ABD	72. BD	73. ABC	74. AC	75. ABCD	76. AD	77. BCD
78. AB	79. BCD	80. ACD	81. ABC	82. ABC	83. ABC	84. ABCD
85. BC	86. ABCD	87. ABCD	88. ABCD	89. BCD	90. ABCD	91. ABCD
92. ABCD	93. BC	94. ABCD	95. ABCD	96. ABCD	97. ABCD	98. ABCD
99. ABCD	100. ABCD					

四、判 断 题

1. ×	2. ×	3. ×	4. √	5. ×	6. ×	7. ×	8. √	9. √
10. ×	11. √	12. ×	13. ×	14. ×	15. ×	16. √	17. ×	18. √
19. ×	20. √	21. ×	22. √	23. ×	24. √	25. √	26. ×	27. ×
28. ×	29. ×	30. ×	31. ×	32. √	33. ×	34. √	35. √	36. ×
37. ×	38. ×	39. √	40. √	41. ×	42. √	43. ×	44. √	45. √
46. √	47. ×	48. √	49. √	50. ×	51. √	52. ×	53. ×	54. ×
55. √	56. √	57. √	58. √	59. √	60. ×	61. √	62. ×	63. ×
64. √	65. √	66. ×	67. √	68. √	69. √	70. ×	71. √	72. ×
73. √	74. √	75. √	76. ×	77. ×	78. ×	79. ×	80. √	81. ×
82. √	83. √	84. √	85. ×	86. ×	87. √	88. ×	89. √	90. ×
91. ×	92. ×	93. ×	94. ×	95. √	96. √	97. √	98. ×	99. √
100. √	101. √	102. ×	103. √	104. ×	105. ×	106. √	107. √	108. ×
109. ×	110. √	111. ×	112. ×	113. ×	114. √	115. √	116. √	117. ×
118. ×	119. √	120. √	121. √	122. ×	123. √	124. ×	125. ×	126. √
127. √	128. √	129. ×	130. ×	131. √	132. √	133. √	134. √	135. √
136. √	137. ×	138. ×	139. √	140. ×	141. ×	142. ×	143. ×	144. √
145. ×	146. √	147. ×	148. √	149. ×	150. √	151. √	152. √	153. ×
154. ×	155. ×	156. ×	157. ×	158. √	159. √	160. ×	161. ×	162. √
163. ×	164. √	165. √	166. ×	167. √	168. ×	169. √		

五、简 答 题

1. 答案:未注公差尺寸是用于不作配合或不重要的尺寸(1分),但并不是无公差要求(1分)。国家标准规定,未注公差尺寸可在 IT12 至 IT18 公差等级中任意选择(2分),各工厂根据实际情况作出具体规定(1分)。

2. 答案:普通螺纹的完整标注主要由螺纹代号(2分)、螺纹公差带代号(2分)和螺纹旋合长度代号(1分)等三部分组成。

3. 答案:陶瓷结合剂由天然花岗石和黏土配制而成(1分)。其主要特点为:(1)物理和化学性能稳定,耐热、耐腐蚀(1分);(2)黏结力较大,能较好地保护砂轮外形轮廓(1分);(3)砂轮多孔性好(1分);(4)呈脆性,怕冲击和侧面压力,且怕冰冻(1分)。

4. 答案:"公差与配合图解"简称公差带图,是用图形来表示孔与轴的偏差带的相对位置,能很直观的说明相配合孔、轴的配合性质(2分)。通常以基本尺寸为零线,零线以上为正偏差,零线以下为负偏差(1分)。画图时,根据偏差数值按相同比例,相对于零线画两条平行直线,上、下偏差之间的区域(即两平行直线间)称为公差带(1分)。用公差带图可以直观的分析、计算和表达有关公差与配合的问题。单位为毫米或微米(1分)。

5. 答案:长轴的磨削工艺见表1。

表1 长轴磨削工艺

序号	主 要 内 容	砂轮特性	机床型号	定位基准	
1	研中心孔				(1分)
2	粗磨 $\phi 69.9_{-0.020}^{-0.009}$ mm、$\phi 31.9_{-0.011}^{0}$ mm 和 $\phi 39.9_{-0.041}^{-0.025}$ mm,留余量 0.08 mm~0.1 mm	A60L	M1332A	中心孔	(0.5分)
3	粗磨 $\phi 29.9_{-0.033}^{-0.020}$ mm、$\phi 24.9_{-0.009}^{0}$ mm,留余量 0.09 mm~0.1 mm	A60L	M1332A	中心孔	(0.5分)
4	用纵向法精磨 $\phi 69.9_{-0.020}^{-0.009}$ mm、$\phi 31.9_{-0.011}^{0}$ mm 和 $\phi 39.9_{-0.041}^{-0.025}$ mm 至尺寸,磨出肩面	WA80K	M1432A	中心孔	(1分)
5	磨4号莫氏锥度至尺寸	WA80K	M131W	中心孔	(1分)
6	用切入法精磨 $\phi 29.9_{-0.033}^{-0.020}$ mm、$\phi 24.9_{-0.009}^{0}$ mm 至尺寸	WA100K	M1432A	中心孔	(1分)

6. 答案:白刚玉的特点如下:白刚玉含氧化铝的纯度极高,呈白色,故又称白色氧化铝(1分)。白刚玉硬而脆,磨粒锋利,且自锐性好,有良好的切削性能(1分),磨削过程中产生的磨削热比棕刚玉低(1分)。适用于精磨各种淬硬钢、高速钢以及易变形的工件等(2分)。

7. 答案:心轴的磨削工艺见表2。

表2 心轴磨削工艺

序号	主 要 内 容	砂轮特性	机床型号	定位基准	
1	研中心孔				(1分)
2	粗磨 $\phi 60_{-0.013}^{0}$ mm,留余量 0.08 mm~0.09 mm,磨出肩面	A60L	M131W	中心孔	(0.5分)
3	粗磨5号莫氏锥度,留余量 0.20 mm~0.25 mm	A60L	M1332B	中心孔	(0.5分)

续上表

序号	主 要 内 容	砂轮特性	机床型号	定位基准	
4	精磨 5 号莫氏锥度至尺寸	WA100K	M1332B	中心孔	(1分)
5	精磨 $\phi 60_{-0.013}^{0}$ mm 至尺寸	WA100K	M1432A	中心孔	(1分)
6	精磨 $\phi 51.3_{-0.013}^{0}$ mm 至尺寸	WA100K	M1432A	中心孔	(1分)

8. 答案:采用纵磨法时,为了使工件能够产生轴向的自动送进运动(1分),就要将导轮的轴线相对于磨削轮的轴线倾斜一个角度(1分),使工件得到一个沿磨削轮轴线的推力(1分),但此时工件与倾斜的导轮只有一点接触(1分)。把导轮修成双曲面的目的就是为了使工件与导轮的接触处成为直线而使磨削平稳(1分)。

9. 答案:产生锥形的原因是:(1)头架调整角度不正确(1分);(2)纵向进给不均匀,横向进给量过大(1分);(3)砂轮在两端伸出量不等(1分);(4)砂轮磨损(2分)。

10. 答案:一般来说,如果砂轮硬度选得太软,磨粒容易脱落,工件精度和表面粗糙度都会差些(2分);而且,砂轮耗损快,很快就失去正确的几何形状,因而生产率也显著下降(1分)。如果砂轮硬度选得太硬,磨粒磨钝后,还不掉下来,它就在工件表面上摩擦、挤压,使工件表面大量发热而容易烧伤(1分);而且,砂轮的切削能力降低,甚至引起振动,从而影响工件精度和表面粗糙度(1分)。

11. 答案:砂轮中的磨粒是棱形多角的颗粒,其硬度和耐热性很高(1分)。当磨粒接触工件表面后,因受砂轮推动而有一个压力作用到紧靠磨粒前面的金属层上,使其受挤压并发生变形(1分),磨粒砂轮旋转而继续运动时,这一部分金属材料进一步受挤压而变形更大(1分),当磨粒施加的作用力超过金属分子之间的结合力时,一部分金属就从工件上分离下来而成为磨屑,这就形成了砂轮对工件的切削(2分)。

12. 答案:砂轮的重心如果不在旋转轴线上,便会产生不平衡现象(1分)。不平衡的砂轮高速旋转时,会产生不平衡的离心力(1分),使主轴产生振动或摆动,使砂轮撞击工件,从而在工件表面上产生振痕(1分)。这样,不但加工质量差,而且主轴轴承的磨损加快,甚至造成砂轮破裂,为了使砂轮精确而平稳的工作,砂轮必须经过平衡(1分)。一般直径大于 125 mm 的砂轮都要经过平衡。磨削表面粗糙度要求愈低,砂轮直径愈大和圆周速度愈高时,更应仔细地平衡(1分)。

13. 答案:引起砂轮不平衡的原因主要有:(1)砂轮各部分密度不均匀(1分);(2)砂轮两端面不平行(1分);(3)砂轮外圆与内孔不同轴(1分);(4)砂轮几何形状不对称(1分);(5)砂轮安装时有偏心(1分)。

14. 答案:造成锥度不准确的原因主要有:(1)磨削过程中由于测量不准确,因而工作台、头架或砂轮架的位置调整的不对(1分)。(2)砂轮不锋利,工作台运动不平稳、砂轮轴刚性不足而产生弹性变形(在精磨时应特别注意避免产生上述现象)(1分)。(3)磨削时机床工件的一些部位发热变形;例如内圆磨头升温发热而影响运动精度,使磨出的圆锥面不准确,工件用卡盘和中心架安装时,工件与中心架摩擦发热使磨出的内锥面不准确,用前后顶针夹持工件由于顶得过紧,顶针孔处摩擦发热使磨出的外圆锥体不准确等(3分)。

15. 答案:平面磨床的形式有矩台卧轴平面磨床(1分),圆台卧轴平面磨床(1分),矩台立轴平面磨床(1分)和圆台立轴平面磨床四种(1分)。平面磨削方式有圆周磨削和端面磨削两种(1分)。

16. 答案:磨削内圆时,砂轮杆应尽可能选择得短些(1分)。因为内圆磨削时,砂轮杆直径受孔径限制(1分),而砂轮杆的刚性对磨削质量有明显的影响(1分)。砂轮杆过长时变形大(1分);会产生振动,影响磨削质量和效率,因此砂轮杆应尽可能选短些(1分)。

17. 答案:用卡盘和后顶针装夹工件,就是将工件一头用卡盘装夹另一头用后顶针支撑(1分)。这种装夹方法一般适用于工件较长,且一端(用卡盘装夹的一端)不允许打中心孔的情况(1分)。如果工件较长,只用卡盘夹住一端,则远离卡盘的一端将可能下垂,磨削时因径向力的作用工件有可能让刀(1分),故必须一头夹紧,另一头用顶针支撑(1分)。这种装夹方法定位误差较大,若有关表面不能在一次装夹中加工完毕,则较难保证这些表面的相互位置要求(1分)。

18. 答案:使用时必须注意以下几点:(1)工件的材料必须是磁性物质,如钢、铸铁等。非磁性物质(如铜、铝等)是吸不住的,不能用电磁吸盘直接装夹(1分)。(2)要仔细清除电磁吸盘和工件定位表面的毛刺、赃物及磨屑等杂物,否则工件不能紧贴吸盘,从而磨出的表面和定位表面不平行,严重时工件甚至不能被吸牢(1分)。(3)为了安装牢固,工件在磁力台上应横跨两个以上的导磁条(1分)。(4)对于高度大或定位面小的工件,必须用足够数量的挡铁固定后方能磨削,以免工件不够稳而出事故;挡铁的高度应大于工件厚度的一半,或稍低于工件(2分)。

19. 答案:冷却润滑液的作用有:(1)带走磨削热,降低磨削温度,避免或减少工件产生烧伤、裂纹和变形等现象(1分)。(2)冲洗掉磨屑和碎裂脱落的磨粒,以免磨粒和磨屑把工件表面划伤或堵塞砂轮(2分)。(3)减少磨粒与工件表面之间的磨擦,细化工件表面粗糙度和提高砂轮耐用度(2分)。

20. 答案:在切削过程中,由于内外磨擦产生了大量的切削热,这些切削热就使切削区温度逐渐升高。用冷却润滑液可将上述内、外磨擦产生的切削热带走,从而降低切削温度(3分)。水溶液冷却性能效果最好,油类较差。若采用喷雾冷却法,冷却效果更明显(1分)。此外使用冷却润滑液可以在刀具和工件之间形成一层很薄的并具有一定强度和耐温性能的吸附膜,减少刀具与工件和切屑间的磨擦;减轻切屑与工具的黏附和刀瘤的产生;减少了刀具的磨损,起到了润滑作用(1分)。

21. 答案:烧伤是指工件的淬火表面在磨削热的作用下发生金相组织的改变,使工件表面的硬度降低或者产生细小的裂纹(1分)。烧伤的根源是高温(1分)。使工件表面产生高温的原因很多,主要有以下几点:(1)磨削用量过大,特别是磨削时磨粒钝后不能及时脱落,使砂轮磨削性能恶化,产生很大的磨擦导致工件表面高温(1分);(2)砂轮粒度号过大(即粒度太细),组织紧密,磨削时砂轮堵塞,磨削性能恶化(1分);(3)砂轮与工件的接触面过大或接触弧过长,砂轮易于堵塞,散热条件差(1分);(4)工件本身材料的导热性能差,导热系数小(0.5分);(5)冷却方法不良,冷却液不足,使热量不易排出(0.5分)。(答出3点以上就给3分)

22. 答案:这种装夹方法的优点:加工过程中定位基准不变,因而磨削余量均匀,有利于保证各表面的位置公差(各轴颈的同轴度,端面与轴心线的垂直度等),而且装夹迅速,效率较高(3分)。缺点:用鸡心夹头(或卡盘)夹住的表面也需要加工时,则必须将工件调头装夹,这样就会因两次装夹而产生安装误差,或多或少地对加工精度产生影响(2分)。

23. 答案:(1)能保证工件各加工表面的相互精度,比划线找正所达到的精度高得多(1

分),而且稳定可靠,还可降低操作工人的技术要求(1分)。(2)能提高生产效率并降低加工成本,由于采用夹具,可缩短工件定位和夹紧的时间(1分);又因工件定位稳固,还可提高切削用量,减少机动时间(1分)。(3)能扩大机床加工范围(1分)。

24. 答案:内锥轴的磨削工艺见表3。

表3　内锥轴磨削工艺

序号	主　要　内　容	砂轮特性	机床型号	定位基准	
1	研孔口 60°倒角				(0.5分)
2	外磨 $\phi100.50_{-0.015}^{0}$ mm 至尺寸	A80K	M131W	孔口 60°倒角	(1分)
3	工件用卡盘中心架装夹,并在锥孔一端外圆配置工艺套;粗磨 5 号莫氏锥孔,留余量 0.01 mm~0.15 mm	WA46K	M1432A	$\phi100.50$	(1.5分)
4	工件用卡盘中心架装夹,精磨 5 号莫氏锥孔至尺寸	WA60L	M1432A	$\phi100.50$	(1分)
5	调头装夹内磨 $\phi65_{0}^{+0.016}$ mm 至尺寸	WA60L	M1432A	$\phi100.50$	(1分)

25. 答案:砂轮与工件接触弧的长短,直接决定工件每瞬间受热面积的大小(2分)。当接触弧长时,磨屑也较长,砂轮负荷加重,磨削时热量增大,因而工件质量下降(3分)。

26. 答案:选择磨削余量的基本原则是:在保证不遗留上道工序加工痕迹(2分)、加工缺陷(1分)和经热处理后引起的变形量的前提下(1分),磨削余量越小越好(1分)。

27. 答案:第一阶段:砂轮表面的磨粒与工件材料接触为弹性变形(1分);第二阶段:磨粒继续切入工件,工件材料进入塑性变形阶段(2分);第三阶段:材料的晶粒发生滑移,塑性变形不断增大(1分),当受力达到工件的强度极限时,被磨削层材料产生挤裂,最后被切离(1分)。

28. 答案:内圆磨削分为中心型内圆磨削、行星式内圆磨削、无心内圆磨削三种形式(2分)。与外圆磨削相比,内圆磨削有以下特点:(1)砂轮直径较小,磨削速度较低,工件表面的粗糙度值不易减小(1分);(2)砂轮与工件的接触弧较长,磨削热和磨削力较大(1分);(3)切削液不易进入磨削区域,磨屑也不易排出(1分);(4)砂轮接长轴刚性较差,易产生弯曲变形和振动(1分)。(答出三点以上给3分)

29. 答案:外圆磨削分为以下几种形式:(1)中心型外圆磨削;(2)端面外圆磨削;(3)无心外圆磨削。(答出两点以上给2分)

外圆磨削常用的方法有:(1)纵向磨削法;(2)切入磨削法;(3)分段磨削法;(4)深度磨削法。(答出三点以上给3分)

30. 答案:磨削时,砂轮与工件之间发生切削作用(1分),在砂轮和工件上分别作用着大小相等(2分)、方向相反的力(2分);这种相互作用的力叫做磨削力。

31. 答案:这是因为划分粗磨、精磨有利于合理安排磨削用量(2分),提高生产效率和保证稳定的加工精度(1分);另外,在成批生产中,还可以合理地选用砂轮和机床(2分)。

32. 答案:(1)砂轮不平衡(1分);(2)砂轮硬度太高(1分);(3)砂轮钝化后没有及时修整(1分);(4)砂轮修得过细或用已磨平的金刚石夹角来修整砂轮,越修越不锋利(0.5分);(5)工件圆周速度过大(0.5分);(6)中心孔有多角形(0.5分);(7)工件直径或质量过大,不符合机床规格(0.5分)。(答出五点以上给5分)

33. 答案:安装前,要检查砂轮是否有裂纹(1分)。平形砂轮一般用法兰盘安装,法兰盘支撑平面应平整且外径尺寸相等(1分),安装时在法兰端面和砂轮之间应垫上衬垫(1分)。砂轮孔径与法兰盘轴颈应有适当的安装间隙,但间隙过大会产生安装偏心(1分);坚固螺钉时,夹紧力要均匀(1分)。

34. 答案:接触弧是一个空间面,它是引起磨削热的热源(2分)。当接触弧增大时,磨削热增大,砂轮使用寿命降低(3分)。

35. 答案:行星式内圆磨削是指磨削时,工件固定不转,砂轮除绕自身的轴线高速旋转外,还绕所磨孔的中心线以较低速度旋转实现圆周进给(2分);此时,砂轮还作纵向进给和周期性横向进给运动(1分)。砂轮的横向进给是依靠加大行星运动的回转半径来实现的(2分)。

36. 答案:圆锥的公差包括圆锥大,小端直径公差和锥度公差两个方面(2分)。圆锥直径通常根据相配零件所允许的轴向位移量来确定公差;圆锥的锥度则需根据不同用途规定公差(2分)。圆锥公差共分 12 个精度等级以满足不同用途的需要(1分)。

37. 答案:要磨好平行平面,首先应达到被磨削平面的平面度和表面粗糙度的要求(1分),其次还注意以下几点:(1)正确选择定位基础;(2)必须注意装夹稳固;(3)注意磨削余量;(4)分清粗精磨;(5)注意磨削热;(6)注意机床精度;(7)注意清洁工作。(答出四点以上给 4 分)

38. 答案:在平面磨削时,应选择面积较大(2分)或表面粗糙度数值较小(3分)的表面来作为第一次定位基准。(5分)

39. 答案:磨削深度又叫横向进给量,即每次磨削行程终止时,砂轮在横向进给运动方向上移动的距离(2分)。工件每旋转一轮相对砂轮在纵向进给运动方向上所移动的距离叫做纵向进给量,即走刀量(2分)。磨削时产生的热量叫做磨削热(1分)。

40. 答案:中心孔的以下误差会影响工件的圆度:中心孔的圆度误差(1分);中心孔太浅(1分);中心孔钻偏(1分);两端中心孔不同轴(1分);中心孔的锥角误差等(1分)。

41. 答案:工件表面产生螺纹痕迹的原因是:(1)砂轮硬度高,修得过细,磨削深度过大(1分);(2)纵向进给量太大(1分);(3)砂轮已磨损,母线不直(0.5分);(4)修整器上金刚石松动(0.5分);(5)切削液供给不充分(0.5分);(6)工作台导轨润滑浮力过大使工作台漂浮,运行中产生摆动(0.5分);(7)工作台有爬行现象(0.5分);(8)砂轮主轴有轴向窜动(0.5分)。(答出五点以上给5分)

42. 答案:(1)合理选择砂轮(1分);(2)选择调整支片(0.5分);(3)调整并修整导轮(0.5分);(4)调整前后导板(0.5分);(5)按磨削余量(0.5分),确定磨削工序;(6)试磨工件(0.5分);(7)粗、精磨工件(0.5分)。

43. 答案:可以从以下几方面评定:(1)润滑性;(2)冷却性;(3)清洗性;(4)防锈性;(5)化学稳定性;(6)防火性;(7)发泡性;(8)磨削用量;(9)砂轮耐用度;(10)磨削阻力;(11)工件表面粗糙度;(12)工件表面层质量;(13)使用期。(每点各 0.5 分,答出十点以上给 5 分)

44. 答案:选择砂轮硬度的基本原则是:磨削硬材料时选用软砂轮(1分),磨削软材料时选用硬砂轮(1分),磨削特别软的材料时,则选用较软的砂轮(1分),一般常用 H、J、K 等级(2分)。

45. 答案:影响工件表面粗糙度的主要原因是:砂轮圆周速度偏低(0.5分);工件圆周速度和纵向进给量过大(0.5分);磨削深度增加(0.5分);砂轮粒度偏粗(0.5分);砂轮表面修整不良(0.5分);砂轮硬度偏软(0.5分);机床振动(0.5分);冷却润滑不良(0.5分);工件材料硬度偏低(1分)。

46. 答案:修整成型砂轮时应注意以下事项:(1)用金刚石修整成型砂轮时,修整工具的回转中心必须垂直于砂轮主轴轴线(2分);(2)修整凹弧砂轮的半径 $R_砂$ 应比工件半径 $R_工$ 大 0.01~0.02 mm(2分);(3)由于成型磨削热量大,所以砂轮不宜修整太细(1分)。

47. 答案:产生喇叭口的原因有:(1)纵向进给不均匀,砂轮超出孔口太多(2分);(2)砂轮有锥度(2分);(3)砂轮杆细长(1分)。

48. 答案:正确的保养和润滑磨床有利于延长磨床的使用寿命,保持磨床的精度和可靠性。对磨床保养的具体要求如下:(1)工作前后需清理磨床,检查磨床部件、机构、冷却系统是否正常;(2)磨床敞开的滑动面和机械机构需涂油防锈;(3)人工润滑的部位需按规定的油类加注,并保证一定的油面高度;(4)定期冲洗更换冷却系统;(5)高速滚动轴承的工作温度应低于60℃;(6)不同精度等级和参数的磨床与加工工件的精度和尺寸参数相对应;(7)不碰撞或拉毛磨床工作面和部件。(答出五点以上给5分)

49. 答案:可采用转动上工作台磨外圆锥面的方法(2分),因为转动上工作台磨削圆锥面时调整锥度方便,工作台可作纵向移动,尺寸容易控制,加工质量较高,表面可获得较细的粗糙度(3分)。

50. 答案:合理选择磨削用量对提高加工精度、生产效率、细化工件表面粗糙度、降低制造成本有着直接的关系。为此在选择砂轮圆周速度时,应在砂轮强度、机床刚度等允许的条件下,尽可能提高砂轮圆周速度。一般外圆磨削 $V_砂$ 取 35 m/s,高速外圆磨削 $V_砂$ 取 45 m/s;工件圆周速度的选择,一般外圆磨削 $V_工$ 取 13~20 m/min。磨削深度的选择,一般 $a_p=0.01$~0.03 mm,精磨时 a_p 小于 0.01 mm。纵向进给量的选择,应考虑到砂轮的宽度,粗磨时 f 取 $(0.4$~$0.8)B$,精磨时 f 取 $(0.2$~$0.4)B$。(给出取值范围即可给5分)

51. 答案:主要有四个方面的原因:(1)检验方法不正确,造成检验误差不能真实反映出实际的锥度误差(1分);(2)装夹不牢固,或工件未被紧固,造成磨削过程中产生移动而不能得到准确的锥度(1分);(3)磨削方法不正确,例如,没有合理安排磨削用量,造成砂轮磨损加剧,表面直线性被破坏致使锥度不正确(1分);(4)机床其他因素,例如导轨精度超差;润滑油太多造成工作台漂移;头尾架精度严重超差;砂轮架主轴与轴承间隙太大均会影响磨削锥度的正确性(1分)。(5)工作台(或头架或砂轮架)转角调整不正确(1分)。

52. 答案:产生双曲线误差的主要原因是:砂轮旋转轴线与工件的旋转轴线不等高(2分),从而造成圆锥面母线不直而产生双曲线误差(3分)。

53. 答案:当导轮轴线在垂直面内倾斜一个角度时,导轮修整器的金刚石滑座也相应在水平面内回转相同或稍小的角度(2分);此外,由于工件中心比两砂轮中心连线高出,所以金刚石接触导轮的位置也必须相应地偏移一距离 h_1,偏移量 h_1 由公式:$h_1=D_导轮/[(D_导轮+d)h]$ 求得。(3分)

54. 答案:用涂色法进行检验(1分),检验时要做好清洁工作,将工件及圆锥套规擦干净,然后在工件圆锥表面顺母线方向均匀涂上显示剂,宽度可根据圆锥面直径大小在 5~10 mm 之间选定(1分)。显示剂厚度,按国家标准规定精度较高的圆锥面为 2 μm,并可用 2 μm 厚度检验块检验。然后,将涂好显示剂的工件放入圆锥套规,使锥面相互黏合用手握紧工件和套规,在 60°范围内转动一次(适当向母线方向用力),然后取出套规仔细观察显示剂擦出的痕迹,锥度好坏按最差一条母线计算,如果三条显示剂的擦痕均匀则说明锥度正确(3分)。

55. 答案:转动头架磨削内、外圆锥面,可磨削较大圆锥斜角的工件(0°~90°),这是转动工作台所不能达到的,磨削时工作台可以作纵向移动(3分)。加工质量也比较高,缺点是被加工工件长度不能太长,而且必须能够用卡盘或夹具装夹(2分)。

56. 答案:其意义为:平型砂轮,外径 600 mm,宽度 75 mm,内径 305 mm(2分),粒度 80#(1分),硬度中软 2,组织 5 级(1分),树脂结合剂,最大工作线速度为 35 m/s 的白刚玉砂轮(1分)。

57. 答案:火花鉴别法指的是:把钢铁材料放在砂轮机上磨削时,由发生的火花特征来判断它的成分。(5分)

58. 答案:高速钢的火花特征是:火条细长,呈暗红色(2分),由于大量钨元素的影响,几乎无火花爆裂,仅在尾部有少量火花,流线根部及中部成断续状态,尾部出现狐尾花(3分)。

59. 答案:阶梯砂轮的阶梯数及台阶的深度,由工件长度和磨削余量来确定。当工件长度大于 80~100 mm 时,采用双阶梯砂轮,阶梯深度为 0.05 mm,阶梯宽度为 0.3~0.4B(3分),当工件长度大于 100~150 mm,且磨削余量大于 0.6 mm 时,可采用五阶梯形砂轮,各阶梯深度为 0.05 mm,前四阶台宽度为 0.15B。(2分)

60. 答案:造成内圆度误差的原因是:(1)工件装夹不牢。发生走动(1分);(2)薄壁工件夹得过紧,产生弹性变形(1分);(3)卡盘在主轴上松动,主轴轴承有较大间隙(1分);(4)找正与调整不准确,内外表面不同轴(2分)。

61. 答案:产生螺旋走刀痕迹的原因是:(1)纵向进给太快(2分);(2)磨粒钝化(2分);(3)接长轴弯曲(1分)。

62. 答案:用砂轮圆周面磨削平面时,砂轮与工件的接触面较小(1分),磨削时的冷却和排屑条件较好(1分),产生的磨削力和磨削热也较小(1分),能减小工件受热变形,有利于提高工件的磨削精度(1分)。但磨削时要用间断的横向进给来完成整个工件表面的磨削,所以生产效率较低(1分)。

63. 答案:(1)用圆锥量规涂色法检验(2分)。(2)用角度样板光隙法检验(1分)。(3)用游标万能角度尺检验(1分)。(4)用正弦规检验(1分)。

64. 答案:(1)用涂色法检验(1分)。(2)用透光法检验(2分)。(3)用千分表检验(2分)。

65. 答案:(1)磨削精度高,磨出的高精度螺纹工件可用作精密配合和传动(1分)。(2)加工范围大,可以加工各种内、外螺纹、标准米制螺纹和各种截形的螺纹,以及非米制螺纹等(1分)。(3)测量要求高,需用精密的量具和精确的测量计算(1分)。(4)工序成本高,需要精密的磨床、复杂的调整和技术水平较高的工人操作(2分)。

66. 答案:(1)磨具为多刃刀具,当磨具高速旋转时,每个磨粒相当于一个刀齿进行切削(1分)。(2)磨削速度高,磨具圆周速度一般在 35 m/s 左右(1分)。(3)既可磨软材料,又可磨硬材料(1分)。(4)既可切除极薄表面,又可有极高的切除率(1分)。(5)可获得极高精度的精细表面。(6)磨具具有"自锐"作用(1分)。

67. 答案:常用的外圆磨削方法及其特点为:(1)纵向磨削法—产生的磨削力和磨削热较小,可获得较高的加工精度和较低的表面粗糙度值,生产效率低,适于加工细长、精密或薄壁的工件(1分)。(2)切入磨削法—砂轮宽度大于工件长度,磨粒负荷基本一致,生产效率高,但磨削时磨削热和径向力大,工件易产生变形,适于磨削长度较短的外圆表面(1分)。(3)分段磨削法—兼有纵向法和切入法的特点,通常分段数为 2~3 段(1分)。(4)深切缓进磨削法—背吃刀量较大,进给速度缓慢,生产率高,磨床应具有较大的功率和较高的刚度(2分)。

68. 答案:(1)60°内圆锥面圆度和锥角的误差要小(1分)。(2)工件两端的中心孔应处在同一轴线上(1分)。(3)60°内圆锥面的表面粗糙度值要小(1分)。(4)小圆柱孔不能太浅(1分)。(5)对特殊零件,可采用特殊结构中心孔(0.5分)。(6)对于精度要求较高的轴,淬火前、后要修研中心孔(0.5分)。

69. 答案:(1)砂轮应具有较好的磨削性能。砂轮在磨削时要有合适的自锐性和较高的使用寿命(1分)。(2)磨削时产生较小的磨削力和磨削热(1分)。(3)能达到较高的加工精度(1分)。(4)能达到较低的表面粗糙度值(1分)。(5)有利于提高生产率和降低成本(1分)。

70. 答案:(1)配合的零件定心精度高,能达到较高的同轴度要求(1分)。(2)配合紧密,能做到无间隙(1分)。(3)当圆锥面的锥角较小(在3°以下)时,可传递很大的转矩(1分)。(4)装拆方便,精度保持良好(1分)。大部分圆锥面零件可以进行修磨,以恢复原来的精度(1分)。

71. 答案:在磨削过程中,砂轮上锋利的磨粒将逐渐变钝,切削能力变低,因而作用于磨粒上的切削压力不断增大(3分)。当此压力超过磨粒的强度时,磨粒发生脆性崩裂破碎,而形成新的锋利的棱角(刃口)(1分);当此压力超过结合剂的黏结能力时,磨粒则从砂轮表面自行脱落,露出新的锋利的磨粒(1分)。砂轮的这种磨粒自行崩碎产生新棱角和及时脱落露出新的磨粒以使自己保持锋锐性能,称为砂轮的自锐性或自砺性。(1分)(意思对即可给5分)

72. 答案:磨削加工的形式有各种分类方法。若按加工表面及所使用的机床分类,就有外圆磨、内圆磨、平面磨、螺纹磨、齿轮磨等;(2分)若按砂轮工作表面来分,基本上有可分为以下三种磨削方法:(1)周边磨削:外圆纵磨、端面外圆斜切入磨削、无心外圆磨削、内圆磨削(1分);(2)端面磨削:平面磨削、双端面磨削、导轨磨削(1分);(3)成形磨削:轴承滚道磨削、花键磨削、螺纹磨削、成形砂轮磨齿轮(1分)。

73. 答案:磨削精度取决于机床—夹具—工件所构成的工艺系统的精度。工艺系统的误差包括:原理误差;工件安装误差;机床误差;刀具误差;工艺系统变形误差;测量误差和调整误差等,这些误差都会影响磨削的精度。(答出五点以上给5分)

74. 答案:划分粗磨和精磨的主要目的如下:(1)提高生产效率。粗磨时选用粗砂轮,加大磨削用量,精磨时选用细砂轮,采用较小的磨削深度和纵向进给量(1分);(2)保证加工质量。粗磨时切除量大,工件变形大,精磨时可以减小热变形等(1分);(3)为其他工序做准备(1分);(4)合理使用机床,有利于延长精密机床的使用寿命(2分)。

75. 答案:产生过热的原因是:(1)主轴与轴承间的间隙过小(1分);(2)润滑油不足(1分);(3)润滑油黏度过大(1分);(4)润滑油有杂质(1分);(5)轴承副表面粗糙度过大(1分)。

六、综 合 题

1. 解:根据余弦定理:$b^2 = a^2 + c^2 - 2ac\cos B$ (2分)

得:$b = \sqrt{a^2 + c^2 - 2ac\cos B}$

$\quad = \sqrt{18^2 + 24^2 - 2 \times 18 \times 24\cos 60°}$

$\quad = 21.63$ cm (6分)

答:另外一边 b 的长度为 21.63 cm。(2分)

2. 解:因为已知轴、孔的尺寸和偏差,作出公差带图28如下:

最大间隙 $= (+0.021) - (-0.035) = 0.056$ mm (4分)

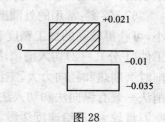

图 28

最小间隙＝0－(－0.01)＝0.01 mm（4分）

因为最小间隙 0.01＞0　　　所以这是一种间隙配合。（2分）

3. 解：$V_{砂}=\dfrac{\pi \cdot D_{砂} \cdot n}{1\,000 \times 60}=\dfrac{\pi \times 350 \times 1\,990}{1\,000 \times 60}=36.5$ m/s（8分）

答：砂轮的圆周速度为 36.5 m/s。（2分）

4. 解：$V_{纵}=\dfrac{s \cdot n_{工}}{1\,000}=\dfrac{0.3B \cdot n_{工}}{1\,000}=\dfrac{0.3 \times 50 \times 150}{1\,000}=2.25$ m/min（8分）

答：工作台的纵向速度为 2.25 m/min。（2分）

5. 解：$D=d+k \cdot L=110+\dfrac{1}{12} \times 45=113.75$ mm（8分）

答：圆锥体大端面直径 D 为 113.75 mm。（2分）

6. 解：根据 $Q=A \cdot V$ 得：（2分）

$$V=\frac{Q}{A}=\frac{0.417 \times 10^{-3}}{12.556 \times 10^{-4}}=0.332 \text{ m/s}=33.2 \text{ cm/s}（6分）$$

答：活塞运动速度 V 是 33.2 cm/s。（2分）

7. 解：$I_1=\dfrac{v}{R_1}=\dfrac{24}{12}=2$ A（2分）

$\qquad I_2=\dfrac{v}{R_2}=\dfrac{24}{36}=0.67$ A（4分）

$\qquad R=\dfrac{R_1 \cdot R_2}{R_1+R_2}=\dfrac{12 \times 36}{12+36}=9$ Ω（2分）

答：I_1、I_2 分别为 2 A 和 0.67 A，总电阻 R 为 9 Ω。（2分）

8. 解：$h=a \cdot k=3 \times \dfrac{1}{6}=0.5$ mm（8分）

答：需磨去余量 0.5 mm 才符合要求。（2分）

9. 解：$K=(D-d)/L$（2分）

$\qquad =(50-30)/100=0.2=\dfrac{1}{5}$（2分）

$\tan \dfrac{\beta}{2}=\dfrac{(D-d)}{2 \cdot L}=\dfrac{K}{2}=\dfrac{0.2}{2}=0.1$（2分）

$\beta=2\arctan \dfrac{K}{2}=2\arctan 0.1=11°25'16''$（2分）

答：圆锥体的锥度 K 为 1：5，顶角 β 为 $11°25'16''$。（2分）

10. 解：$R=R_1+R_2=50+60=110$ Ω（2分）

$I=\dfrac{V}{R}=220/110=2$ A（2分）

$U_1=I \cdot R_1=2 \times 50=100$ V（2分）

$U_2=I \cdot R_2=2 \times 60=120$ V（2分）

答：U_1 和 U_2 分别为 100 V、120 V，I 为 2 A。（2分）

11. 解：$V_{砂}=\dfrac{\pi D_{砂} \times n_{砂}}{1\,000 \times 60}$（2分）

$$D_{砂}=\frac{V_{砂}\times1\,000\times60}{\pi\cdot n_{砂}}=\frac{(30\sim35)\times1\,000\times60}{\pi\times1\,440}=398\sim464.2\ \text{mm}\ (6\ 分)$$

答:砂轮直径应在 398~464.2 mm 的范围内选择。(2 分)

12. 解:根据公式 $n_{工}=\dfrac{318V_{工}}{d_{工}}=\dfrac{318\times18}{30}=191$ r/min (8 分)

答:工件转速为 191 r/min。(2 分)

13. 解:$V_{砂}=\dfrac{\pi D_{砂}\cdot n_{砂}}{1\,000\times60}$ m/s (2 分)

$$V_{工}=\left(\frac{1}{80}\sim\frac{1}{160}\right)\times60V_{砂}$$

$$=\left(\frac{1}{80}\sim\frac{1}{160}\right)\times\frac{\pi\cdot D_{砂}\cdot n_{砂}}{1\,000\times60}\times60$$

$$=\left(\frac{1}{80}\sim\frac{1}{160}\right)\times\pi\times\frac{400\times1\,670}{1\,000}$$

$$=26.23\sim13.12\ \text{m/min}\ (6\ 分)$$

答:工件的圆周速度为 13.12~26.23 m/min。(2 分)

14. 解:$a_{\text{p}}=4\times\dfrac{20\times44}{80\times88}\times1/200=0.002\,5$ mm/格 (8 分)

答:手轮每格进给量为 0.002 5 mm。(2 分)

15. 解:$n=220\times\dfrac{63}{130}\times\dfrac{63}{168}\approx40$ r/min (8 分)

答:头架主轴最低转速为 40 r/min。(2 分)

16. 解:根据公式 $B=L\cos\beta+H\sin\beta$ (2 分)
$B=100\cos30°+30\sin30°$ (6 分)
　$=100\times0.866+30\times0.5$
　$=101.6$ mm

答:砂轮宽度为 101.6 mm。(2 分)

17. 解:由 $\sin\alpha=\dfrac{H}{L}$ 得:$H=L\cdot\sin\alpha$ 又由 $C=\dfrac{1}{10}=0.1$ (2 分)

得:$H=L\cdot\sin\alpha=L\cdot C=100\times0.1=10$ mm (6 分)

答:垫入量块之 H 值为 10 mm。(2 分)

18. 解:根据正弦关系式:

$$\sin\frac{\alpha}{2}=\frac{D_{\text{o}}-d_{\text{o}}}{2L}=\frac{D_{\text{o}}-d_{\text{o}}}{2\left(H-h+\dfrac{d_{\text{o}}}{2}-\dfrac{D_{\text{o}}}{2}\right)}\ (2\ 分)$$

$$=\frac{30-20}{2\times\left(60.75-5.5+\dfrac{20}{2}-\dfrac{30}{2}\right)}=\frac{10}{100.5}=0.099\,5\ (2\ 分)$$

经查表得:$\dfrac{\alpha}{2}=5°42'38''$ (2 分)

又由公式可得:$D=D_0\left(\tan\dfrac{\alpha}{2}+\dfrac{1}{\cos\dfrac{\alpha}{2}}\right)+2h\tan\dfrac{\alpha}{2}$

$$=30\times(0.1+\frac{1}{0.995})+2\times5.5\times0.1=34.25 \text{ mm}（2分）$$

答:锥孔的圆锥角为5°42′38″,大端直径 D 为 34.25 mm。（2分）

19. 解:根据公式 $H=L\sin\beta$ 求得:（2分）

$$H=198\times\sin30°8'=198\times0.502=99.4 \text{ mm}（6分）$$

答:量块高度 H 为 99.4 mm。（2分）

20. 解:根据公式可得:$V_{切向}=V_{导轮}\cos\theta$（2分）

$$V_{切向}=\frac{\pi D_{导轮}n_{导轮}}{1\ 000}\times\cos\theta$$

$$=\frac{3.14\times300\times70}{1\ 000}\cos2°=65.87 \text{ m/min}（3分）$$

$$V_{纵向}=V_{导轮}\sin\theta$$

$$=\frac{\pi D_{导轮}n_{导轮}}{1\ 000}\times\sin\theta$$

$$=\frac{3.14\times300\times70}{1\ 000}\sin2°=2.307\ 5 \text{ m/min}（3分）$$

答:工件速度 $V_{切向}$ 为 65.87 m/min,$V_{纵向}$ 为 2.307 5 m/min。（2分）

21. 解:根据公式可得:（2分）

$$h_1=\frac{D_{导轮}}{D_{导轮}+d}\times h$$

$$=\frac{300}{300+20}\times10=9.375 \text{ mm}（6分）$$

答:金刚石偏移量为 9.375 mm。（2分）

22. 解:最大极限尺寸=60+0.009=60.009 mm（2分）

最小极限尺寸=60-0.021=59.979 mm（2分）

公差=0.009-(-0.021)=0.030 mm（4分）

答:该轴的最大极限尺寸为 60.009 mm,最小极限尺寸为 59.979 mm,公差为 0.030 mm。
（2分）

23. 解:已经 $D(d)=30$ mm,$P=2$ mm。（2分）

$H=2\times0.866=1.732$ mm（2分）

$$D_2(d_2)=D)2\times\frac{3}{8}H=30-2\times\frac{3\times1.732}{8}=28.701 \text{ mm}（2分）$$

$$D_1(d_1)=D-2\times\frac{5}{8}H=30-2\times\frac{5\times1.732}{8}=27.835 \text{ mm}（2分）$$

答:该螺纹大径、小径、中径分别为 30 mm,27.835 mm。28.701 mm。（2分）

24. 解:$V_{砂}=\dfrac{\pi\times D_{砂}\times n_{砂}}{1\ 000\times60}$（2分）

$$=\frac{3.14\times400\times1\ 800}{1\ 000\times60}=37.68 \text{ m/s}（6分）$$

答:该线速度大于 35 m/s 安全线速度为不安全。（2分）

25. 解:根据公式 $B=N+(1+\dfrac{1}{\tan\alpha/2})D$（2分）

$B=31.78+(1+1.921)\times10=60.99$ mm（6分）

答：燕尾槽大端的尺寸为 60.99 mm。（2分）

26. 解：根据公式 $H=h-\dfrac{L}{2}+\dfrac{1}{2}(1+\sqrt{2})D$（2分）

$H=35-\dfrac{32}{2}+\dfrac{1}{2}\times(1+1.414)\times20=43.142$ mm（6分）

答：圆柱顶端至工件底面的距离是 43.142 mm。（2分）

27. 解：根据公式 $H=\dfrac{D}{2}\sin\gamma_0$（2分）

$H=\dfrac{25}{2}\times\sin6°=1.306$ mm（6分）

答：砂轮偏移量为 1.306 mm。（2分）

28. 解：根据公式 $H=\dfrac{D}{2}\sin\alpha_0$（2分）

$H=\dfrac{25}{2}\times\sin4°=0.8725$ mm（6分）

答：齿托片比中心下降值为 0.8725 mm。（2分）

29. 解：根据公式 $d_0=\dfrac{P}{2\cos\frac{\alpha}{2}}$（2分）

得：$d_0=\dfrac{6}{2\cos\frac{30°}{2}}=3.108$ mm（2分）

根据公式 $M=d_2+d_0(1+\dfrac{1}{\sin\frac{\alpha}{2}})-\dfrac{p}{2}\cot\dfrac{\alpha}{2}$（2分）

得：$M=45+4.864\times3.108-3.732\times3=48.921$ mm（2分）

答：量针直径为 3.108 mm，千分尺读数为 48.921 mm。（2分）

30. 解：根据公式 $H=L\cdot\sin\beta$（2分）

得：$H=200\times\sin45°=14.142$ mm（6分）

答：所垫量块组的高度为 14.142 mm。（2分）

31. 解：手轮转一圈砂轮架进给量：

$S=n[Z_1\times Z_3/(Z_2\times Z_4)]\times P$

$=1\times[20\times44/(80\times88)]\times4$

$=0.5$ mm（6分）

手轮转一格砂轮架的进给量：

$t=1/(200\times0.5)=0.0025$ mm（2分）

答：手轮转过一格时，砂轮架进给量是 0.0025 mm（2分）。

32. 解：手轮转一圈工作台移动距离：

$S=[n(Z_1\times Z_3)/(Z_2\times Z_4)]\times\pi mZ$（2分）

$=[1\times(15\times18)/(72\times72)]\times3.14\times2\times18=5.9$ mm（6分）

答：工作台实际移动距离为 5.9 mm。（2分）

33. 解:工艺尺寸链图如图 29 所示,(2 分)

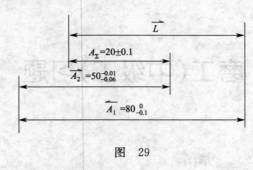

图　29

A_Σ 为封闭环,L 和 A_2 为增环,A_1 为减环,

因此:L 基本尺寸 $=80-50+20=50$ mm (4 分)

$L_{上偏差}=-0.1+0.1-(-0.01)=+0.01$ mm

$L_{下偏差}=-0.04$ mm (2 分)

答:磨削内孔时的控制长度 L 为 $50^{+0.01}_{-0.04}$ mm。(2 分)

34. 解:$\tan(\alpha/2)=C/2=0.05$ 故 $\alpha=5.7248°$(2 分)

$\sin\alpha=0.09975$ 由 $\sin\alpha=H/L$ (2 分)

$H=L\sin\alpha=100\times0.09975=9.975$ (4 分)

答:垫入量块高度 H 值是 9.975。(2 分)

35. 答案:磨削时,因磨削作用而产生的热量,叫做磨削热。(1 分)

磨削热的产生来源于两个方面:

(1)工件表面层金属材料和磨屑,因受磨粒挤压而剧烈变形时,使得工件材料内部金属分子之间产生了相对移动,便产生内摩擦而发热(2 分)。

(2)由于砂轮挤压工件,砂轮与工件材料之间由于外摩擦而发热(2 分)。

磨削热引起的工件表面的瞬时高温,可能对工件加工质量造成下述不良的影响(1 分):

(1)易使工件产生退火、烧伤和裂纹(1 分)。

(2)使工件温度升高,产生热膨胀变形(1 分)。

(3)使薄壁、薄片和细长工件产生弯曲变形和尺寸变化(1 分)。

(4)磨削区的局部高温,易使磨屑熔化并堵塞砂轮而使砂轮变钝(1 分)。

磨工(中级工)习题

一、填 空 题

1. 横向进给量 f_r 用于（　　　）磨削。

2. 作用在切线方向的磨削分力是（　　　）。

3. 磨削过程中产生的热能,约有（　　　）传入工件。

4. （　　　）温度直接影响工件的形状和尺寸精度。

5. 金刚石磨具的背吃刀量以不大于（　　　）mm 为宜。

6. 静压轴承所用之小孔节流器,其流态是（　　　）。

7. 主轴轴承间隙调整时,通常需调整（　　　）的轴瓦。

8. 通常把机床抵抗摩擦自激振动的能力称为机床的（　　　）。

9. 组装小型组合夹具时,（　　　）可直接作为基础件使用。

10. 扭簧比较仪的精度高于千分表,量程（　　　）于千分表。

11. 检查工作台低速爬行的方法有光栅测量或激光测量,也可以用（　　　）来测量台面的运动均匀性。

12. 冷却液的净化装置有纸质过滤器、离心过滤器、（　　　）和涡旋分离器四种。

13. 砂带的黏结剂具有必要的（　　　）,以便不降低砂带的总弹性。

14. 零件的加工精度主要取决于整个工艺系统的精度,引起工艺系统误差的因素有原理误差、安装误差、机床误差、刀具误差、夹具误差、（　　　）和受力。

15. 工序卡片一般有工序说明图,表示出完成本工序后工件的（　　　）工件的安装方式和刀具的形状和位置。

16. 生产纲领也称年产量。产品零件的生产纲领除了国家规定的生产计划外,还包括它的（　　　）。

17. 磨削指示仪是高精度小粗糙度值磨削时的一种较理想的（　　　）仪器。

18. 在液压系统中,液压泵的作用是提供一定的（　　　）。

19. 工具显微镜是用（　　　）瞄准的方法进行读数的测量仪器。

20. 直线度是表示在平面内（　　　）的最大坐标值。

21. 工件表面粗糙度为 Ra0.05 μm～0.025 μm 的磨削称为（　　　）磨削。

22. 气动测量仪按其工作原理可分为指示（　　　）、指示流量和指示流速三大类。

23. 通常研磨余量控制在（　　　）mm 之内。对那些加工面积大、形状复杂和精度高的工件,应取较大值。

24. 常用的研磨机有（　　　）平面研磨机和双盘研磨机两种。

25. 双轮珩磨外圆时,珩磨轮轴线与（　　　）轴线交叉成 α 角,因此,珩磨轮被工件传动的同时,还相对工件表面产生滑动速度,从而产生切削作用。

26. 超精加工是在良好润滑冷却条件和( )压力下,用细粒度油石,以快而短促的往复振动,对低速旋转的工件进行光整加工。

27. 控制力磨削,其横向进给力始终不变,故又称( )磨削。

28. 研磨的原理是游离的磨粒通过研具对工件进行微量的切削,它包含着( )的综合作用。

29. 在精密磨削和超精密磨削时,应用最多的是陶瓷结合剂,其次是树脂结合剂,镜面磨削常用( )结合剂。

30. 使用组合夹具的优点主要有三个:可以缩短( );能节约人力和物力以及保证产品质量。

31. 刚玉类磨料的主要成分是( ),适用于磨削抗拉强度较高的材料。

32. 内圆磨削时,砂轮直径与工件孔径的比值通常在( )之间,当工件孔径较大时,砂轮直径的选取应取较小的比值。

33. 偏心工件装夹的主要目的是把偏心部分的几何中心和头架主轴的旋转中心( )。

34. 黄铜材料磨削时,选用黑色碳化硅磨料较好,选择砂轮的硬度应( )。

35. 减少薄片工件装夹误差的方法有:用低熔黏结剂粘住、安装导磁性、( )、专用工具装夹。

36. 夹紧力的三个基本要素是方向、( )、作用点。

37. 常用的外圆车刀是由一个刀尖,两个( )和三个刃面组成刀头的。

38. 切削用量中,对切削力影响最大的是( ),其次是进给量,切削速度影响最小。

39. 工具钢刀具切削温度超过相变温度时,金相组织发生变化,硬度明显下降,失去切削能力而使刀具磨损称为( )。

40. 在切削深度和进给量一定的情况下,主偏角增大,使切削厚度( ),切削宽度减小,参加切削的刃长减小,切削刃单位长度上的负荷增大。

41. 改善工件材料切削加工性,除调整化学成分外,还可通过( )改变材料的金相组织。

42. 控制磨床液压传动系统压力大小的是( ),控制工作台运动速度大小的是节流阀。

43. 金刚石磨具的标记与一般磨具的标记区别是增加了浓度和工作层的( )。

44. 在普通砂轮的圆周上开一定数量的槽,然后用于磨削零件,这种方法称为( )磨削,它是用于磨削硬质合金材料的一种方便而有效的先进方法。

45. M1432A 型外圆磨床液压系统中换向阀第一次快跳的油路是两腔互通压力油,其目的是使工作台( )。

46. 螺纹磨校正尺的原理是:当工作台移动时,使螺母获得( )运动,以修正传动链的螺距误差。

47. 外圆磨削时,砂轮主轴的轴向窜动使工件产生( )痕迹,砂轮主轴的径向跳动使工件产生直波纹痕迹。

48. 用三爪卡盘装夹薄壁工件时,其内孔易被磨成( )形。

49. 双端面磨削,若工件端面呈凸状,则说明( )。

50. 低粗糙度磨削时,要特别注意冷却液净化,混有杂物的冷却液不但对工件表面粗糙度不利,而且还会使工件表面产生( )。

51．M1432A 型万能外圆磨床精度检验时，砂轮架主轴轴向窜动公差为（　　）mm，径向跳动公差为 0.005 mm。

52．M1432A 型万能外圆磨床砂轮架快速进、退运动是采用（　　）油缸，并有缓冲装置。

53．为了使圆偏心夹紧机构能自锁，设计圆偏心时，必须保证 D/e（　　），其夹紧力约是作用力的 17 倍。

54．制订工艺规程时，退火通常安排在粗加工之前，淬火应在精磨加工（　　）。

55．圆锥孔工件在短圆锥上定位相当于限制（　　）个自由度。

56．采取布置适当的六个支撑点来消除工件六个自由度的方法称为（　　）。

57．气动测量仪是利用被测工件的（　　）变动，引起空气压力或流量的改变来达到测量的目的。

58．对加工质量要求很高的零件，其工艺过程通常划分为粗加工、半精加工、（　　）和光整加工四个阶段。

59．对普通钢材进行强力磨削时，应选用磨料为（　　），硬度为 J 级的砂轮。

60．成型砂轮的形面可用（　　）法和金刚石滚轮法来修整。

61．当铲齿铣刀前角为零度时，砂轮端面必须（　　）。

62．在液压传动中，要求工作台作往复速度相等的运动时，可采用（　　）活塞油缸。

63．在磨床液压系统中常用节流口形式有：针尖形、旋转缝隙形、（　　）。

64．砂轮的强度通常用（　　）表示，其通常标准是 35 m/s。

65．微机同轴度测量仪由（　　）将信号输入计算机，即可获得测量结果。

66．外圆磨床磨头主轴与轴承间隙过大时将使（　　）下降，间隙过小将使主轴和轴承产生抱轴现象。

67．影响切削力的主要因素是（　　）、切削用量和刀具几何参数。

68．刀具磨钝标准分为两种，一是粗加工磨钝标准，又称经济磨钝标准；二是（　　）磨钝标准，又称工艺磨钝标准。

69．工件上用于定位的表面，是确定工件位置的依据，称为（　　）。

70．液压传动系统由动力部分、（　　）、控制部分和辅助部分四部分组成。

71．在液压系统中，油液必须在密闭的容器内发生（　　）才能实现液压传动。

72．工艺流程中工序数很少，而一个工序中加工内容很多的加工方法称为（　　），主要适用于单件及小批量生产。

73．机械加工中常用的毛坯有（　　）、锻件、型材、焊接件和组合毛坯五种。

74．磨削锥体时，若砂轮轴线与工件轴线不等高，则会产生（　　）误差。

75．磨削加工是用来细化零件的（　　）和提高零件的精度的主要工艺方法。

76．M7120A 平面磨床砂轮拖板移动的螺母，采用滚柱螺母，其特点是丝杆与螺母之间为滚动摩擦，所以砂轮架（　　）。

77．M1432A 万能外圆磨床头架内的皮带轮张紧是依靠偏心调节的，皮带轮传动采用（　　）结构，使主轴转动平稳。

78．镜面磨削的表面形成特点是砂轮与工件之间的摩擦作用和（　　）作用。

79．在精密磨削过程中，为了防止磨屑与砂粒（　　），冷却液最好采用纸质过滤器。

80. 砂轮主轴的旋转精度是指主轴前端的（　　）和轴向窜动大小。

81. 低粗糙度磨削时,工件纵向进给量的大小,直接影响工件（　　）的好坏。

82. 切削力可分为主切削力、吃刀抗力和走刀抗力三个分力,其中（　　）消耗功率最大;吃刀抗力不消耗功率。

83. 刀具的磨损有正常磨损和非正常磨损两种。其中正常磨损有（　　）、后刀面磨损和前后刀面同时磨损三种。

84. 刀具几何参数包括（　　）、切削刃区的剖面形式、刀面形式和刀具几何角度四个方面。

85. 工件在夹具中定位,要使工件的定位表面与夹具的（　　）相接触,从而消除自由度。

86. 工件的装夹包括定位与（　　）两个内容。

87. 在平面磨床上磨削薄片工件应采用较（　　）的磨削深度和较快的工作台纵向进给速度。

88. 细长轴的磨削特点是刚性差、母线容易弯曲,使用开式中心架是为了减小工件的（　　）和避免产生振动。

89. 在液压系统中,液压泵的作用是提供一定（　　）和流量的液体。

90. 液压缸是液压系统中的执行部分,它将系统中的压力能转变为（　　）。

91. 精密轴类工件磨削前,对中心孔进行多次研磨,其目的是为了使外圆能得到较好的圆度,使各挡外圆间（　　）得到保证。

92. 低粗糙度磨削必须用较小的走刀量 f 和（　　）,精细修整砂轮,使磨粒产生细微切削刃,此刃称为微刃。

93. 最大磨削直径小于 125 mm 时,横向进给手轮反向空程不得超过（　　）转。

94. 外圆磨床自动测量装置,常用（　　）和气动测量仪两种。

95. 修整砂轮用金刚石尖角为（　　）,金刚石尖端应低于砂轮中心 0.5～1 mm。

96. 超精密磨削时,砂轮圆周速度不宜过高,常取（　　）。

97. 铣刀按刀齿截形可分为尖齿和（　　）两大类。

98. 镜面磨削横向进给动作（　　）,以保持砂轮与工件之间有适当的压力,其实际进给量大于工件的去除量。

99. 光学曲线磨床的光学系统由（　　）和投影系统两部分组成。

100. 物体受外力作用后,其长度或形状发生变化,但外力取消后,物体恢复原来的长度或形状,这种变形称为（　　）。

101. 物体受外力作用后,其长度或形状发生变化,如果外力取消后,仍不能恢复原来的长度和形状,这种变形称为（　　）。

102. 淬透性是指钢在淬火时,所能得到的（　　）。

103. 由一系列多对相互啮合的齿轮组成一个传动系统,以便将主动轴的转速和转矩传递到被动轴上去。这个由齿轮组成的传动系统,称为（　　）。

104. 模数表示齿轮齿形的大小,它等于（　　）。

105. （　　）表示液体受外力作用而流动时,在液体分子之间所呈现的内摩擦阻力或流动阻力。

106.（   ）是一种在确定的生产条件下,说明并具体规定零件加工工艺过程的技术指导文件。

107.用以确定某些点、线、面位置的点、线、面称为（   ）。

108.在零件加工或机器装配过程中,决定各表面或轴线相互位置的尺寸,按照一定次序排列成封闭形式的尺寸组合叫（   ）。

109.最大实体原则是孔或轴的作用尺寸不允许超过（   ）尺寸。

110.将钢制品加热到一定高温,保持一段时间,然后将工件从炉内取出,在静止的空气中冷却的热处理工艺称为（   ）。

111.随机性误差是指在加工一批零件时,其大小和方向是（   ）变化的误差。

112.砂轮的安全圆周速度就是砂轮允许的最大（   ）,它表示砂轮在回转情况下的回转强度。

113.刀具刃磨后,从开始切削到达磨损限度所经过的切削时间称为（   ）。

114.一个或一组工人,在一个工作地对同一个或同时几个工件所连续完成的那一部分工艺过程称为（   ）。

115.磨削时,砂轮与工件间保持（   ）称为恒压力磨削。

116.在拉应力作用下只经过弹性变形而断裂破坏的材料称为（   ）。

117.通电导体周围存在磁场的现象叫电流的（   ）。

118.直径可在一定范围内调整的心轴称为（   ）。

119.轴类零件上一个或几个外圆柱面的轴线与公共轴心线（   ）,但相互平行。这类轴件叫偏心轴。

120.由于流过线圈本身的电流（   ）而引起的电磁感应叫自感现象,简称自感。

121.工件以平面和内圆柱表面定位,即是以工件上两个孔和与孔相垂直的平面作定位基准。所用的定位元件是一个短圆柱销、一个削边销和一个平面,这种定位法就是（   ）定位法。

122.心轴的外圆表面有微小的锥度,并且心轴的两端还有顶针孔的这类心轴一般叫（   ）。

123.细长轴通常指长度与直径之比（   ）以上的轴类零件。

124.相邻两工序的工序尺寸之差即为（   ）。其数值大小,要能保证消除上道工序加工时残留表面的缺陷和经过热处理后引起的变形量。

125.微锥心轴的锥度一般为（   ）。

126.热处理常用的硬度有（   ）、络氏硬度二种表示方法。

127.矩台卧轴平面磨床磨削方法可分为:横向磨削法；（   ）;阶梯磨削法。

128.超精密磨削时,背吃刀量 a_p 的选择原则是（   ）微刃的高度。

129.磨床工作台爬行现象多见于（   ）运动时。

130.改变节流阀节流口的开口大小,可调节工作台的（   ）。

131.对磨床横向进给机构的基本要求是:操作轻便,（   ）准确。

132.深切缓进磨削是强力磨削的一种,特别适用于难加工材料的（   ）。

133.形位公差包括六项形状公差,八项（   ）。

134.测量条件主要指测量环境的温度、（   ）、灰尘、振动等。

135. 磨削时所产生的振动有（　　）和自激振动两种类型。

136. 一般齿轮滚刀的前角为零度,主要刃磨（　　）。

137. 研磨剂的研磨液在研磨加工中起调和磨料和（　　）作用。

138. 磨削细长轴时,尾座顶尖的预紧力应比一般磨削（　　）。

139. 磨削深孔工件时,应适当（　　）孔中部的进给次数。

140. 可获得较细的表面粗糙度的磨削方法有精密磨削、（　　）和镜面磨削三种。

141. 金刚石砂轮由（　　）、过渡层和基体三部分组成。

142. 深孔磨削时,应适当提高砂轮转速,适当（　　）纵向进给量和背吃刀量。

143. 刀具切削部分的材料应满足高的硬度、（　　）、高的耐热性、足够的强度和韧性工艺性好等要求。

144. 提高主轴旋转精度的方法有（　　）、提高主轴精度、控制主轴轴向窜动。

145. M1432A 型万能外圆磨床砂轮架快速进退运动是采用单出杆活塞油缸,并还有（　　）装置。

146. 夹具常用的夹紧方法有斜楔夹紧、（　　）、偏心夹紧、杠杆夹紧。

147. 磨削偏心轴的装夹方法有用四爪卡盘装夹、（　　）和用两顶针装夹。

148. 细长轴磨好后或未磨好因故中断磨削时,也要卸下（　　）存放。

149. 工件的主要定位方法有以平面定位、（　　）、以平面和内圆柱表面定位、以平面和外曲面定位。

150. 影响工序余量的因素有前工序的工序尺寸、（　　）、变形层深度、位置误差、本工序的安装误差。

151. 薄壁零件一般指孔壁厚度为孔径（　　）的零件。

152. 在磨削平面时,应选择面积较大、（　　）的表面作为第一次定位基准面。

153. 磨削细长轴时,工件容易出现（　　）和振动现象。

154. 装夹导轨进行磨削时,为防止导轨变形,应尽量使工件处于（　　）状态。

155. 对工件夹紧时,应考虑夹紧力的作用方向和（　　）。

156. 在平面磨床上精磨薄片工件时,应采用较小磨削深度和横向进给量,并供应（　　）的冷却液。

157. 外圆锥母线磨成双曲线,是由于两顶针的（　　）造成的。

158. 磨细长轴工件进刀时,两头小一些,中部（　　）一些。

159. 磨削细长轴时应从减小（　　）和减小磨削力这两方面着手。

160. 在工件定位时,两个互相垂直的平面最多能限制（　　）个自由度。

161. 铲齿铣刀只修磨（　　）,特点是经修磨后,保持轴向截形不变,且后角变化小。

162. 磨削薄壁零件时应选用（　　）粒度的砂轮。

163. 用三爪自定心卡盘装夹薄壁零件,在磨削内孔卡爪松开后,内孔呈（　　）棱圆形。

164. 滚动轴承预紧时,预紧力不能过大,否则会使轴承的（　　）增大。

165. 若液压泵吸空、磨床机械振动及液压系统中含有空气,则液压系统工作时会产生（　　）。

166. 轧辊磨削前的准备工作:（　　）、轧辊中心与磨床中心的校正砂轮的静平衡。

167. 一般磨床使用的砂轮规格型号: 750 mm×75 mm×305 mm、900 mm×100 mm×

305 mm;材质白刚玉;硬度中软、粒度(　　)结合剂树脂。

168. 磨床的保养分为:例行保养、(　　)、二级保养。

169. 轧机、平整机使用的轧辊材质为:(　　)、9Cr3Mo、9Cr5Mo。

170. 数控轧辊磨床型号:MK84125×50,最大磨削直径(　　),顶尖距5 000 mm。

171. 型号:MK8463×50,最大磨削直径1 250 mm,顶尖距(　　)。

172. 数控轧辊磨床主轴所用润滑油为(　　)。

173. 冷轧辊由辊身、辊颈、(　　)三部分组成。

174. 轧辊磨削过程中冷却液的作用是冷却、(　　)、清洁、防腐等。

175. 角度块是一种较精密的测角量具,可以用其提供的(　　),对其他角度量具的示值误差进行检定。

176. 缓进磨削对机床的要求有:机床有较高的刚度和功率、(　　)、工作台低速转动平衡且有快速反程装置、有足够压力和流量的切削液并有切削液过滤和排削装置。

二、单项选择题

1. 外圆磨削的主运动是(　　)。
(A)工件的圆周进给运动　　　　　　(B)砂轮的高速旋转运动
(C)工件的纵向进给运功　　　　　　(D)工件的横向进给运功

2. 精磨外圆时应选用粒度为(　　)的砂轮。
(A)40#～60#　　　(B)60#～80#　　　(C)100#～240#　　　(D)240#～W20

3. 磨削精密主轴时,宜采用(　　)顶尖。
(A)高碳钢　　　(B)高速钢　　　(C)硬质合金　　　(D)低碳钢

4. 在包含圆锥轴线的截平面上测量的两母线之间的夹角叫做(　　)。
(A)斜角　　　(B)倾角　　　(C)圆锥角　　　(D)圆度角

5. 米制圆锥按尺寸大小不同分成(　　)号码。
(A)6个　　　(B)7个　　　(C)8个　　　(D)9个

6. 端面磨削接触面积大,排屑困难,容易发热,所以大多采用(　　)结合剂砂轮。
(A)陶瓷　　　(B)树脂　　　(C)橡胶　　　(D)金刚石

7. (　　)是企业的生命。
(A)产品　　　(B)信誉　　　(C)质量　　　(D)效益

8. 质量第一,用户至上,是(　　)职业道德的基本要求。
(A)第一产业　　　(B)第二产业　　　(C)第三产业　　　(D)服务行业

9. 为保证产品质量,就必须严格执行(　　)。
(A)规章制度　　　(B)工艺文件　　　(C)生产计划　　　(D)操作规程

10. (　　)是保障正常生产秩序的条件。
(A)劳动纪律　　　(B)工艺文件　　　(C)生产计划　　　(D)操作规程

11. 砂轮不平衡所引起的振动和电动机的振动称为(　　)振动。
(A)自激　　　(B)剧烈　　　(C)强迫　　　(D)互激

12. 磨削薄壁套筒内孔时,夹紧力方向最好为(　　)。
(A)任意　　　(B)径向　　　(C)轴向　　　(D)倾斜方向

13. 目前,( )磨齿法的磨削精度最高。

(A)成型　　　　　(B)蜗杆砂轮　　　　　(C)双锥面砂轮　　　　　(D)双平面砂轮

14. 用双锥面砂轮磨齿轮时,工件一方面移动,一方面转动,其运动相当于齿条静止,齿轮节圆在假想齿条的节线上( )。

(A)滑动　　　　　(B)滚动　　　　　(C)跳动　　　　　(D)静止

15. 螺纹磨削时,工件的旋转运动和工作台的移动保持一定的展成关系,即工件每转一周,工作台相应移动一个( )。

(A)导程　　　　　(B)大径　　　　　(C)螺距　　　　　(D)中径

16. 刃磨圆拉刀前面时,砂轮的半径应( )拉刀前面锥形的曲率半径。

(A)大于　　　　　(B)小于　　　　　(C)大于等于　　　　　(D)等于

17. 刃磨插齿刀前角时,应使砂轮轴线与插齿刀轴线成( )夹角。

(A)$180°-r$　　　　　(B)r　　　　　(C)$90°-r$　　　　　(D)$90°$

18. 铸铁零件的精密磨削和超精密磨削时,应选用( )砂轮。

(A)金刚石　　　　　(B)刚玉类　　　　　(C)陶瓷　　　　　(D)碳化硅类

19. 在低粗糙度磨削时,砂轮以( )为主。

(A)切削　　　　　(B)挤压　　　　　(C)刻划　　　　　(D)摩擦

20. 在磨削时,若横向进给力始终不变,则称这种磨削为( )磨削。

(A)高速　　　　　(B)横向　　　　　(C)恒压力　　　　　(D)纵向

21. ( )主要是通过增大砂轮的切削深度和降低工作台纵向进给速度的方法来实现的。

(A)恒压力磨削　　　　　(B)高速磨削　　　　　(C)缓进深切磨削　　　　　(D)切入磨削

22. 抛光钢件时,可用( )磨料。

(A)白刚玉　　　　　(B)黑色碳化硅　　　　　(C)棕刚玉　　　　　(D)氧化铬

23. 研磨淬硬钢零件的精密平面时,研具材料应选用( )。

(A)铜　　　　　(B)高磷铸铁　　　　　(C)灰铸铁　　　　　(D)铅

24. 研磨小平面工件时,常用( )研磨运动的轨迹。

(A)直线　　　　　(B)8字形　　　　　(C)螺旋形　　　　　(D)摆动式直线

25. ( )对零件的耐磨性、抗蚀性、疲劳强度等有很大影响。

(A)波度　　　　　(B)表面粗糙度　　　　　(C)形状精度　　　　　(D)平整度

26. 加工过程中的主动测量,即边加工边测量,达到尺寸发生讯号,对机床进行控制,这也叫( )测量。

(A)消极　　　　　(B)手动　　　　　(C)积极　　　　　(D)自动

27. 普通磨床顶尖的角度为( )。

(A)45°　　　　　(B)120°　　　　　(C)60°　　　　　(D)90°

28. 干涉法是利用( )干涉原理来测量表面粗糙度的。

(A)电波　　　　　(B)声波　　　　　(C)光波　　　　　(D)电磁波

29. 为了减小手用铰刀轴向力,减轻劳动强度,常取主偏角 $k_r=$( )。

(A)15°　　　　　(B)$30'\sim1°30'$　　　　　(C)45°　　　　　(D)30°

30. 用标准三角螺纹夹紧工件时,所产生的夹紧力是原始力的( )倍左右。

(A)130　　　　(B)180　　　　(C)200　　　　(D)250

31. 一个(或一组)工人在一台机床(或一个工作地点)对一个(或同时几个)工件进行加工时,所连续完成的那一部分工艺过程,称为( )。

(A)工位　　　　(B)工序　　　　(C)工步　　　　(D)安装

32. 使工件相对刀具占有一个正确位置的夹具装置称为( )。

(A)夹紧装置　　(B)对刀装置　　(C)定位装置　　(D)辅助装置

33. 当工件内外圆的同轴度要求较高时,可选用( )心轴。

(A)涨力　　　　(B)微锥　　　　(C)阶台　　　　(D)光面

34. 机床( )是指在切削力作用下,机床部件抵抗变形的能力。

(A)刚度　　　　(B)硬度　　　　(C)强度　　　　(D)韧性

35. 工件以两孔一面定位时,其中一孔用圆柱销定位,另一处孔用( )定位。

(A)圆柱销　　　(B)菱形销　　　(C)矩形销　　　(D)锥销

36. 用组合夹具组装成的磨孔夹具,磨孔与平面的垂直度误差一般为( )mm。

(A)0.02　　　　(B)0.01　　　　(C)0.04　　　　(D)0.03

37. 在液压系统中,把液压能变为机械能的能量转换装置称为( )。

(A)动力装置　　(B)控制部分　　(C)执行机构　　(D)辅助装置

38. M1432A 型万能外圆磨床工作台的自动往复运动由 HZZ21/3P－25T 型( )控制。

(A)溢流阀　　　(B)调速阀　　　(C)液压阀　　　(D)液压操纵箱

39. 磨床液压系统的工作压力一般在( )以下。

(A)0.5 MPa　　(B)2.5 MPa　　(C)1.5 MPa　　(D)3.5 MPa

40. MM7132A 型平面磨床砂轮主轴轴承为( )轴承。

(A)静压　　　　(B)滑动　　　　(C)动压　　　　(D)滚动

41. 在主剖面内,后刀面与切削平面之间的夹角称为( )。

(A)前角　　　　(B)后角　　　　(C)主偏角　　　　(D)副偏角

42. 车削细长轴类零件时,为了减小径向力 $F_径$ 的作用,主偏角采用( )角度为宜。

(A)45°　　　　(B)60°　　　　(C)75°　　　　(D)90°

43. 圆拉刀和花键拉刀的磨损主要是后刀面,磨损后要沿着( )进行刃磨,并且砂轮直径也有一定的限制。

(A)前刀面　　　(B)后刀面　　　(C)圆周面　　　(D)前、后刀面

44. 外圆车刀刃倾角对排屑方向有影响,为了防止划伤已加工表面,精车和半精车时刃倾角宜选用( )。

(A)任意值　　　(B)零值　　　　(C)负值　　　　(D)正值

45. 丝锥校正部分的外径和中径做成倒锥,铲磨丝锥在( )mm 长度上的倒锥量为0.05～0.12 mm。

(A)100　　　　(B)300　　　　(C)200　　　　(D)1 000

46. 金属材料的导热系数小,则切削加工性( )。

(A)与之无关　　(B)不变　　　　(C)好　　　　(D)差

47. 根据图 1 所示的主、左视图,选择正确的俯视图是( )。

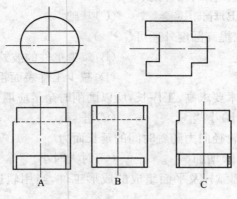

图 1

48. 经过氮化的轴类工件,其磨削余量应取( )。

(A)少些　　　　(B)标准值　　　　(C)任意值　　　　(D)多些

49. 无心外圆磨削时,已知工件直径是 20 mm,工件安装高度是 5 mm,则修整砂轮时金刚石偏移量( )5 mm。

(A)大于　　　　(B)等于　　　　(C)大于等于　　　　(D)小于

50. 磨削过程中,工件上被磨去的金属体积与砂轮磨损体积之比称为( )。

(A)磨削比　　　　(B)金属切除率　　　　(C)磨损比　　　　(D)磨耗率

51. 磨床液压系统中,工作台停留时间的长短,主要与( )有关。

(A)换向阀　　　　(B)停留阀　　　　(C)节流阀　　　　(D)溢流阀

52. 磨削小直径深孔时,为了减少砂轮的"让刀"现象,砂轮的宽度可选得( )。

(A)宽些　　　　(B)窄些　　　　(C)不变　　　　(D)任意

53. 单晶刚玉由单一的近似等轴晶体组成,在修整和磨削时能较好地形成和保持均匀的( )。

(A)磨锐性　　　　(B)微刃等高性　　　　(C)自锐性　　　　(D)锋利性

54. 砂轮型号 400×40×127WA46K 中,40 表示( )。

(A)外径　　　　(B)内径　　　　(C)厚度　　　　(D)外径与内径差

55. 常用的夹紧机构中夹紧力由大到小的顺序是( )。

(A)斜楔、偏心、螺旋　　　　　　　　(B)螺旋、偏心、斜楔

(C)螺旋、斜楔、偏心　　　　　　　　(D)偏心、斜楔、螺旋

56. 工件主要以长圆柱面定位时,应限制其( )个自由度。

(A)三　　　　(B)四　　　　(C)一　　　　(D)二

57. 磨削主轴锥孔时,磨床头架主轴必须通过( )连接来传动工件。

(A)弹性　　　　(B)挠性　　　　(C)刚性　　　　(D)线性

58. 磨床在工作过程中,由于热源的影响,将产生( )。

(A)压缩变形　　　　(B)热变形　　　　(C)弹性变形　　　　(D)塑性变形

59. 为了调节油泵的供油压力,并溢出多余的油液,要在油路中接上一个( )。

(A)节流阀　　　　(B)换向阀　　　　(C)减压阀　　　　(D)溢流阀

60. 组合夹具中起夹具作用的元件是(　　)件。

(A)定位　　　　　(B)导向　　　　　(C)基础　　　　　(D)辅助

61. 镜面磨削除了可以提高圆度外还可(　　)。

(A)提高工件的圆柱度　　　　　　　　(B)减少工件的波纹度

(C)纠正工件的直线度　　　　　　　　(D)减少工件表面粗糙度值

62. 工件形状复杂、技术要求高、工序长,所以磨削时余量应取(　　)。

(A)大些　　　　　(B)小些　　　　　(C)任意　　　　　(D)标准值

63. 恒压力磨削时,砂轮径向力随着时间的延长而力(　　)。

(A)不变　　　　　(B)增加　　　　　(C)时大时小　　　　　(D)减小

64. 由凹圆弧 R 和凸圆弧 r 及平面组成的成形工件,当用轨迹法磨削时,通常应先磨削
(　　)。

(A)平面　　　　　(B)凸圆弧　　　　　(C)凹圆弧　　　　　(D)任意面

65. 切削效率提高一倍,生产效率(　　)。

(A)大于一倍　　　　　(B)等于一倍　　　　　(C)不能确定　　　　　(D)小于一倍

66. M1432A 万能外圆磨床横向细进给量为手轮每转一小格为(　　)mm。

(A)0.01　　　　　(B)0.025　　　　　(C)0.005　　　　　(D)0.002 5

67. 在卧轴矩台平面磨床上磨削的工件出现横向精度误差,可以用(　　)方法来减少或
消除误差。

(A)调整纵向 V 形块或平导轨的压力或油量　　(B)增加光磨次数

(C)修刮横向导轨楔块　　　　　　　　(D)更换砂轮

68. 镜面磨削是依靠(　　)来降低表面粗糙度的。

(A)延长光磨时间　　　　　　　　　　(B)缩短光磨时间

(C)增加砂轮与工件之间的压力　　　　(D)减少砂轮与工件之间的压力

69. MM7132A 磨床工作台的纵向运动采用叶片式(　　)泵和闭式液压系统,运动和换向
平稳,噪声小,系统的发热量小,油池温升较低。

(A)单向定量　　　　　(B)单向变量　　　　　(C)双向定量　　　　　(D)双向变量

70. (　　)阀的作用是为了排除工作台液压油缸中的空气。

(A)溢流　　　　　(B)放气　　　　　(C)节流　　　　　(D)换向

71. 刀具材料的硬度越高,耐磨性(　　)。

(A)越差　　　　　(B)越好　　　　　(C)不变　　　　　(D)消失

72. 切削塑性较大的金属材料时形成(　　)切屑。

(A)带状　　　　　(B)挤裂　　　　　(C)粒状　　　　　(D)崩碎

73. 刀具磨损过程的三个阶段中,作为切削加工应用的是(　　)阶段。

(A)初期磨损　　　　　(B)正常磨损　　　　　(C)急剧磨损　　　　　(D)后期磨损

74. 任何一个未被约束的物体,在空间具有进行(　　)种运动的可能性。

(A)六　　　　　(B)五　　　　　(C)四　　　　　(D)三

75. 通常夹具的制造误差应是工件在该工序中允许误差的(　　)。

(A)1~3 倍　　　　　(B)1/10~1/100　　　　　(C)1/3~1/5　　　　　(D)工序误差

76. 如图 2 所示中,其剖视图正确的是(　　)。

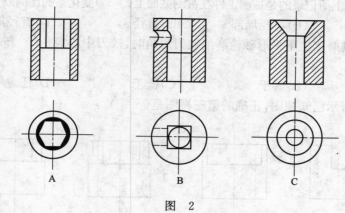

图 2

77. 在磨床上磨削齿轮的内孔时,最佳定位基准应该是(　　　)。

(A)外径　　　　(B)台肩　　　　(C)分度圆　　　　(D)齿根圆

78. 外圆磨削时,作用在工件上的磨削力有三个分力,它们由大到小的顺序是(　　　)。

(A)径向力、切向力、轴向力　　　　(B)切向力、轴向力、径向力

(C)轴向力、径向力、切向力　　　　(D)径向力、轴向力、切向力

79. 磨削硬质合金材料的工件时,应选择(　　　)磨料的砂轮。

(A)棕刚玉　　　　(B)铬刚玉　　　　(C)绿色碳化硅　　　　(D)黑色碳化硅

80. 磨粒的粒度号表示磨粒的粗细,所谓80#磨粒就表示磨粒能通过每(　　　)上具有80个孔眼的筛网。

(A)英寸长度　　　　(B)平方英寸　　　　(C)厘米长度　　　　(D)平方厘米

81. 磨削(　　　)等材料易产生磨削裂纹。

(A)45 钢　　　　(B)20 钢　　　　(C)40Cr　　　　(D)35 钢

82. 在平面内,相切直线与曲线之间的最大坐标值 Δ,就是它的(　　　)。

(A)直线度　　　　(B)垂直度　　　　(C)平面度　　　　(D)平行度

83. 外圆磨床的液压系统中,换向阀第一次快跳是为了使工作台(　　　)。

(A)迅速起动　　　　(B)预先起动　　　　(C)迅速制动　　　　(D)预先制动

84. 在磨床液压传动系统中,工作台运动速度是由(　　　)调节。

(A)溢流阀　　　　(B)换向阀　　　　(C)节流阀　　　　(D)先导阀

85. 镜面磨削余量为(　　　)μm。

(A)2～5　　　　(B)5～10　　　　(C)15～20　　　　(D)10～20

86. 在曲轴磨削过程中,利用(　　　)气动仪及三爪气动测量装置,实现自动测量。

(A)低压水柱式　　　　(B)高压薄膜式　　　　(C)浮标式　　　　(D)波纹管式

87. 在工艺尺寸链的封闭系统中,随着封闭环增大而增大的尺寸称为(　　　)。

(A)组成环　　　　(B)增环　　　　(C)减环　　　　(D)终结环

88. 圆柱体在长 V 形块和三个支承钉上定位,属于(　　　)定位。

(A)完全　　　　(B)不完全　　　　(C)欠　　　　(D)过

89. 磨削接触弧长的工件,应选用(　　　)的砂轮,使磨粒脱落快些,避免烧伤工件表面。

(A)超硬　　　　(B)中硬　　　　(C)超软　　　　(D)中软

90. 圆度记录纸上所记录的是被测工件在被测截面上( )变化量的比例放大图。

(A)半径   (B)半径局部   (C)直径   (D)直径局部

91. 在万能工具磨床上用平形砂轮磨削铰刀后角时,铰刀中心应( )砂轮中心,这样才能获得后角。

(A)高于   (B)等于   (C)低于   (D)任意

92. 根据图3所示已知视图,正确的第三视图是( )。

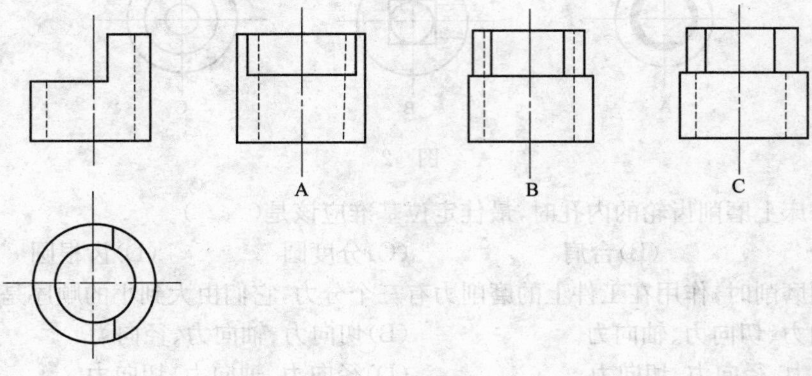

图 3

93. 高精度的微锥心轴的锥度一般可取( )。

(A)1∶400   (B)1∶200   (C)1∶10 000   (D)1∶1 000

94. 高速钢刀具比硬质合金刀具韧性好,允许选用较大的前角,一般来说,高速钢刀具比硬质合金刀具前角大( )。

(A)0°～5°   (B)6°～10°   (C)11°～15°   (D)16°～20°

95. 标准麻花钻的顶角 2ϕ 等于( )。

(A)90°   (B)160°   (C)59°   (D)118°

96. 高速磨削时,砂轮的线速度应大于( )m/s。

(A)30   (B)35   (C)40   (D)45

97. 磨削指示仪是反映磨削功率,也就是反映( )磨削力的变化。

(A)径向   (B)轴向   (C)垂直方向   (D)水平方向

98. 用短圆柱销作定位元件时,可限制工件( )个自由度。

(A)一   (B)二   (C)三   (D)四

99. 磨削螺旋滚刀的前刀面时,必须用蝶形砂轮的( )磨削,否则将发生干涉。

(A)周面   (B)锥面   (C)端面   (D)任意面

100. 车削细长轴时,通常使用中心孔或跟刀架,以( )工件刚性。

(A)减少   (B)增加   (C)保持   (D)增加或减少

101. 磨床上采用螺杆泵是因为它( )。

(A)结构小   (B)转速高   (C)噪声低   (D)压力高

102. 用斜楔直接夹紧工件时,所产生的夹紧力是原始力的( )倍左右。

(A)3   (B)6   (C)10   (D)20

103. 在启动 M1432A 型万能外圆磨床时,如工作台出现爬行现象,应首先打开( )。

(A)溢流阀　　(B)停留阀　　(C)排气阀　　(D)节流阀

104. 在镜面磨削时,砂轮的线速度为(　　)m/s。

(A)10~15　　(B)15~20　　(C)30~35　　(D)50~55

105. 在中小批量生产中,最适宜选用(　　)夹具。(C、2、Y)

(A)通用　　(B)成组　　(C)专用　　(D)随行

106. 精密机床、仪器等导轨的直线度测量是用(　　)。

(A)水平仪　　(B)千分表　　(C)光学平直仪　　(D)工具显微镜

107. 用展成法磨削球面,如果砂轮直径选择不好,安装角度不准确时,磨出的球面将是(　　)。

(A)有振纹　　(B)球半径不对　　(C)圆度不好　　(D)呈凹状

108. 不规则较大工件在花盘上安装时,应加配重使之平衡,以避免磨削内孔时产生(　　)和防止头架主轴精度的丧失。

(A)不圆　　(B)粗糙度值大　　(C)变形　　(D)表面烧伤

109. 超精密磨削前零件的粗糙度应小于(　　)μm。

(A)Ra1.6　　(B)Ra0.8　　(C)Ra0.4　　(D)Ra0.2

110. 辅助支撑在夹具中起(　　)作用。

(A)夹紧　　(B)定位　　(C)导向　　(D)支撑

111. 磨削细长轴工件前应增加校直和(　　)的热处理工序。

(A)淬火　　(B)调质　　(C)消除应力　　(D)时效处理

112. 磨削细长轴的关键问题是:如何减小磨削力和提高工件的支承刚度,尽量减少工件的(　　)。

(A)进给量　　(B)磨削热　　(C)加工余量　　(D)变形

113. 磨削细长轴时,尾座顶尖的预紧力应比一般磨削(　　)。

(A)小很多　　(B)大些　　(C)小些　　(D)相同

114. 细长轴磨好后或未磨好因故中断磨削时,也要卸下(　　)存放。

(A)平直　　(B)竖直　　(C)倾斜　　(D)吊挂

115. 磨削深孔工件时,应适当(　　)孔中部的进给次数。

(A)限制　　(B)减少　　(C)增加　　(D)改变

116. 薄壁零件一般指孔壁厚度为孔径(　　)的零件。

(A)$\frac{1}{2}$~$\frac{1}{3}$　　(B)$\frac{1}{3}$~$\frac{1}{5}$　　(C)$\frac{1}{5}$~$\frac{1}{8}$　　(D)$\frac{1}{8}$~$\frac{1}{10}$

117. 用三爪自定心卡盘装夹薄壁零件,在磨削内孔卡爪松开后,内孔呈(　　)棱圆形。

(A)三角　　(B)四角　　(C)六角　　(D)不等角

118. 磨削薄片零件应选用硬度(　　)的砂轮。

(A)较硬　　(B)较软　　(C)软　　(D)中等

119. 采用低熔点材料黏接法装夹磨削薄片工件时,常用的黏接材料是(　　)。

(A)石蜡或松香　　(B)树脂　　(C)橡胶　　(D)树脂或橡胶

120. 由于磨削压力引起的内应力,很容易使薄片工件产生(　　)现象。

(A)弯曲　　(B)扭曲　　(C)翘曲　　(D)弯扭

121. 在花键磨床上用双砂轮磨削外花键侧面时,两个砂轮之间的距离与花键轴的(　　)有关。

(A)大径　　　　　　(B)小径　　　　　　(C)齿距　　　　　　(D)分度圆直径

122. 在工具磨床上磨削花键的侧面一般用(　　)砂轮。

(A)碗形　　　　　　(B)平行　　　　　　(C)杯形　　　　　　(D)碟形

123. M8612A 型花键磨床的分度机构是由(　　)传动的。

(A)机械　　　　　　(B)机械与电气　　　(C)液压　　　　　　(D)电气

124. 用多线砂轮磨削螺纹时,当砂轮完全切入牙深后,工件回转(　　)左右即可磨出全部齿形。

(A)一周　　　　　　(B)一周半　　　　　(C)两周半　　　　　(D)两周

125. 偏心量不大且长度较短的工件,可以用(　　)直接装夹找正进行磨削。

(A)花盘　　　　　　(B)两顶尖　　　　　(C)四爪单动卡盘　　(D)三爪卡盘

126. 偏心工件的装夹要求是使偏心部分的中心线与(　　)中心线相重合。

(A)砂轮旋转　　　　(B)头架旋转　　　　(C)尾座顶尖　　　　(D)ABC 中任意一种

127. 用成形砂轮磨削球面时,砂轮应选择(　　)粒度。

(A)粗　　　　　　　(B)细　　　　　　　(C)中等　　　　　　(D)极细

128. 用成形砂轮磨削球面时,为了较好地保持砂轮的形状,应采用(　　)结合剂砂轮。

(A)陶瓷　　　　　　(B)树脂　　　　　　(C)橡胶　　　　　　(D)任意

129. V 形导轨的半角误差影响导轨副的接触精度,常用(　　)测量。

(A)量角仪　　　　　(B)水平仪　　　　　(C)半角仪　　　　　(D)万能角度尺

130. (　　)是利用机械、光学、气动和电学等原理并且有传动放大系统的计量器具。

(A)量规　　　　　　(B)量具　　　　　　(C)量块　　　　　　(D)精密量仪

131. 增大(　　)可以减小磨屑厚度。

(A)砂轮圆周速度　　　　　　　　　　　　(B)背吃刀具

(C)工件圆周(进给)速度　　　　　　　　　(D)纵向移动速度

132. 磨削指示仪是利用磨削时电动机功率变化的信息,反映(　　)切削力变化的一种精密仪表。

(A)轴向　　　　　　(B)径向　　　　　　(C)切向　　　　　　(D)斜向

133. 切削液过滤装置中,净化率最高的是(　　)。

(A)纸质过滤器　　　(B)磁性过滤器　　　(C)离心过滤器　　　(D)旋涡分离器

134. 高速磨削时,所用砂轮罩的钢板厚度应比普通磨削增加(　　)以上。

(A)20%　　　　　　(B)40%　　　　　　(C)60%　　　　　　(D)80%

135. 高速磨削时,如果将磨削速度由 35 m/s 提高到 50～60 m/s,砂轮使用寿命可提高(　　)倍。

(A)0.5～0.7　　　　(B)0.7～1　　　　　(C)1～1.3　　　　　(D)1.3～1.5

136. MS1332 型高速外圆磨床,砂轮圆周速度可达到(　　)m/s。

(A)50　　　　　　　(B)60　　　　　　　(C)90　　　　　　　(D)80

137. 高速磨削时,主轴箱内油温不得超过(　　)℃。

(A)20　　　　　　　(B)30　　　　　　　(C)40　　　　　　　(D)50

138. M1432A 型万能外圆磨床可使工件得到（   ）种转速。

(A)四　　　　　(B)六　　　　　(C)八　　　　　(D)十

139. M1432A 型万能外圆磨床砂轮架快速进退量为（   ）mm。

(A)50　　　　　(B)100　　　　　(C)150　　　　　(D)200

140. 液压噪声会引发（   ），它影响工作环境，而且不利于低粗糙度值磨削。

(A)脉动　　　　　(B)冲动　　　　　(C)共振　　　　　(D)振动

141. 若需提高钢铁材料的强度，应采用（   ）热处理工艺。

(A)时效处理　　　(B)淬火　　　　　(C)回火　　　　　(D)退火

142. （   ）处理是在淬火后进行的，目的是为了消除应力、稳定组织、调整性能，便于磨削加工。

(A)退火　　　　　(B)时效　　　　　(C)回火　　　　　(D)调质

143. 若要提高钢件的综合力学性能，可采用（   ）热处理工艺。

(A)退火　　　　　(B)淬火　　　　　(C)正火　　　　　(D)调质

144. 按某一工件的某道工序的加工要求，由各种通用的标准件和部件组合而成的夹具叫（   ）夹具。

(A)通用　　　　　(B)专用　　　　　(C)标准　　　　　(D)组合

145. 在铁碳合金中控制固溶体的温度，就能控制（   ）原子的溶进数量和位置，从而改变材料的组织和性能。

(A)铁　　　　　　(B)碳　　　　　　(C)其他元素　　　(D)所有

146. 将金属或合金加热到适当温度，保持一定时间，然后缓慢冷却的热处理工艺称为（   ）。

(A)回火　　　　　(B)时效处理　　　(C)正火　　　　　(D)退火

147. 为消除铸、锻件和焊接件的内应力，降低硬度，提高塑性，改善切削性能，应采用（   ）热处理工艺。

(A)回火　　　　　(B)时效处理　　　(C)退火　　　　　(D)调质

148. 将一种产品分散在许多工厂进行毛坯和零部件加工，最后集中在一个工厂里安装、调试的生产方式叫（   ）生产。

(A)集中化　　　　(B)规模化　　　　(C)专业化　　　　(D)分散

149. 划分工序的主要依据是零件加工过程中（   ）是否变动。

(A)操作工人　　　(B)操作内容　　　(C)工作地　　　　(D)工件

150. 一个零件的多数表面，前后多道工序都采用同一基准定位，称为基准（   ）的原则。

(A)重合　　　　　(B)统一　　　　　(C)合并　　　　　(D)相同

151. 机械加工工艺过程是（   ）过程的主要组成部分，它直接影响到零件的质量和生产效率。

(A)生产　　　　　(B)工艺　　　　　(C)工序　　　　　(D)工位

152. 工件经一次（   ）后所完成的那一部分工序称为安装。

(A)定位　　　　　(B)夹紧　　　　　(C)装夹　　　　　(D)加工

153. 工件在一次（   ）中，在机床上所占据的每一个加工位置称为工位。

(A)定位　　　　　(B)夹紧　　　　　(C)装夹　　　　　(D)加工

154. 在加工表面和加工（　　）不变的情况下，所连续完成的那一部分工序称为工步。
(A)步骤　　　　　　(B)方法　　　　　　(C)工具　　　　　　(D)工作地

155. 精密机床、仪器等导轨的直线度误差应使用（　　）测量。
(A)水平仪　　　　　(B)光学平直仪　　　(C)测长仪　　　　　(D)百分表

156.（　　）是以自然水平面为基准确定微小倾斜角度的测量仪器。
(A)水平仪　　　　　(B)电子水平仪　　　(C)光学平直仪　　　(D)测长仪

157. 超精密磨削时，余量一般为（　　）μm。
(A)3～5　　　　　　(B)5～10　　　　　 (C)10～15　　　　　(D)15～20

158. 低粗糙度值磨削钢件和铸铁时，宜选用（　　）类磨料砂轮。
(A)碳化硅　　　　　(B)刚玉　　　　　　(C)人造金刚石　　　(D)超硬类

159. 超精密磨削时，砂轮一般采用（　　）粒度较为合适。
(A)100$^\#$～120$^\#$　(B)120$^\#$～240$^\#$　(C)240$^\#$～280$^\#$　(D)W14～W10

160. 镜面磨削时不宜用陶瓷结合剂制作砂轮，而宜采用（　　）结合剂砂轮。
(A)橡胶　　　　　　(B)树脂　　　　　　(C)金属　　　　　　(D)其他材料

161. 镜面磨削平面时，工作台速度采用（　　）m/min。
(A)10～12　　　　　(B)12～14　　　　　(C)14～16　　　　　(D)16～18

162. 低粗糙度值磨削时，砂轮主轴回转的径向跳动量和轴向窜动量误差只允许（　　）mm。
(A)0.01　　　　　　(B)0.008　　　　　 (C)0.005　　　　　 (D)0.001

163. 低粗糙度值磨削时，应特别注意磨削时的对刀，最好采用（　　）作为辅助仪器。
(A)千分表　　　　　(B)磨削指示仪　　　(C)圆度仪　　　　　(D)水平仪

164. 相邻两工序的工序尺寸之差称为（　　）。
(A)工序公差　　　　(B)工序余量　　　　(C)加工余量　　　　(D)公差

165. 选择（　　）基准时，主要应保证设计尺寸能满足零件的使用要求。
(A)工艺　　　　　　(B)工序　　　　　　(C)设计　　　　　　(D)测量

166. 无心外圆磨床由两个砂轮组成，其中一个砂轮起传动作用，称为（　　）。
(A)传动轮　　　　　(B)堕轮　　　　　　(C)导轮　　　　　　(D)介轮

167. 超精密磨削时，应选择磨削深度为（　　）μm。
(A)2　　　　　　　　(B)4　　　　　　　 (C)6

168. 磨削（　　）材料易产生磨削裂纹。
(A)45 钢　　　　　　(B)20 钢　　　　　 (C)硬质合金　　　　(D)T8A

169. 磨削不锈钢宜选用（　　）磨料。
(A)SA　　　　　　　(B)GC　　　　　　　(C)SD　　　　　　　(D)WA

170. 超精密磨削后，零件表面粗糙度应小于（　　）μm。
(A)Ra1.6　　　　　　(B)Ra0.8　　　　　 (C)Ra0.4　　　　　 (D)Ra0.2

171. 精磨细长轴时，工件一般圆周速度为（　　）m/min。
(A)60～80　　　　　(B)40～60　　　　　(C)20～40

172. 磨削带键槽的内孔时，应尽可能选用直径（　　），宽度较宽的砂轮。
(A)较小　　　　　　(B)较大　　　　　　(C)较窄　　　　　　(D)较宽

173. 一般内圆磨削余量取(　　) mm。
(A)0.15～0.25　　(B)0.25～0.35　　(C)0.35～0.45　　(D)0.4～0.5

174. 长 V 形架限制工件(　　)个自由度,短 V 形架限制工件 2 个自由度。
(A)2　　　　　　(B)3　　　　　　(C)4　　　　　　(D)5

175. 轧辊装夹时要 (　　),装合适夹箍,中心孔润滑并无损伤,保证同轴度。
(A)清理中心孔　　(B)平衡轧辊　　(C)直线度

176. 如果磨削轧辊时,砂轮明显受阻或很脏,钝化砂粒不易脱落,砂轮易黏着磨削,磨削辊面出现烧伤、拉毛,则说明选用的砂轮(　　)。
(A)太硬　　　　　(B)太软　　　　　(C)粒度粗

177. 砂轮的硬度对轧辊(　　)影响较大,砂轮越硬,轧辊表面烧伤越严重。
(A)磨削精度　　　(B)磨削速度　　　(C)表面烧伤

178. 砂轮装夹时要清理干净砂轮轴及砂轮卡盘内锥孔的杂质,以免造成(　　)。
(A)速度不稳　　　(B)辊面不光　　　(C)砂轮偏心

179. 砂轮高速旋转时,砂轮任何部分都受到(　　),且离心力的大小与砂轮圆周速度的平方成正比。
(A)离心力作用　　(B)向心力作用　　(C)切削力作用

三、多项选择题

1. 氧化物磨料适用于(　　)的研磨。
(A)碳素工具钢　　(B)合金工具钢　　(C)高速工具钢　　(D)铸件工件

2. 轴类零件的一般简要加工工艺包括(　　)其他机械加工、热处理、磨削加工等。
(A)备料加工　　　(B)车削加工　　　(C)划线　　　　　(D)识图

3. 影响工件圆度的因素主要有(　　)。
(A)中心孔的形状误差或中心孔内有污物
(B)中心孔或顶尖因润滑不良而磨损
(C)工件顶得过松或过紧
(D)砂轮过钝
(E)切屑液供给不充分

4. 磨削精密螺纹时,螺距误差常用(　　)进行校正。
(A)补充挂轮　　　(B)圆板　　　　　(C)校正尺　　　　(D)温度补偿法

5. 划分粗精磨有利于合理安排磨削用量,提高生产效率和保证稳定的加工精度。在成批量生产中,可以合理选用(　　)。
(A)砂轮　　　　　(B)磨床　　　　　(C)机床　　　　　(D)内圆磨床

6. 按钢的含碳量,碳钢可分为(　　)。
(A)低碳钢,含碳量小于 0.25%
(B)中碳钢,含碳量在 0.25%～0.6%
(C)高碳钢,含碳量大于 0.6%
(D)优质钢,含碳量大于 0.8%

7. 切削液的作用有(　　)、润滑作用。

(A)冷却作用　　　(B)清洗作用　　　(C)防腐作用　　　(D)防锈作用

8. 造成工作台面运动时产生爬行的原因有(　　)、各种控制阀被堵塞或失灵、压力和流量不足或脉动。

(A)驱动刚性不足　　　　　　　　　(B)液压系统内存有空气
(C)液压系统内没有空气　　　　　　(D)导轨摩擦阻力太大或摩擦阻力变化

9. 目前已用于生产的陶瓷刀具材料有(　　)。

(A)普通陶瓷　　　(B)氧化铝陶瓷　　　(C)氮化硅陶瓷　　　(D)金属陶瓷

10. 工艺基准按用途不同,可分为(　　)。

(A)加工基准　　　(B)装配基准　　　(C)测量基准　　　(D)定位基准

11. 液压传动系统一般由(　　)组成。

(A)动力元件　　　(B)执行元件　　　(C)控制元件　　　(D)辅助元件

12. 液压传动系统与机械、电气传动相比较具有的优点是(　　)。

(A)易于获得很大的力　　　　　　　(B)操纵力较小、操纵灵便
(C)易于控制　　　　　　　　　　　(D)传递运动平稳、均匀

13. 液压传动系统与机械、电气传动相比较存在的不足是(　　)。

(A)有泄漏　　　　　　　　　　　　(B)传动效率低
(C)易发生振动、爬行　　　　　　　(D)故障分析与排除比较困难

14. 中间继电器由(　　)等元件组成。

(A)线圈　　　(B)磁铁　　　(C)转换开关　　　(D)触点

15. 接触器由(　　)等元件组成。

(A)线圈　　　(B)磁铁　　　(C)骨架　　　(D)触点

16. 制定工时定额的方法有(　　)。

(A)经验估工法　　　(B)类推比较法　　　(C)统计分析法　　　(D)技术测定法

17. 下列属于测时步骤的是(　　)。

(A)选择观察对象　　　　　　　　　(B)制定测时记录表
(C)记录观察时间　　　　　　　　　(D)下达定额工时

18. 产品加工过程中的作业总时间可分为(　　)。

(A)定额时间　　　(B)作业时间　　　(C)休息时间　　　(D)非定额时间

19. 非定额时间包括(　　)。

(A)准备时间　　　(B)非生产工作时间　(C)休息时间　　　(D)停工时间

20. 定额时间包括(　　)。

(A)准备与结束时间　(B)作业时间　　　(C)休息时间　　　(D)自然需要时间

21. 作业时间按其作用可分为(　　)。

(A)准备与结束时间　　　　　　　　(B)基本时间
(C)辅助时间　　　　　　　　　　　(D)布置工作地时间

22. 为了使辅助时间与基本时间全部或部分地重合,可采用(　　)等方法。

(A)多刀加工　　　　　　　　　　　(B)使用专用夹具
(C)多工位夹具　　　　　　　　　　(D)连续加工

23. 计量仪器按照工作原理和结构特征,可分为(　　)。

（A）机械式　　　　（B）电动式　　　　（C）光学式　　　　（D）气动式

24. 专用夹具的特点是（　　）。

（A）结构紧凑　　　　　　　　（B）使用方便

（C）加工精度容易控制　　　　（D）产品质量稳定

25. 组合夹具的特点是（　　）。

（A）组装迅速　　（B）能减少制造成本　（C）可反复使用　　（D）周期短

26. 适用于平面定位的有（　　）。

（A）V 型支撑　　（B）自位支撑　　（C）可调支撑　　（D）辅助支撑

27. 常用的夹紧机构有（　　）。

（A）斜楔夹紧机构　　　　　　（B）螺旋夹紧机构

（C）偏心夹紧机构　　　　　　（D）气动、液压夹紧机构

28. 难加工材料切削性能差主要反映在（　　）。

（A）刀具寿命明显降低　　　　（B）已加工表面质量差

（C）切屑形成和排出较困难　　（D）切削力和单位切削功率大

29. 下列属于难加工材料的有（　　）。

（A）中碳钢　　（B）高锰钢　　（C）钛合金　　（D）紫铜

30. 杠杆卡规的刻度盘示值一般有（　　）。

（A）0～100 mm 测量范围为 0.002　（B）0～100 mm 测量范围为 0.005

（C）100～150 mm 测量范围为 0.005　（D）100～150 mm 测量范围为 0.010

31. 下列机床用平口虎钳的元件中,属于其他元件和装置的是（　　）。

（A）活动座　　（B）回转座　　（C）底面定位键　　（D）丝杠

32. 三爪自定心卡盘的（　　）属于夹紧件。

（A）卡盘体　　（B）卡爪　　（C）小锥齿轮　　（D）大锥齿轮

33. 在组合夹具中用来连接各种元件及紧固工件的（　　）属于紧固件。

（A）螺栓　　（B）螺母　　（C）螺钉　　（D）垫圈

34. 通用机床型号是由（　　）组成的。

（A）基本部分　　（B）辅助部分　　（C）主要部分　　（D）其他部分

35. 在难加工材料中,属于加工硬化严重的材料有（　　）。

（A）不锈钢　　（B）高锰钢　　（C）高温合金　　（D）钛合金

36. 在难加工材料中,属于高塑性的材料有（　　）。

（A）纯铁　　（B）纯镍　　（C）纯铝　　（D）纯铜

37. 冷硬铸铁的切削加工特点是（　　）。

（A）切削力大　　　　　　　　（B）刀—屑接触长度长

（C）刀具磨损剧烈　　　　　　（D）刀具易崩刃破裂

38. 不锈钢、高温合金的切削加工特点是（　　）。

（A）切削力大　　（B）切削温度高　　（C）刀具磨损快　　（D）刀具易崩刃破裂

39. 蜗杆齿形误差测量截面上的齿形应是直线,即（　　）。

（A）阿基米德螺线蜗杆应在轴截面上测量

（B）阿基米德螺线蜗杆应在法截面上测量

(C)延长渐开线圆柱蜗杆应在沿螺旋线的法向截面上测量

(D)渐开线圆柱蜗杆应在与基圆柱相切的平面上测量

40. 下列对蜗杆齿厚偏差测量描述正确的是(　　)。

(A)当蜗杆头数为偶数时,需用三根量柱测量

(B)蜗杆齿厚应在分度圆柱面上测量法向齿厚

(C)对较低精度的蜗杆,可用齿轮齿厚卡尺测量

(D)对导程角大的蜗杆,采用量柱法测量

41. 下列对蜗轮测量过程描述正确的是(　　)。

(A)蜗轮各误差测量应在垂直于轴线的中央剖面上进行

(B)在单面啮合仪上测量蜗轮的切向综合误差

(C)在双啮仪上测量蜗轮的径向综合误差

(D)齿距累积误差的测量方法与圆柱齿轮相同

42. 机床夹具在机械加工中的作用是(　　)。

(A)保证加工精度　　　　　　　　　(B)减轻劳动强度

(C)扩大机床工艺范围　　　　　　　(D)降低加工成本

43. 静压轴承具有主轴寿命长、(　　)等优点。

(A)纯液体摩擦　　(B)油膜与速度无关　(C)抗振性好　　　(D)承载能力大

44. 下列关于自位支撑描述正确的是(　　)。

(A)只限制一个自由度　　　　　　　(B)可提高工件安装刚性

(C)不能提高工件安装稳定性　　　　(D)适用于工件以粗基准定位

45. 常用对刀装置的基本类型有(　　)。

(A)高度对刀装置　　　　　　　　　(B)直角对刀装置

(C)成形刀具对刀装置　　　　　　　(D)组合刀具对定装置

46. 盲孔且须经常拆卸的销连接不宜采用(　　)。

(A)圆柱销　　　　(B)圆锥销　　　　(C)内螺纹圆柱销　　(D)内螺纹圆锥销。

47. 直线 AB 与 H 面平行,与 W 面倾斜,与 V 面倾斜,则 AB 不是(　　)线。

(A)正平　　　　　(B)侧平　　　　　(C)水平　　　　　　(D)一般位置

48. 画平面图形时,应首先画出(　　)。

(A)基准线　　　　(B)定位线　　　　(C)轮廓线　　　　　(D)剖面线

49. 以下是常用热处理方法有(　　)。

(A)退火　　　　　(B)淬火　　　　　(C)调质　　　　　　(D)渗碳

50. 砂轮修整工具的种类有(　　)。

(A)金刚石修整工具　　　　　　　　(B)磨料修整工具

(C)硬质合金修整工具　　　　　　　(D)金属修整工具

51. 避免工件表面烧伤的主要方法有(　　)。

(A)选择合适的砂轮　　　　　　　　(B)合理选择磨削用量

(C)减少工件和砂轮的接触面积　　　(D)适当的冷却润滑剂

52. 属于高速钢的有(　　)。

(A)普通高速钢　　(B)高性能高速钢　(C)低性能高速钢　(D)工具钢

53. 机械原理中常见的机构有（　　　）。

(A)平面连杆机构　　(B)凸轮机构　　　　(C)间歇运动机构　　(D)星轮机构

54. 机械传动按传动力可分为（　　　）。

(A)摩擦传动　　　　(B)带传动　　　　　(C)啮合传动　　　　(D)链传动

55. 皮带传动的特点有（　　　）。

(A)无噪声　　　　　(B)效率高　　　　　(C)成本低　　　　　(D)寿命短

56. 影响工艺规程的主要因素有（　　　）。

(A)生产条件　　　　(B)技术要求　　　　(C)制造方法　　　　(D)毛坯种类

57. 机械制造中所使用的基准可分为（　　　）。

(A)设计基准　　　　(B)定位基准　　　　(C)测量基准　　　　(D)制造基准

58. 以下是形状公差的有（　　　）。

(A)直线度　　　　　(B)平面度　　　　　(C)垂直度　　　　　(D)对称度

59. 以下属于安全电压的有（　　　）。

(A)42V　　　　　　(B)36V　　　　　　(C)24V　　　　　　(D)12V

60. 影响工序余量的因素有（　　　）。

(A)前工序的工序尺寸　　　　　　　　　　(B)表面粗糙度

(C)变形层深度　　　　　　　　　　　　　(D)位置误差

61. 常用的铸铁材料有（　　　）。

(A)灰口铸铁　　　　(B)白口铸铁　　　　(C)可锻铸铁　　　　(D)球墨铸铁

62. 溢流阀在液压系统中的功能有（　　　）。

(A)起溢流作用　　　(B)起安全阀作用　　(C)起卸荷作用　　　(D)起背压作用

63. 轴类零件的一般简要加工工艺包括（　　　）、其他机械加工、热处理、磨削加工等。

(A)备料加工　　　　(B)车削加工　　　　(C)划线　　　　　　(D)识图

64. 影响工件圆度的因素主要有（　　　）。

(A)中心孔的形状误差或中心孔内有污物

(B)中心孔或顶尖因润滑不良而磨损

(C)工件顶得过松或过紧

(D)砂轮过钝

(E)切屑液供给不充分

65. 标定材料物理性能的指标有（　　　）。

(A)比重　　　　　　(B)熔点　　　　　　(C)导电性　　　　　(D)热膨胀性

(E)抗疲劳性

66. 装配工艺规程的内容不包括（　　　）。

(A)装配技术要求及检验方法　　　　　　　(B)工人出勤情况

(C)设备损坏修理情况　　　　　　　　　　(D)物资供应情况

67. 铸铁中促进石墨化的元素有（　　　）。

(A)碳　　　　　　　(B)硅　　　　　　　(C)磷　　　　　　　(D)硫

68. 国标中常用的视图有（　　　）。

(A)主视图　　　　　(B)右视图　　　　　(C)俯视图　　　　　(D)剖视图

69. 形状公差可分为(   )。

(A)定向公差   (B)右视图定位公差 (C)跳动公差   (D) 尺寸公差

70. 齿轮磨床按磨齿原理可分为(   )。

(A)锥面砂轮磨   (B)蜗杆砂轮磨   (C)展成磨   (D)成形磨

71. 检查工作台低速爬行的方法有(   )。

(A)光栅测量   (B)目测   (C)激光测量   (D)光学测量

72. 冷却液的净化装置有(   )。

(A)纸质过滤器   (B)离心过滤器   (C)磁性分离器   (D)涡旋分离器

73. 零件的加工高精度主要取决于整个工艺系统的精度,引起工艺系统误差的因素除有原理误差、安装误差、机床误差外,还有(   )。

(A)刀具误差   (B)夹具误差   (C)测量误差   (D)受力

74. 工序卡片上的工序说明图包含完成本工序后工件的(   )。

(A)形状和尺寸公差   (B)安装方式

(C)刀具的形状和位置   (D)装配方法

75. 气动测量仪按其工作原理可分(   )。

(A)指示流量   (B)指示转速   (C)指示流速   (D)指示压力

76. 在精密磨削和超精密磨削时应用(   )结合剂。

(A)陶瓷结合剂   (B)树脂结合剂   (C)低熔结合剂   (D)环氧结合剂

77. 使用组合夹具的优点有(   )。

(A)方便装卸   (B)缩短生产周期   (C)节约人力和物力 (D)保证质量

78. 切削用量时,(   )对切削力有影响。

(A)切削宽度   (B)切削深度   (C)切削速度   (D)切削进给量

79. 对加工质量要求很高的零件,其工艺过程一般有(   )。

(A)粗加工   (B)半精加工   (C)精加工   (D)光整加工

80. 在磨床液压系统中常用节流口形式有(   )。

(A)圆球形   (B)针尖形   (C)旋转缝隙形   (D)三角槽形

81. 液压传动系统由动力部分、控制部分和(   )组成。

(A)执行部分   (B)电气部分   (C)自动化部分   (D)辅助部分

82. 机械加工中常用毛坯除有铸件外还有(   )。

(A)锻件   (B)型材   (C)焊接件   (D)组合件

83. 切削力分为(   )。

(A)主切削力   (B)吃刀抗力   (C)走刀抗力   (D)退刀应力

84. 磨削细长轴使用开式中心架有(   )作用。

(A)避免工件有裂纹   (B)减少工件变形

(C)避免工件烧伤   (D)避免产生振动

85. 外圆磨床自动测量仪装置常用(   )两种。

(A)半自动测量仪   (B)电动测量仪   (C)气动测量仪   (D)磁粉测量仪

86. 矩台卧轴平面磨床磨削方法可分为(   )。

(A)横向磨削法   (B)纵向磨削法   (C)阶梯磨削法   (D)深度磨削法

87. 测量条件主要指测量环境的温度和(　　)。
(A)气压　　　　(B)湿度　　　　(C)灰尘　　　　(D)振动

88. 磨削时产生的振动有(　　)。
(A)共振　　　　(B)衰减振动　　(C)强迫振动　　(D)自激振动

89. 可获得较细的表面粗糙度的磨削方法有(　　)。
(A)精密磨削　　(B)超精密磨削　(C)抛光磨削　　(D)镜面磨削

90. 金刚砂轮由(　　)组成。
(A)工作层　　　(B)过渡层　　　(C)近心层　　　(D)基体

91. 深孔磨削应注意(　　)。
(A)适当提高砂轮转速　　　　　　(B)适当减少进给量
(C)适当增加背吃刀量　　　　　　(D)适当减少背吃刀量

92. 刀具切削部分的材料应满足高的硬度和(　　)。
(A)高的耐磨性　(B)高的耐热性　(C)足够的强度　(D)足够的韧性

93. 提高主轴旋转精度的方法有(　　)。
(A)提高主轴转速　　　　　　　　(B)选择合适的轴承
(C)提高主轴精度　　　　　　　　(D)控制主轴轴向窜动

94. 夹具常用的夹紧方法有(　　)。
(A)斜楔夹紧　　(B)螺旋夹紧　　(C)偏心夹紧　　(D)杠杆夹紧

95. 磨削偏心轴的装夹方法有(　　)。
(A)四爪卡盘装夹(B)偏心套装夹　(C)一顶针装夹　(D)两顶针装夹

96. 影响工序余量的因素有前工序的工序尺寸和(　　)。
(A)表面粗糙度　(B)变形层深度　(C)位置误差　　(D)安装误差

97. 工件的主要定位方法有(　　)。
(A)以平面定位　　　　　　　　　(B)以外圆柱面定位
(C)以平面和内圆柱表面定位　　　(D)以平面和外曲面定位

98. 静压轴承常用的节流器有(　　)。
(A)毛细管　　　(B)薄膜式　　　(C)滑阀式　　　(D)小孔

99. 开槽砂轮的几何参数包括(　　)。
(A)形状和尺寸　　　　　　　　　(B)沟槽的配置方式
(C)沟槽的形状　　　　　　　　　(D)沟槽的数量

100. MG1432B型高精度万能外圆磨床,砂轮的线速度分为(　　)两种。
(A)42.6 m/s　　(B)35 m/s　　　(C)18.2 m/s　　(D)17.5 m/s

101. 导轨直线度可用(　　)检验。
(A)平尺　　　　　　　　　　　　(B)水平仪
(C)光学准直仪和钢丝　　　　　　(D)显微镜

102. 塑料导轨的特点有(　　)。
(A)无爬行　　　　　　　　　　　(B)耐磨性好
(C)轻载低速、高精度轨道　　　　(D)工作温度在－180 ℃～20 ℃之间

103. 滚珠丝杠螺母机构常用以下方式消除间隙(　　)。

(A)垫片式　　　　　(B)挤压式　　　　　(C)螺纹式　　　　　(D)尺差式

104. 测量表面粗糙度的量仪有（　　）。

(A)放大镜　　　　　(B)光学显微镜　　　(C)干涉显微镜　　　(D)电动轮廓仪

105. 常用的液压基本回路按其功能可分为（　　）。

(A)方向控制回路　　　　　　　　　　　(B)压力控制回路

(C)速度控制回路　　　　　　　　　　　(D)顺序动作回路

106. 三相异步电动机可采用改变（　　）来进行调速。

(A)磁极对数 P　　　　　　　　　　　(B)电源频数 f

(C)转子电路串电阻　　　　　　　　　　(D)交流电压

107. 薄壁零件磨削因（　　）等因素的影响而变形。

(A)夹紧力　　　　　(B)磨削力　　　　　(C)磨削热　　　　　(D)内应力

108. 配套V-平导轨须控制以下（　　）三个要素。

(A)V导轨纵向误差　　　　　　　　　　(B)V导轨半角误差

(C)平导轨角度　　　　　　　　　　　　(D)V-平导轨不等高误差

109. 难磨材料可分为（　　）。

(A)极硬材料　　　　(B)硬黏材料　　　　(C)韧性材料　　　　(D)极软材料

110. 机床液压用油类型的选择常要考虑（　　）。

(A)油的黏度　　　　(B)油的温度　　　　(C)工作环境温度　　(D)系统工作压力

111. 加工孔的通用刀具有（　　）。

(A)麻花钻　　　　　(B)扩孔钻　　　　　(C)铰刀　　　　　　(D)滚刀

112. 百分表的测量范围包括（　　）mm。

(A)0～3　　　　　　(B)0～5　　　　　　(C)0～10　　　　　　(D)0～15

113. 影响材料切削性能的主要因素有（　　）。

(A)力学性能　　　　(B)物理性能　　　　(C)化学性能　　　　(D)热处理状态

114. 常用的万能外圆磨床主要由床身、工作台和（　　）等部分组成。

(A)头架　　　　　　(B)尾架　　　　　　(C)砂轮架　　　　　(D)内圆磨具

115. 对加工质量要求很高的零件,其工艺过程通常划分为（　　）。

(A)粗加工　　　　　(B)半精加工　　　　(C)精加工　　　　　(D)光整加工

116. 机械加工中常用的毛坯有（　　）和组合毛坯五种。

(A)铸件　　　　　　(B)锻件　　　　　　(C)型材　　　　　　(D)焊接件

117. 测量条件主要指测量环境的（　　）。

(A)温度　　　　　　(B)湿度　　　　　　(C)灰尘　　　　　　(D)振动

118. 可获得较细的表面粗糙度的磨削方法有（　　）。

(A)半精密磨削　　　(B)精密磨削　　　　(C)超精密磨削　　　(D)镜面磨削

119. 常用的光整加工方法有（　　）。

(A)低粗糙度磨削　　(B)研磨　　　　　　(C)珩磨　　　　　　(D)抛光

120. 难磨材料可分为（　　）四种类型。

(A)极硬材料　　　　(B)硬黏材料　　　　(C)韧性材料　　　　(D)极软材料

121. 以下是外圆磨横磨法特点的是（　　）。

(A)生产率高　　　(B)成型表面　　　(C)易烧伤　　　(D)易变形

122. 以下是外圆磨纵磨法特点的是(　　　)。

(A)生产率高　　　(B)生产率低　　　(C)万能性　　　(D)易变形

123. 以下关于磨内锥孔说法正确的是(　　　)。

(A)砂轮直径必须小于内锥面小端连线所对应的直角边

(B)磨第一件时,一般要多次调整工作台(或头架)的回转角度,从大端开始进行试切。

(C)磨内锥孔与磨内孔一样,砂轮与工件的接触弧较长

(D)磨削时应采取散热、冷却措施。

124. 以下关于磨床机床振动内振源说法正确的是(　　　)。

(A)机床的各电机的振动　　　　　(B)机床旋转零部件的不平衡

(C)往复运动零部件的冲击　　　　(D)液压传动系统的压力脉冲

125. 老磨床会出现"启动开停阀,台面不运动"的现象,以下分析产生这种故障的原因说法正确的是(　　　)。

(A)油泵的输油量和压力不足。

(B)溢流阀的滑阀卡死,大量压力油溢回油池。

(C)换向阀两端的截流阀调的过紧,将回油封闭。

(D)油温低,油的黏度大,使油泵吸油困难。

126. 关于砂轮破裂的原因,以下说法正确的是(　　　)。

(A)砂轮两边的法兰盘直径不相等或扭曲不平

(B)砂轮内孔与法兰盘的配合间隙过小

(C)砂轮内孔与法兰盘的配合间隙过大

(D)磨削工件时吃刀过猛

127. 成组技术在机械加工中一般可归纳为零件组的有(　　　)。

(A)结构相似零件组　　　　　　(B)工艺相似零件组

(C)同一调整零件组　　　　　　(D)同期投产零件组

128. 刃磨刀具时,要提高刀具耐用度要采取下列措施(　　　)。

(A)适当增大刀具前角,使切削变形减小,从而减低切削热,减少刀具磨损

(B)适当减小主偏角,使刀尖相应增大,切削厚度减小,从而减小切削力,降低切削热,使刀具磨损减小

(C)合理选择切削用量

(D)充分使用冷却润滑

129. 关于平面磨削,以下说法正确地有(　　　)。

(A)正确选择定位基准面

(B)装夹必须合理牢靠

(C)薄片工件一般都要多次翻身磨削,且每次磨削量不宜太大

(D)经常检查电磁吸盘台面是否平整光洁

130. 属于通用夹具的是(　　　)。

(A)平口虎钳　　　(B)分度头　　　(C)回转工作台　　　(D)心轴

131. 下列形位公差中属于形状公差符号是(　　　)。

(A) ▱   (B) ⌖   (C) ⊥   (D) ◠

132. 平面度检测方法有(　　　)。

(A)采用样板平尺检测   (B)采用涂色对研法检测

(C)采用百分表检测   (D)使用游标卡尺检测

133. 尺寸精度可用(　　　)等来检测。

(A)游标卡尺   (B)千分尺   (C)卡规   (D)直角尺

134. 阶台、直角沟槽的(　　　)能用游标卡尺直接测出。

(A)宽度   (B)平面度   (C)深度   (D)长度

135. 键槽是要与键配合的,键槽的(　　　)要求较高。

(A)深度尺寸精度   (B)宽度尺寸精度

(C)长度尺寸精度   (D)键槽与轴线的对称度

136. 大型零件通常采用(　　　)毛坯。

(A)自由锻件   (B)砂型铸件   (C)焊接件   (D)粉末冶金件

137. 铸件的主要缺点是(　　　)。

(A)内部组织疏松   (B)生产成本高

(C)力学性能较差   (D)材料利用率低

138. 锻件常见缺陷(　　　)。

(A)裂纹   (B)折叠   (C)夹层   (D)尺寸超差

139. 自由锻件的特点是(　　　)。

(A)精度和生产率较低   (B)精度和生产率较高

(C)适合小型件和大批生产   (D)适合大型件和小批生产

140. 现代机床夹具的趋势是发展(　　　)。

(A)专用夹具   (B)通用可调夹具

(C)成组夹具   (D)数控机床夹具

141. 麻花钻一般用来钻削(　　　)的孔。

(A)精度较低   (B)表面结构要求低

(C)精度较高   (D)表面结构要求高

142. 适用于平面定位的有(　　　)。

(A)V型支撑   (B)自位支撑   (C)可调支撑   (D)辅助支撑

143. 电气故障失火时,可使用(　　　)灭火。

(A)四氯化碳   (B)水   (C)二氧化碳   (D)干粉

144. 发现有人触电时做法正确的是(　　　)。

(A)不能赤手空拳去拉触电者

(B)应用木杆强迫触电者脱离电源

(C)应及时切断电源,并用绝缘体使触电者脱离电源

(D)无绝缘物体时,应立即将触电者拖离电源

145. 调速阀是由(　　　)串联组合而成的形式。

(A)减压阀   (B)节流阀   (C)溢流阀   (D)分流阀

146. 根据轴所受载荷不同,可将轴分成(　　　)。

(A) 心轴　　　　(B) 转轴　　　　(C) 传动轴　　　　(D) 曲轴

147、柴油机上气缸盖要承受燃气的（　　）作用。

(A) 高温　　　　(B) 高压　　　　(C) 冲击　　　　(D) 润滑

148. 机车发动前要进行机车整备工作（　　）。

(A) 上油　　　　(B) 上水　　　　(C) 上砂　　　　(D) 上电

149、齿轮的精度要求有（　　）。

(A) 运动精度　　(B) 工作平稳性精度　(C) 接触精度　　(D) 齿侧间隙

150. 滚动轴承的精度等级分为（　　）。

(A) C　　　　　(B) B　　　　　(C) E　　　　　(D) F

(E) G

151. 液压系统产生爬行的主要原因为（　　）。

(A) 由于空气混入液压系统　　　　(B) 液压系统工作压力不足

(C) 相对运动件之间润滑不良　　　　(D) 装配精度及安装精度不良或调整不当

152. 设备修理按工作量大小分可分为（　　）。

(A) 小修　　　　(B) 中修　　　　(C) 大修　　　　(D) 临修

153. 设备修理的方法有（　　）。

(A) 标准修理法　　(B) 定期修理法　　(C) 检查后修理法

154. 设备检查的主要方法有（　　）。

(A) 日常检查（点检）(B) 定期检查　　(C) 精度检查　　(D) 机能检查

155. 按接触方式划分机床导轨可分为（　　）。

(A) 滑动导轨　　(B) 滚动导轨　　(C) 静压导轨　　(D) 固定导轨

156. 对床身导轨的技术要求主要有（　　）。

(A) 导轨的几何精度　　　　　　(B) 导轨的接触精度

(C) 导轨的表面粗糙度　　　　　(D) 导轨的硬度

(E) 导轨的稳定性

157. 四冲程柴油机的实际工作循环包括（　　）过程。

(A) 进气过程　　　　　　　　　(B) 压缩过程

(C) 燃烧膨胀作功过程　　　　　(D) 排气过程

158. 金属材料的使用性能包括（　　）性能。

(A) 机械　　　　(B) 物理　　　　(C) 化学　　　　(D) 工艺

159. 刀具几何参数中对切削温度影响较大的是（　　）。

(A) 前角　　　　(B) 后角　　　　(C) 主偏角　　　　(D) 负倒棱

160. 磨床的精度包括（　　）。

(A) 几何精度　　(B) 传动精度　　(C) 定位精度

161. （　　）为光整加工。

(A) 研磨　　　　(B) 精磨　　　　(C) 珩磨　　　　(D) 抛光

162. 轴类零件的精度检验包括（　　）。

(A) 尺寸精度　　　　　　　　　(B) 几何形状精度

(C) 相互位置精度　　　　　　　(D) 表面粗糙度

163. 传动螺纹有( )三种形式。
(A)矩形螺纹 (B)梯形螺纹 (C)三角螺纹 (D)锯齿形螺纹

164. 下面几种公差项目中( )为形状公差。
(A)平行度 (B)直线度 (C)平面度 (D)圆度

165. 工件中心孔的类型( )。
(A)B 型 (B)A 型 (C)D 型 (D)C 型

四、判 断 题

1. 新安装的砂轮,一般只需要做一次静平衡后即可进行正常磨削。( )
2. 陶瓷结合剂一般可用于制造薄片砂轮。( )
3. 磨削抗拉强度较低的材料时,可选择黑色碳化硅砂轮。( )
4. 工件表面烧伤现象实际上是一种由磨削热引起的局部退火现象。( )
5. 磨削同轴度要求较高的阶梯轴轴颈时,应尽可能在一次装夹中将工件各表面精磨完毕。( )
6. 工件端面磨成单向花纹,则说明端面很平整。( )
7. 内圆磨削所用的砂轮硬度,通常比外圆磨削用的砂轮软 1~2 小级。( )
8. 内圆磨削的砂轮线速度在 30~35 m/s 范围内。( )
9. 保证产品质量,提高经济效益,就必须严格执行操作规程。( )
10. 生产计划是保证正常生产秩序的先决条件。( )
11. MM1420 型精密万能外圆磨床能用作超精密磨削。( )
12. 每种工件都有其固有的振动频率,磨削时应注意避开振动的敏感速度范围。( )
13. 超精密磨削铸件时,不宜采用碳化硅磨料。( )
14. 碳化硅砂轮具有良好的微刃等高性。( )
15. 乳化液的浓度一般以不超过 10% 为宜。( )
16. 动物胶可制成不耐水砂带,人造树脂可制作耐水砂带。( )
17. 薄片工件经几次翻身磨削,可减少复映误差。( )
18. 用黏结法磨薄片时,常用树脂黏结剂。( )
19. 砂轮太硬,工件易产生烧伤。( )
20. 工件应在夹紧后定位。( )
21. 直接找正装夹只能用于毛坯表面。( )
22. 为提高耐磨性,零件的表面粗糙度值越大越好。( )
23. 从切削部位吸收能量而产生的振动,称为强迫振动。( )
24. 精密磨削、超精密磨削和镜面磨削都属于低粗糙度磨削。( )
25. 镜面磨削工件表面粗糙度为 Ra0.012 μm。( )
26. MG1432A 型磨床适于作超精密磨削。( )
27. 超精密磨削时,应选用细粒度砂轮,以获得较小的表面粗糙度值。( )
28. 砂轮主轴旋转精度直接影响工件的表面质量和加工精度。( )
29. 特种钢材磨削是指硬质合金的磨削。( )
30. 砂带磨削散热性好,不易烧伤工件。( )

31. 磨削花键轴时,花键轴常装夹在两顶尖之间。（　　）

32. 一般情况下,砂轮的宽度愈大,则磨削力也愈大。（　　）

33. 大型工具显微镜可测量样板、螺纹、特型零件的尺寸和形状。（　　）

34. 强力磨削多采用粗粒大气孔砂轮,因为这种砂轮透气性好,便于排屑和散热。（　　）

35. 采用间断法磨削硬质合金工件时,工件表面易出现裂纹。（　　）

36. 进给丝杠与螺母间隙过大,易使纵向进给不准确。（　　）

37. 在一次安装中完成多个表面的加工,比较容易保证各表面间的位置精度。（　　）

38. 工件以其经过加工的平面,在夹具的四个支撑块上定位,属于四点定位。（　　）

39. 轴类零件在 V 形块上定位时,其基准位移误差与定位轴直径公差有关,而与 V 形块的夹角误差无关。（　　）

40. 刀具耐热性是指在金属切削过程中耐剧烈摩擦的性能。（　　）

41. 切屑形成过程是金属切削层在刀具作用力的挤压下,沿着与待加工面近似成 45°夹角滑移的过程。（　　）

42. 刀具磨损越慢,切削加工时间就越长,也就是刀具耐用度越长。（　　）

43. 在保证切削刃的强度和散热条件下,切削中硬钢的合理前角要比切削软钢小,而比切削铸铁的大。（　　）

44. 钻头后角是在以钻头轴心的圆柱剖面内测量的,该后角是钻削过程中的实际后角。（　　）

45. 车削不锈钢时,为了减少切削变形,降低切削温度及加工硬化层深度,应取较大的前角 $\gamma_0=15°\sim30°$。（　　）

46. 用靠模法加工成型面时,工件的形面由基本进给运动和辅助进给运动合成。（　　）

47. 检测头架主轴锥孔轴线的径向跳动,需分别在两平面上转动主轴检验,并拔出检验棒转 90°依次测量,按平均值计算。（　　）

48. 装夹薄壁套时,应尽量减小径向力,以防止工件径向变形。（　　）

49. 磨削薄片工件的第一基准是可以任意选择的。（　　）

50. 白刚玉与铬刚玉砂轮经精细修整后能形成等高性良好的微刃。（　　）

51. 三面刃铣刀为尖齿铣刀,一般只修磨其前刀面。（　　）

52. 铲齿铣刀的后刀面为阿基米德螺旋线。（　　）

53. 液性塑料心轴的定位精度与阶台式心轴相同。（　　）

54. 双端面磨削必须调整砂轮,在水平面内工件入口处的开口应大于出口处开口尺寸;在垂直平面内,砂轮上端开口应大于下端开口尺寸。（　　）

55. M1432A 型万能外圆磨床砂轮架快速进退量为 150 mm。（　　）

56. M1432A 型万能外圆磨床砂轮架横向粗进给量是手轮每转一格为 0.01 mm。（　　）

57. 工作台往复运动在正常磨削工作时,必须将放气阀关闭。（　　）

58. 系统压力升不高,主要是由于油泵存在困油现象。（　　）

59. 减压阀是用于比液压泵供油压力低而且稳定的支油路中。（　　）

60. CB—B25 型齿轮泵其旋转方向是可以随便的,没有规定。（　　）

61. 超精密磨削比研磨具有生产效率高,几何形状精度高和加工范围广等特点。（　　）

62. 提高砂轮圆周速度,一般对细化工件表面粗糙度有利。但到一定范围时,对表面粗糙

度提高无明显作用。(　　)

63. 工件的纵向进给量增大,工件易产生烧伤和螺旋走刀痕迹。(　　)

64. 恒力磨削就是压力恒定的磨削。(　　)

65. 高速磨削能提高磨削生产效率。(　　)

66. 外圆磨床头架热变形后,将使立柱向后弯曲。(　　)

67. 硬质合金材料弹性模量很高,韧性很差。(　　)

68. 为了保证加工精度,所有的工件加工时,必须消除其全部自由度,即进行完全定位。(　　)

69. 因为毛坯表面的重复定位精度差,所以粗基准一般只使用一次。(　　)

70. 工件以与孔的轴线相垂直的端面定位时,可选用花盘装夹。(　　)

71. 当工件材料强度和硬度较高,韧性较差时,可以增大合理前角来减小切削变形。(　　)

72. 刃磨麻花钻时要求两主切削刃与轴线对称,顶角和后角大小应根据被加工工件要求进行刃磨。(　　)

73. 高碳钢比中碳钢的切削加工性好,中碳钢比低碳钢的切削加工性好。(　　)

74. 用锥度很小的长锥孔定位时,工件插入后就不会转动,所以消除了六个自由度。(　　)

75. 零件的冷作硬化,有利于提高其耐磨性。(　　)

76. 偏心夹紧机构中,偏心轮通常选用 20Cr 渗碳淬硬或 T7A 淬硬制成。(　　)

77. 金钢石砂轮常用陶瓷结合剂。(　　)

78. 磨削偏心工件时,选择磨削用量要注意离心力的影响,应相应减低工件转速,减小磨削深度。(　　)

79. 采用圆锥量规检验终磨后的圆锥面时,对研转角为 360°,接触要求可小于等于 75%。(　　)

80. 磨削 $\phi 45$ mm 的工件,可选择 M1040 型无心外圆磨床。(　　)

81. 流量阀主要是控制系统的压力。(　　)

82. 液压传动的效率很高。(　　)

83. 间断磨削的工件表面粗糙度值大,而且所用砂轮要经常进行修整。(　　)

84. 高压薄膜式气动量仪可用于测量精度为 0.002 mm 的自动测量装置中。(　　)

85. 用范成磨削法磨削外球面时,如果被磨削表面为凸状花纹,则说明砂轮架的中心低于工件中心。(　　)

86. 立轴平面磨床热变形后,将使立柱向后弯曲。(　　)

87. 双端面磨削时,若工件会自转,则会使端面磨削痕迹杂乱。(　　)

88. 不锈钢的磨削属于特种钢材磨削。(　　)

89. 无心外圆磨削 $\phi 25 \sim \phi 40$ mm 的工件,需调整工件中心高为 10~15 mm。(　　)

90. 用人造金刚石砂轮磨削硬质合金时,宜用煤油作切削液。(　　)

91. 刀具磨损的快慢影响刀具寿命的长短,其中关键是合理选择刀具材料。(　　)

92. 刃倾角的功用是控制切屑的排出方向,精车和半精车时刃倾角选用正值,目的是使切削流向待加工表面。(　　)

93. 铰削盲孔时,采用右螺旋槽铰刀,可使切削向柄部排出。(　　)

94. 一般组合夹具是由一套结构、尺寸已经规格化、系列化的通用元件和组合件构成。(　　)

95. 工具显微镜是用显微镜头瞄准的方法进行读数的测量仪器。( )

96. MS1332 型磨床砂轮线速度低于 35 m/s。( )

97. 超精密磨削时,加工表面的表面粗糙度常与上道磨削工序的加工质量无关。( )

98. 强力磨削主要是通过增大砂轮的磨削深度和增大工作台纵向进给速度的方法来实现。( )

99. 夹紧误差主要是指由于夹紧力使工件变形后,在加工中使加工表面产生的形状误差。一般情况下,不计算其误差的大小。( )

100. 由于用砂轮端面磨削平面热变形大,所以应选用粒度细、硬度较硬的树脂结合剂砂轮。( )

101. 螺纹磨的多线环行砂轮,可以用成型滚轮修整。( )

102. 硬质合金材料抗弯强度高,抗压强度低。( )

103. 外圆的径向圆跳动误差仅与其自身的形状误差有关。( )

104. 磨削薄壁套时,砂轮粒度应粗些,硬度应软些,以减小磨削力和磨削热。( )

105. 双端面磨削时,若工件自转,则会使端面磨削痕迹杂乱。( )

106. 磨削偏心工件时,选择磨削用量要注意离心力的影响,应相应减低工件转速,减小磨削深度。( )

107. 光屏放大图的线条绘得愈粗愈好。( )

108. 溢流阀在常态时是关闭的,当油口压力升高,阀心便打开溢流。( )

109. 油泵吸油口的滤油器若被杂质、污物堵塞便使泵产生异常噪声。( )

110. M1432B 型万能外圆磨床、磨削圆锥斜角≥9°的外圆锥面时,可采用转动上工作台法。( )

111. 长度与直径的比值大于 10 的轴称为细长轴。( )

112. 磨削细长轴时,应选择硬度较硬、厚度较厚的砂轮。( )

113. 在磨削细长轴时,为了提高支撑刚性,应加大尾座顶尖的顶紧力。( )

114. 细长轴工件磨好后,要放在平整之处,以免工件因自重而产生变形。( )

115. 当工件加工精度较高,长径比又较大时,可采用中心架支撑。( )

116. 磨削深孔时,孔内部会产生中凹的现象。( )

117. 磨削深孔时,应选硬度低的砂轮。( )

118. 深孔磨削前,要先调整机床,使头架轴线与砂轮轴轴线在同一直线上。( )

119. 磨削长径比较大的深孔工件,可用四爪单动卡盘和闭式中心架组合装夹支撑。( )

120. 薄壁零件在磨削中产生的变形,主要是由于夹紧力引起的,与其他因素无关。( )

121. 选用粒度较粗、硬度较软的砂轮磨削薄壁零件,可以减少磨削力和磨削热。( )

122. 装夹薄壁套筒时,应尽量减小径向力,以防工件产生径向变形。( )

123. 内冷却心轴的附加作用是,在磨削过程中使工件内壁散热。( )

124. 磨削薄片零件时,零件常被磨成中凸面。( )

125. 为减少砂轮与导轨平面的接触面积,端面磨削导轨面时,磨头主轴须倾斜 8°~10°。( )

126. 磨削 V-平导轨时,应先磨 V 形导轨面。（　　）

127. 为了减少尾座顶尖压力,磨削精密细长轴时可采用特殊的小弹性顶尖。（　　）

128. 磨削细长轴时,为了减少磨削时的切削力,可将砂轮修成台阶形。（　　）

129. 磨削薄片工件时,为了减小工件的弹性变形,可增大电磁吸盘的吸力。（　　）

130. 若用三爪自定心卡盘装夹薄壁套工件,松开后工件内孔会成为不等直径的三角棱圆。（　　）

131. 工件速度在一定范围内,对工件表面粗糙度无明显影响,但对表面波纹和烧伤有影响。（　　）

132. 磨削指示仪是反映径向磨削力变化的一种精密仪表。（　　）

133. 低粗糙度磨削修整砂轮时,金刚石的安装位置应位于砂轮磨削时的位置。（　　）

134. 旋涡分离器结构简单,净化率高,冷却液使用期限长,适宜低粗糙度值磨削时使用。（　　）

135. 不锈钢由于热导率较小、线膨胀系数大,所以加工时易造成表面烧伤,产生明显的加工硬化。（　　）

136. 磨削一般不锈钢常采用碳化硅磨料。（　　）

137. 金属热处理主要是用控制金属加热温度的方法来改变金属组织结构与性能,与冷却温度关系不大。（　　）

138. 磨削一般不锈钢最好选用立方氮化硼砂轮。（　　）

139. M1432A 型万能外圆磨床砂轮架横向细进给量为 0.002 5 mm/手轮每格。（　　）

140. M1432A 型万能外圆磨床磨削工件内圆最大直径为 100 mm。（　　）

141. M1432A 型万能外圆磨床尾座套筒的进退不是由液压系统控制的。（　　）

142. M7120A 型平面磨床工作台纵向移动的最大距离是 1 200 mm。（　　）

143. M7120A 型平面磨床采用了滚柱螺母结构,将丝杠与螺母间的滑动摩擦变为滚动摩擦,使得砂轮架移动灵敏。（　　）

144. 为了调节液压泵的供油压力并溢出多余的油液,要在油路中接上一个溢流阀。（　　）

145. 节流阀可以调节工作台液压运动时的压力。（　　）

146. 工艺过程就是生产过程。（　　）

147. 原材料的运输和贮存,产品的油漆包装都属于生产过程。（　　）

148. 执行工艺规程是操作工人的事,与其他人员无关。（　　）

149. 严格执行工艺规程,有利于稳定和提高产品质量,有利于提高劳动生产率,也有利于降低生产成本。（　　）

150. 工艺规程应具有科学性、先进性、实用性和可行性。（　　）

151. 划分工序的主要依据是零件加工过程中操作内容是否变动。（　　）

152. 在一个工序中只能安装一次。（　　）

153. 工位是组成机械加工工艺过程最基本的单元。（　　）

154. 在工艺文件中,复合工步应视为一个工步。（　　）

155. 粗磨后只需规定精磨的余量,表面粗糙度要求可不作规定。（　　）

156. 确定磨削余量大小,应以能保证消除上道工序加工时残留表面的缺陷和经过热处理

后引起的工件变形为原则。(　　)

157. 设计基准分为装配基准、测量基准和定位基准等。(　　)

158. 相邻两工序的工序尺寸之和即为工序余量。(　　)

159. 选择工序基准首先应考虑与设计基准重合,并应方便地用作测量基准,同时应考虑与定位基准重合。(　　)

160. 磨削效果主要体现在劳动生产率、加工精度和表面质量等方面。(　　)

161. 用范成法磨削内球面可用杯形砂轮。(　　)

162. 磨削球面时,若磨削花纹为凸状纹,则砂轮中心高于工件中心。(　　)

163. 在普通外圆磨床上可以直接磨凸键轴,其磨削方法与磨削普通外圆相同。(　　)

164. 在加工表面和加工工具不变的情况下所连续完成的那一部分工序称为工位。(　　)

165. 钢铁材料主要是由铁元素和碳元素组成的铁碳合金。(　　)

166. 磨床砂轮架的主轴是由电动机通过 V 带传动进行旋转的。(　　)

167. 磨床尾座套筒的缩回与砂轮架的快速前进没有联系。(　　)

168. 轧辊换下后应立即磨削,磨完以后立即上机工作,以增大轧辊循环使用频度。(　　)

169. 轧辊应配对磨削及使用,严格控制两轧辊配对差。(　　)

170. 轧辊直径、硬度均在允许范围之内,因出现某些缺陷甚至断裂而导致轧辊报废叫非正常损坏。(　　)

171. 在轧辊修磨过程中,正确选择砂轮非常重要,正确选择砂轮不但可以提高磨削质量,还可以提高工作效率,选择砂轮时,要考虑轧辊材质、热处理状态、表面粗糙度、磨削余量等因素。(　　)

172. 磨削液要正对着砂轮和工件的接触线,先开磨削液再磨削,防止任何中断磨削液的情况;要定期更换磨削液,定期更换过滤系统的过滤元件。(　　)

173. 新采购砂轮可以直接上机使用。(　　)

174. 轧辊表面产生多角形振纹及波纹的原因是磨削时砂轮相对于轧辊有振动。(　　)

175. 采用合理的冷却方法和磨削液可以防止轧辊修磨时的缺陷,提高砂轮的寿命。(　　)

五、简 答 题

1. 试述轴类零件的简要加工工艺过程。

2. 拟定轴类零件工艺规程加工顺序时,如何安排机械加工工序和热处理工序?

3. 片工件磨削时应注意哪些问题?

4. 用展成法磨齿有哪三种方法?

5. 导轨磨削有哪两种方式?各有什么特点?

6. 影响工序余量的因素有哪几个方面?

7. 标准圆锥有哪两类?各有什么特点?

8. 如何防止磨削时的振动?

9. 磨床的几何精度有哪几项?

10. 试述磨头产生热变形的原因。

11. 在光学曲线磨床上,可采用哪几种磨削方法?

12. 试述工件的六点定位规则。

13. 为什么高速磨削有利于加工细长轴类零件?

14. 为什么超精磨铸铁零件时,要选用刚玉类砂轮?

15. 为什么在超精磨削时,不选用碳化硅砂轮?

16. 超精加工有哪些特点?

17. 什么是工具显微镜?

18. 试述磨削指示仪的作用。

19. 为什么磨削硬材料用软砂轮,磨削软材料用硬砂轮?

20. 磨削硬质合金时,为什么容易产生裂纹?

21. 怎样提高主轴的旋转精度?

22. 缓进深切磨削对机床有何要求?

23. 油泵吸空的原因是什么?

24. 镜面磨削的原理是什么?

25. 强力磨削的原理是什么?

26. 螺纹磨削产生周期螺距误差的原因是什么?

27. V 形平行导轨副配磨时影响导轨横截面配合的三个要素是什么?

28. 什么叫自动定心夹紧机构? 为何这类装置能自动定心?

29. 低粗糙度磨削对机床有何要求?

30. 试述图 4 所示的定位元件所限制的自由度?

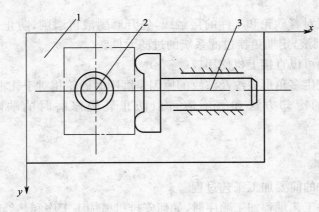

图　4

31. 试述图 5 所示的定位元件所限制的自由度?

32. 超精密磨削如何选择砂轮的特性?

33. 什么叫过定位?

34. 何为刀具寿命?

35. 低粗糙度磨削时,应注意哪些问题?

36. 什么叫粗精加工分开? 分粗精阶段加工零件,为什么能提高加工精度?

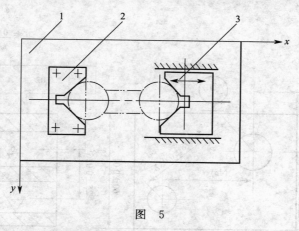

图　5

37. 图 6 所示细长轴,试确定其磨削工艺。

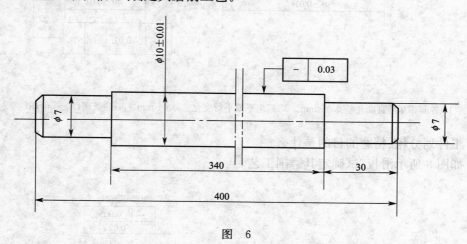

图　6

38. M1432A 型磨床改装成低粗糙度磨削磨床,需要进行哪些主要方面改装?

39. 一般情况下,为什么要消除或尽可能减少工件的残余应力?

40. 怎样检测头架回转时主轴轴线的等高度?

41. 双孔定位中,定位元件为什么多采用一个短圆柱销和一个短菱形销?

42. 怎样消除磨削工艺系统的强迫振动?

43. 缓进磨削对磨床有何要求?

44. 试述外圆磨床液压系统中换向阀两次快跳的目的。

45. 试述电磁无心磨削夹具的工作原理。

46. 薄片工件的磨削有何特点?

47. 在平面磨床上磨削斜面有哪些装夹方法?

48. 试述拉刀的刃磨方法?

49. 磨削偏心工件的装夹方法有哪些?

50. 如图 7 所示,试确定六面体模具的磨削工艺?

51. 哪些因素会影响磨削精度?

52. 试述光学曲线磨床的工作原理。

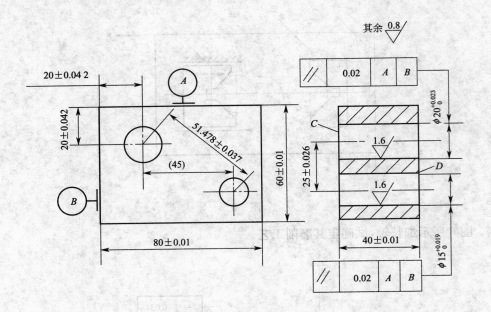

图 7

1. 各面相互垂直度允差 0.01 mm。2. 三组平面平行度允差 0.01 mm。3. 热处理:50～56HRC

53. 工件划分粗、精磨的目的是什么?

54. 如图 8 所示滑板,试确定其磨削工艺。

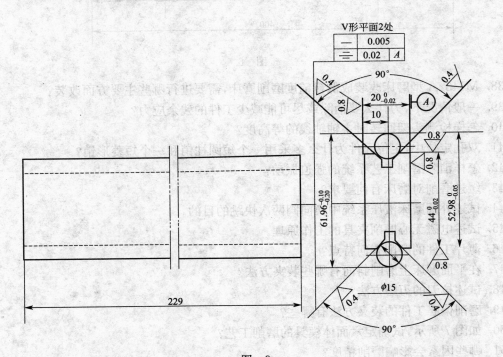

图 8

55. 刃磨齿轮滚刀,应注意哪些问题?

56. 磨削细长轴的关键是什么? 磨削时应采取哪些对策措施?

57. 磨削薄片零件时如何减小装夹变形?

58. 试述螺纹的磨削方法。

59. 什么叫偏心零件? 偏心零件磨削加工后应达到哪些要求?

60. 试述圆拉刀的刃磨方法。

61. 简述导轨磨削的特点。

62. 磨床工作台产生爬行的原因是什么?

63. 试述扭簧测微仪的结构原理。

64. 常用的磨床夹具有哪些?

65. 什么是组合夹具? 它有哪些特点?

66. 如何合理使用金刚石砂轮?

67. 不锈钢的磨削有什么特点?

68. M1432A 型万能外圆磨床液压传动系统能实现哪些运动?

69. 磨床机械部分中常见的故障有哪些?

70. 磨床工作台产生爬行的原因是什么?

71. 机床夹具由哪些部分组成?

72. 什么是圆锥配合?

73. 磨削细长轴时,应怎样改进磨削工艺?

74. 怎样磨削小直径深孔工件?

75. 磨导轨时应注意什么问题?

六、综 合 题

1. 如图 9 所示的套筒零件,磨削内端面要保证尺寸 $10_{-0.36}^{0}$ mm,现用深度游标卡尺测量孔的深度,试用尺寸链计算其孔深尺寸 A。

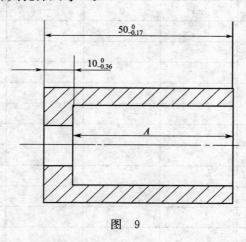

图　9

2. 已知阶台式心轴的定位面尺寸为 $35_{-0.027}^{-0.010}$ mm,工件孔径为 $\phi 35_{0}^{+0.027}$ mm,试计算工件磨削后的同轴度误差。

3. 用精度为 0.03/1 000 的框式水平仪测量 2 000 mm 长的机床导轨在垂直平面内的直线度,框式水平仪的框架为 200 mm×200 mm,其实测读数见表 1。试用作图法求该导轨在全长上的直线度误差。

表　1

测量位置	0~200	200~400	400~600	600~800	800~1 000	1 000~1 200	1 200~1 400	1 400~1 600	1 600~1 800	1 800~2 000
水平仪读数	0	+1	+2	+1	−2	−3	−2	−3	+1	+25

0　　200　　400　　600　　800　　1 000　　1 200　　1 400　　1 600　　1 800　　2 000

4. 用精度为 0.02/1 000 的水平仪测量 1 500 mm 长的磨床导轨在垂直平面内的直线度。水平仪垫块长 250 mm,实际读数如表 2,试用作图法求该导轨在全长内的直线度误差。

表　2

测量位置	0~250	200~500	500~750	750~1 000	1 000~1 250	1 250~1 500
水平仪读数	+4	+1	0	−6	−1	−2

0　　　　250　　　　500　　　　750　　　　1 000　　　　1 250　　　　1 500

5. 如图 10 所示,工件在 V 形块中定位加工偏心孔,试计算其加工尺寸方向上的定位误差。已知加工尺寸 $H = 10_{-0.25}^{0}$ mm,V 形块夹角为 90°,$D = \phi 40_{-0.16}^{0}$ mm。

6. 如图 11 所示,已知 $H = 30_{-0.25}^{0}$ mm,定位销直径为 $\phi 10_{-0.017}^{-0.010}$ mm,工件定位部分孔径为 $10_{0}^{+0.03}$ mm,试计算在加工方向上的定位误差。

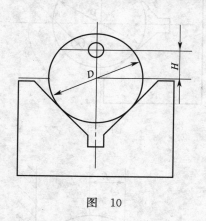

图 10

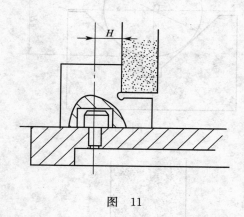

图 11

7. 如图 12 所示,已知 $H = 30_{-0.05}^{0}$ mm,$M = 10_{-0.10}^{0}$ mm,试计算加工尺寸方向上的定位误差。

8. 如图 13 所示,试计算其加工尺寸方向的定位误差。已知:$H = 10_{-0.25}^{0}$ mm,$D = \phi 40_{-0.16}^{0}$ mm。

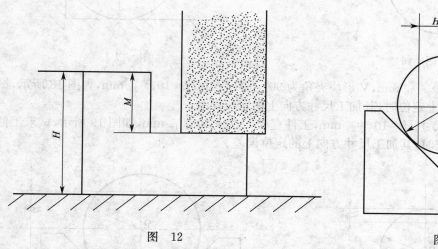

图 12

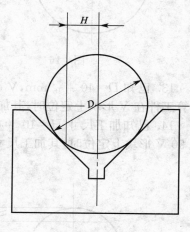

图 13

9. 如图 14 所示,工件在 90°V 形块上定位。已知:$D = \phi 40_{-0.16}^{0}$ mm,加工平面尺寸 $H = 30_{-0.25}^{0}$ mm,试求其定位误差。

10. 如图 15 所示,工件在 V 形块上定位,加工偏心孔,试求加工尺寸方向上的定位误差。已知:$H = 30_{-0.25}^{0}$ mm,$D = \phi 40_{-0.16}^{0}$ mm,V 形块夹角为 90°。

11. 如图 16 所示,已知定位销直径为 $\phi 35_{-0.027}^{-0.010}$ mm,工件孔径为 $\phi 35_{0}^{+0.027}$ mm,$H = 30_{-0.10}^{0}$ mm,定位销水平放置,试计算在加工尺寸方向上的定位误差。

12. 如图 17 所示,工件在角铁上定位,已知 $D = \phi 40_{-0.16}^{0}$ mm,加工尺寸 $H = 10_{-0.25}^{0}$ mm,试计算在加工尺寸方向上的定位误差。

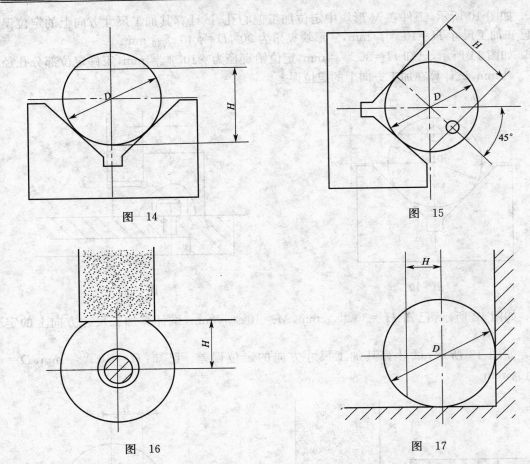

图 14

图 15

图 16

图 17

13. 已知 $D=40_{-0.16}^{0}$ mm，V 形块夹角为 $90°$，加工尺寸 $H=10_{-0.25}^{0}$ mm，如图 18 所示，试计算工件在 V 形块上定位时，其加工尺寸方向上的定位误差。

14. 已知加工尺寸 $H=10_{-0.25}^{0}$ mm，工件直径 D 为 $\phi 40_{-0.16}^{0}$ mm，如图 19 所示，试求工件在 $90°$ V 形块上定位时，其加工尺寸方向上的定位误差。

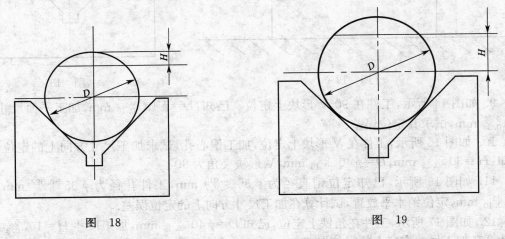

图 18

图 19

15. 有一液压系统，如图 20 所示，工作台由单杆活塞油缸带动，其运动速度有工进、快退两种,活塞直径 D 为 $\phi 80$ mm,活塞杆直径 D 为 $\phi 56$ mm,工作压力 $P=45$ kgf/cm^2,流量 $Q=20$ L/min,试求工进、快退时速度及其推力?

16. 如图 21 所示,工件在角铁上定位,加工偏心孔,已知 $H=30_{-0.25}^{0}$ mm, $D=\phi 40_{-0.16}^{0}$ mm。试求加工尺寸方向上的定位误差。

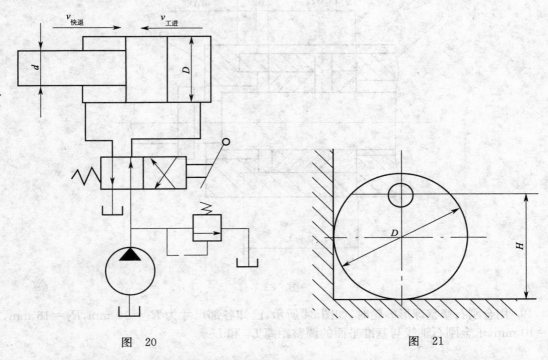

图 20   图 21

17. 如图 22 所示,液压千斤顶的杠杆尺寸 $b=30$ cm, $a=2.5$ cm,柱塞直径 $d=\phi 1.5$ cm,工作油缸活塞直径 $D=\phi 9$ cm,若手的作用力 $R=200$ N,试求工作油缸能顶起多重的物体。

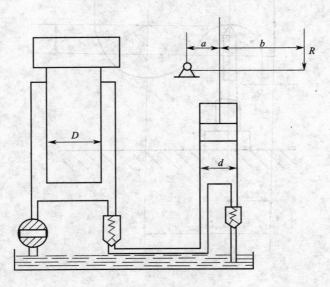

图 22

18. 尾架套筒部件装配图如图 23 所示,端面盖 3 在尾架套筒 1 上固定之后,要求螺母 2 在尾架套筒 1 内轴向窜动不大于 0.5 mm,问能否满足要求?

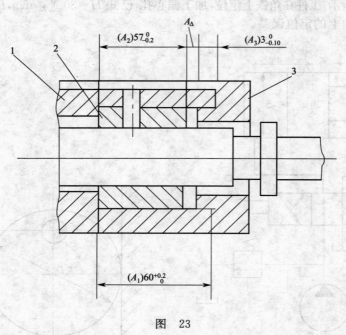

图 23

19. 用金刚石修整球形砂轮时,如图 24 所示,已知各部尺寸为 $R_1 = 10$ mm,$R_2 = 16$ mm,$H = 10$ mm,求金刚石轴线与基准平面的调整距离 L_1 和 L_2。

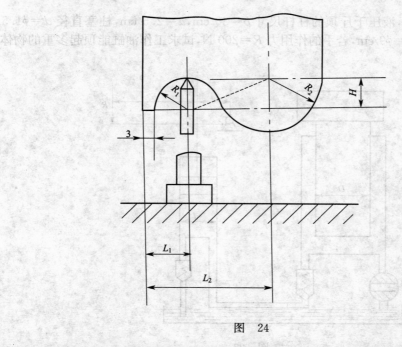

图 24

20. 如图 25 所示的外圆磨床工作台纵向移动传动机构,问当手轮转过一圈后,工作台实际移动距离是多少?

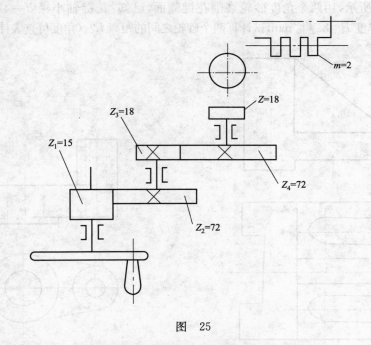

图 25

21. 分别根据图 26 和图 27 给出的两处视图,画出第三个视图。

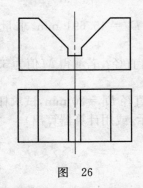

图 26

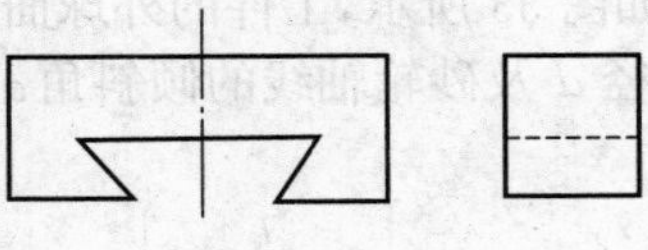

图 27

22. 补全图 28 和图 29 中遗漏的线条。

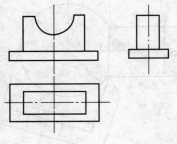

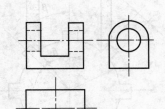

图 28

图 29

23. 根据图 30 给出的两个视图,画出左视图。

24. 看懂图 31,将其主视图改为剖视图画在右边。

25. 如图 32 所示,用两个角度砂轮磨削花键侧面,已知:花键轴小径 $d = 42^{-0.009}_{-0.034}$ mm,键数 $N = 8$,花键齿厚度 $B = 8^{-0.13}_{-0.19}$ mm,试计算两个砂轮之间的距离 L?(角度可查表计算)

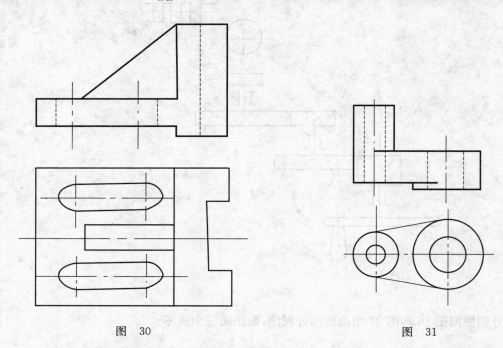

图　30　　　　　　　　　　　　　　　　　　图　31

26. 用三针法测量 M48×3.5－6h 的螺纹,已知中径 $D_2 = 45.691$ mm,求量针直径和 M 值?

27. 用三针法测量 T_r 36×12(P6)LH 的螺纹中径,求量针直径? 若测得 M 值为 33.903 mm,求螺纹的中径 D_2?

28. 如图 33 所示,工件的外球面直径 $D = 40$ mm,圆柱直径 $D_1 = 20$ mm,试求杯形砂轮的磨削圆直径 d 及砂轮轴线的倾斜角 α。(α 用反三角函数表示,或用计算器算出)

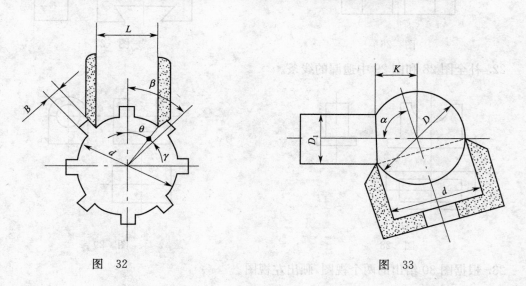

图　32　　　　　　　　　　　　　　　　　图　33

29. 如图 34 所示,用平形砂轮磨内球面,已知:球面直径 $D=120$ mm,球面小于半球,最大直径处平面低于球中心 10 mm。磨削该球面时应选多大的砂轮? 砂轮轴线的倾斜角 α 是多少?(α 用反三角函数表示,或用计算器算出)

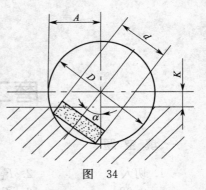

图　34

30. 已知工件转速为 224 r/min,砂轮宽度 $B=50$ mm,若选取纵向进给量 $f=0.5B$,试求工作台纵向速度。

31. 有一圆锥塞规,锥度 $C=1:10$,用正弦台放置在平板上测量,已知正弦台中心距 $L=100$ mm,求垫入量块高度 H 值?

32. 有一零件孔径为 $\phi60^{+0.036}_{+0.012}$ 另一零件外经为 $\phi60^{\ 0}_{-0.014}$ mm,两零件相配合,计算其配合间隙?

33. 磨削深孔工件应采取哪些对策措施?

34. 试述薄壁套的特点和磨削方法。

35. 磨削花键轴时应注意哪些问题?

36. 如何用范成法磨削球面?

37. 试述错齿三面刃铣刀的刃磨方法。

38. 试述深切缓进磨削的特点。

39. 怎样选择金刚石磨具的浓度?

40. 使用内圆磨具要注意哪些问题?

41. 干磨和湿磨有哪些不用的特点?

42. 外圆磨削时工件产生圆度误差的原因是什么? 试举出五种原因。

43. 试分析液压系统中压力急剧变化产生冲击的原因有哪些?

磨工(中级工)答案

一、填 空 题

1. 切入	2. F_c	3. 80%	4. 工件平均
5. 0.02	6. 紊流	7. 最下面一块	8. 低速运动稳定性
9. 支撑件	10. 小	11. 百分表	12. 磁性分离器
13. 弹性	14. 测量误差	15. 形状和尺寸公差	
16. 备品率和平均废品率		17. 监视	18. 压力和流量
19. 显微镜头	20. 实际表面与贴切直线之间		21. 超精密
22. 压力	23. 0.005~0.03	24. 行星式	25. 工件
26. 较低	27. 恒压力	28. 物理和化学	29. 树脂
30. 生产周期	31. 氧化铝	32. 0.5~0.9	33. 重合
34. 较软	35. 加橡皮衬垫	36. 大小	37. 刀刃
38. 切削深度	39. 相变磨损	40. 增大	41. 热处理
42. 溢流阀	43. 厚度	44. 间断	45. 迅速制动
46. 一个附加的回转	47. 螺旋形	48. 等直径棱圆	
49. 磨头水平面内角度太大		50. 划伤、拉毛	51. 0.008
52. 单出杆活塞	53. ≥14	54. 之前	55. 三
56. 六点定位	57. 几何参数	58. 精加工	59. 白刚玉
60. 金刚石车削	61. 通过铣刀中心	62. 双出杆	63. 三角槽形
64. 安全线速度	65. 回转的传感器	66. 油膜刚性	67. 工件材料
68. 精加工	69. 定位基准	70. 执行部分	71. 容积变化
72. 工序集中	73. 铸件	74. 双曲线	75. 表面粗糙度
76. 移动灵敏	77. 卸荷	78. 抛光	79. 划伤工件表面
80. 径向跳动	81. 表面粗糙度	82. 主切削力	83. 前刀面磨损
84. 切削刃的形状	85. 定位元件	86. 夹紧	87. 小
88. 变形	89. 压力	90. 机械能	91. 同轴度
92. 切削深度	93. 1/20	94. 电动测量仪	95. 76°~80°
96. 19 m/s	97. 铲齿	98. 一次完成	99. 照明放大
100. 弹性变形	101. 塑性变形	102. 淬硬层深度	103. 轮系
104. 齿数除以分度圆直径		105. 油液的黏性	106. 工艺规程
107. 基准	108. 尺寸链	109. 最大实体	110. 正火
111. 不规则	112. 工作线速度	113. 刀具耐用度	114. 工序
115. 恒定的磨削力	116. 脆性材料	117. 磁效应	118. 涨力心轴
119. 不重合	120. 发生变化	121. "两销一面"	122. 微锥心轴
123. 大于 10	124. 工序余量	125. 1∶5 000	126. 布氏硬度
127. 深度磨削法	128. 不能超过	129. 低速	130. 运动速度

131. 进给、定位　132. 成形磨削　133. 位置公差　134. 湿度
135. 强迫振动　136. 前刀面　137. 润滑　138. 小些
139. 增加　140. 超精密磨削　141. 工作层　142. 减少
143. 高的耐磨度　144. 选择合适的轴承　145. 缓冲　146. 螺旋夹紧
147. 用偏心套装夹　148. 吊挂　149. 以外圆柱面定位　150. 表面粗糙度
151. $\frac{1}{10} \sim \frac{1}{8}$　152. 表面粗糙度较细　153. 让刀　154. 自由
155. 着力点　156. 充分　157. 高度不一致　158. 多
159. 工件变形　160. 五　161. 前刀面　162. 较粗
163. 三角　164. 磨损和发热　165. 异常的噪声　166. 磨床的空转
167. 60　168. 一级保养　169. 9Cr2Mo　170. 1 250 mm
171. 5 000 mm　172. 低温抗磨 46# 液压油　173. 轴头
174. 润滑　175. 标准角度　176. 主轴可无级调速

二、单项选择题

1. B 2. B 3. C 4. C 5. C 6. B 7. B 8. B 9. B
10. A 11. C 12. C 13. C 14. B 15. A 16. B 17. C 18. B
19. D 20. C 21. C 22. D 23. B 24. B 25. B 26. C 27. C
28. C 29. B 30. A 31. B 32. C 33. B 34. A 35. B 36. D
37. C 38. D 39. C 40. A 41. B 42. D 43. A 44. D 45. A
46. D 47. A 48. A 49. D 50. A 51. B 52. B 53. B 54. C
55. B 56. B 57. B 58. B 59. D 60. C 61. B 62. A 63. A
64. C 65. D 66. D 67. A 68. A 69. D 70. B 71. B 72. A
73. B 74. A 75. C 76. C 77. C 78. A 79. C 80. A 81. C
82. A 83. C 84. C 85. A 86. B 87. C 88. D 89. D 90. D
91. C 92. C 93. C 94. B 95. D 96. D 97. C 98. B 99. B
100. B 101. C 102. A 103. C 104. B 105. C 106. C 107. B 108. A
109. D 110. C 111. C 112. C 113. C 114. C 115. C 116. D 117. C
118. B 119. A 120. C 121. C 122. C 123. C 124. B 125. C 126. B
127. B 128. A 129. C 130. D 131. A 132. C 133. D 134. B 135. C
136. D 137. C 138. B 139. D 140. D 141. C 142. C 143. D 144. D
145. C 146. D 147. C 148. C 149. C 150. C 151. A 152. C 153. C
154. C 155. B 156. A 157. B 158. B 159. A 160. B 161. B 162. D
163. B 164. B 165. C 166. C 167. A 168. C 169. C 170. C 171. C
172. B 173. B 174. C 175. A 176. C 177. C 178. C 179. A

三、多项选择题

1. ABCD 2. AB 3. ABC 4. ABCD 5. AC 6. ABC 7. ABD
8. ABD 9. BD 10. BCD 11. ABCD 12. ABCD 13. ABCD 14. ABD
15. ABCD 16. ABCD 17. ABC 18. AD 19. BD 20. ABCD 21. BC
22. CD 23. ABCD 24. ABCD 25. ABCD 26. BCD 27. ABCD 28. ABCD
29. BC 30. AC 31. BC 32. BCD 33. ABCD 34. AB 35. ABCD

36. ABCD　37. ACD　38. ABC　39. ACD　40. BCD　41. ABCD　42. ABCD
43. BCD　44. ABD　45. ABCD　46. ABC　47. ABD　48. AB　49. ABCD
50. ABCD　51. ABCD　52. AB　53. ABC　54. AC　55. ACD　56. ABCD
57. AD　58. AB　59. ABCD　60. ABCD　61. ABCD　62. ABCD　63. AB
64. ABC　65. ABCD　66. BCD　67. AB　68. ABC　69. ABC　70. CD
71. AC　72. ABCD　73. ABCD　74. ABC　75. ACD　76. AB　77. BCD
78. BCD　79. ABCD　80. BCD　81. AD　82. ABCD　83. ABC　84. BD
85. BC　86. ACD　87. BCD　88. CD　89. ABD　90. ABD　91. ABD
92. ABCD　93. BCD　94. ABCD　95. ABD　96. ABCD　97. ABCD　98. ABCD
99. ABD　100. BD　101. ABCD　102. ABCD　103. ACD　104. BCD　105. ABCD
106. ABC　107. ABCD　108. BCD　109. ABCD　110. ACD　111. ABC　112. ABC
113. ABCD　114. ABCD　115. ABCD　116. ABCD　117. ABCD　118. BCD　119. ABCD
120. ABCD　121. ABCD　122. BC　123. ABCD　124. ABCD　125. ABCD　126. ABCD
127. ABCD　128. ABCD　129. ABCD　130. ABCD　131. AD　132. ABC　133. ABC
134. ABD　135. BD　136. ABC　137. AC　138. ABCD　139. AD　140. BCD
141. AB　142. BCD　143. ACD　144. ABC　145. AB　146. ABC　147. AB
148. ABC　149. ABCD　150. ACDE　151. ABCD　152. ABC　153. ABC　154. ABCD
155. ABCD　156. ABCDE　157. ABCD　158. ABC　159. ACD　160. ABC　161. ACD
162. ABCD　163. ABD　164. CD　165. ABD

四、判　断　题

1. ×　2. ×　3. √　4. √　5. √　6. ×　7. √　8. ×　9. ×
10. ×　11. ×　12. √　13. √　14. ×　15. √　16. √　17. √　18. ×
19. √　20. ×　21. ×　22. ×　23. ×　24. √　25. √　26. √　27. √
28. √　29. ×　30. √　31. √　32. √　33. √　34. √　35. ×　36. √
37. √　38. ×　39. √　40. ×　41. √　42. √　43. √　44. √　45. √
46. √　47. √　48. √　49. ×　50. √　51. ×　52. √　53. ×　54. √
55. ×　56. √　57. √　58. √　59. √　60. ×　61. √　62. √　63. √
64. ×　65. √　66. √　67. √　68. ×　69. √　70. √　71. ×　72. √
73. ×　74. ×　75. √　76. √　77. ×　78. √　79. ×　80. √　81. ×
82. ×　83. ×　84. ×　85. ×　86. √　87. √　88. ×　89. √　90. √
91. √　92. √　93. √　94. √　95. √　96. ×　97. ×　98. ×　99. √
100. ×　101. √　102. ×　103. ×　104. √　105. √　106. √　107. ×　108. ×
109. √　110. ×　111. √　112. ×　113. ×　114. ×　115. √　116. ×　117. ×
118. ×　119. √　120. ×　121. √　122. √　123. √　124. ×　125. ×　126. √
127. √　128. ×　129. ×　130. √　131. √　132. √　133. √　134. √　135. √
136. ×　137. ×　138. √　139. √　140. √　141. ×　142. ×　143. √　144. √
145. ×　146. ×　147. √　148. ×　149. √　150. √　151. ×　152. √　153. ×
154. √　155. ×　156. √　157. ×　158. ×　159. √　160. √　161. ×　162. ×
163. ×　164. ×　165. √　166. √　167. ×　168. ×　169. √　170. √　171. √
172. √　173. ×　174. √　175. √

五、简 答 题

1. 答:轴类零件的一般简要加工工艺过程包括备料加工(1分)、车削加工(1分)、其他机械加工(1分)、热处理(1分)、磨削加工(1分)等。

2. 答:在安排机械加工工序方面,应首先安排粗加工工序,中间安排半精加工工序,最后安排精加工工序(2分)。对具体的加工表面而言,应先加工出精基准面(1分)。安排在机械加工前的热处理工序有退火、正火等,粗磨前安排淬火工序,在粗磨后一般要进行人工时效(2分)。对于精密零件还可以采用冰冷处理等。

3. 答:首先在磨削薄片工件前应选择好一个较好的定位基面(1分),在装夹时要注意工件的夹紧变形(1分);其次,在磨削时要注意工件的切削变形和热变形(1分),磨削用量要小(1分),砂轮要锋利(1分)。

4. 答:用展成法磨齿的方法有:(1)双片碟形砂轮磨齿(2分);(2)双锥面砂轮磨齿(2分);(3)蜗杆砂轮磨齿。(1分)

5. 答:导轨磨削有端面磨削和周边磨削两种(3分)。端面磨削通用性较好,导轨工作台的质量较高(1分);周边磨削是一种高效的磨削方法,加工精度高(1分)。

6. 答:影响工序余量的因素有:前工序的工序尺寸(1分)、表面粗糙度(1分)、变形层深度(1分)、位置误差(1分)和本工序的安装误差(1分)。

7. 答:标准圆锥有公制圆锥和莫氏圆锥两种(3分)。公制圆锥有八个号数,其锥度均为1:20,号数表示锥体的大端直径(1分),莫氏圆锥有0~6七个号数,其中6号最大,莫氏圆锥的号数不同,其锥度也不同,但接近1:20(1分)。

8. 答:防止磨削时振动的措施有:(1)对磨床上高速转动的部件作精细平衡(2分);(2)选用合适皮带(1分);(3)提高机床刚性(1分);(4)合理选择切削用量(1分)。

9. 答:磨床的几何精度有:机床零件和部件的几何形状精度、相互位置精度和相对运动精度(3分)。如:主轴轴颈圆度、导轨直线度、主轴回转精度、主轴与导轨的平行度等(2分)。

10. 答:在磨削过程中,由于磨削热和磨床的轴承(1分)、导轨摩擦热以及液压系统(1分)、电动机等处产生的热量(1分),使磨床零件或部件受热而膨胀(1分),结果造成磨床各部分不同的变形和相对位置变化。(1分)

11. 答:在光学曲线磨床上,可进行以下磨削:(1)单手柄操作合成进给磨削(1分);(2)在合成进给同时,作补偿进给磨削(1分);(3)自动进给磨削(1分);(4)自动进给和手动进给相配合磨削(2分)。

12. 答:工件没有定位时,在空间有六个自由度(2分)。即:$\vec{X}$、$\vec{X}$、$\vec{Y}$、$\vec{Y}$、$\vec{Z}$、$\vec{Z}$(1分)。夹具用适当分布的六个支承点限制六个自由度的方法,称为六点定位规则(2分)。

13. 答:因为高速磨削砂轮线速度提高(1分),磨粒切去的切屑厚度较薄(1分),这样磨粒作用于工件上的法向力也相应减小,工件受力小,变形量小,因而提高了加工精度(1分)。所以,高速磨削有利于加工细长轴类零件(2分)。

14. 答:因为刚玉的韧性较好,不易碎裂,能保持微刃的等高性,从而可以获得较小的表面粗糙度值(3分)。所以,超精磨铸铁零件时,要选用刚玉砂轮。(2分)

15. 答:由于碳化硅磨料质脆、韧性差、容易崩碎(1分),而且颗粒成针片状,在修整砂轮时,难以形成等高性好的微刃(2分)。另外,在磨削力的作用下,砂轮的微刃也容易破坏,影响微刃的等高性。因此,碳化硅砂轮不宜作超精磨削的砂轮(2分)。

16. 答:超精加工的特点有:(1)超精加工时磨粒的运动轨迹复杂,油石能自动地从切削过渡到抛光,加工表面粗糙度可达 Ra0.05 μm～0.012 μm(2分);(2)超精加工只能切去工件上微量的凸峰,其切除金属的能力较弱,所以修正工件几何形状误差的作用很差(1分);(3)超精加工的切削速度低、压力小,工件表面没有烧伤和刻痕(2分)。

17. 答:工具显微镜是一种用显微镜头瞄准的方法进行读数、测量的仪器。(5分)

18. 答:磨削指示仪的作用如下:(1)可以解决开始磨削的对刀(1分);(2)通过指示仪能调整进给量及控制工件与砂轮间保持适当压力(1分);(3)可以反映机床工作台的锥度(1分);(4)可以在磨削过程中反映工件是否有径向跳动及圆度误差(2分)。

19. 答:磨削硬材料时,磨粒容易变钝(1分),应选用软砂轮,使磨钝的磨粒能及时脱落,露出尖锐的棱角(1分);磨削软材料时,磨粒不容易变钝(1分),应选用硬砂轮,以避免磨粒还未磨钝就过早地脱落,产生落砂,划伤工件表面(2分)。

20. 答:硬质合金本身具有硬度高、脆性大、导热性差、塑性和抗拉强度低、弹性模数大等特点(2分),加上磨削表面局部的瞬时高温可达 1 000 ℃以上,而且瞬时温升极快,这样便在硬质合金表面出现了不均匀的变形,从而导致硬质合金表面在生热与冷却的变化中产生裂纹(3分)。

21. 答:主轴在回转过程中,其回转轴线相对几何轴线的位移量称为主轴的误差(2分)。提高主轴旋转精度的方法有:(1)选择合适的轴承,如采用动静压轴承,径向间隙为 0.02～0.04 mm,有高的旋转精度和刚度(1分);(2)提高主轴加工精度(1分);(3)控制主轴轴向窜动(1分)。

22. 答:缓进深切磨削对机床的要求有:(1)机床有较高刚度和功率(1分);(2)主轴可无级调速(1分);(3)工作台低速运动平稳,且有快速返程装置(1分);(4)有足够压力和流量的切削液,并有切削液过滤和排屑装置(2分)。

23. 答:油泵吸空的原因有:(1)油泵吸油口密封不严,吸油管路漏气(1分);(2)油箱中油液不足,吸油管浸入油面太浅(1分);(3)油泵吸油高度太高(1分);(4)吸油管直径太小(1分);(5)滤油器被杂质、污物堵塞,吸油不畅(1分)。

24. 答:砂轮作为一种多刃的特殊刃具,其圆周面具有数十万切削微刃,每个微刃在高速、高温条件下交替切削磨削表面,较粗大的微刃有一定的切削作用,细小的微刃则以摩擦抛光作用为主(3分),在微刃与工件接触的瞬间,工件的表层将发生不同程度的弹性变形和塑性变形,由于微刃具有等高性,磨削表面能获得很小的表面粗糙度数值,当表面粗糙度为 Ra0.0012 μm 时,就是镜面磨削(2分)。

25. 答:所谓强力磨削就是采用较大的磨削深度(一次磨削深度达 6 mm 以上)(2分)和缓速进给的磨削方法(2分),它类似于铣削工艺,只不过以砂轮代替铣刀,所以又称铣磨法(1分)。

26. 答:产生周期螺距误差的原因有:(1)主轴系统误差,主要包括:①主轴间隙大(0.5分);②主轴轴向窜动量大(0.5分);③头架主轴传动齿轮系统运动误差(0.5分);④头架主轴旋转不均匀(0.5分)。(2)母丝杆系统误差,主要包括:①母丝杆轴向窜动(0.5分);②母丝杆径向振摆(0.5分);③母丝杆螺距误差(0.5分);④螺纹牙型半角误差(0.5分);⑤工件系统定位误差(1分)。

27. 答:配磨时,影响导轨横截面配合的三个要素是:(1)V 形导轨的半角误差(2分);(2)平导轨角度误差(2分);(3)V—平导轨的不等高误差(1分)。

28. 答:能同时使工件得到定心和夹紧的装置叫自动定心夹紧机构(2分),这类装置的各定位面能以相同的速度同时相互移近或分开(2分),所以这种装置的定位部分能自动定心(1分)。

29. 答:低粗糙度磨削对机床有以下要求:(1)磨床应有较高的几何精度(0.5分);(2)工作台低速运动稳定(0.5分);(3)机床液压系统的稳定性好(0.5分);(4)主要转动部分应有较好的抗振措施(0.5分);(5)有磨削指示仪(0.5分);(6)有切削液净化装置(0.5分);(7)头架有无级变速传动(0.5分);(8)砂轮架主轴有多速传动(0.5分);(9)有精密横向进给机构(1分)。

30. 答:图中元件1限制$\overline{X}$,$\overset{\frown}{X}$,$\overline{Z}$三个自由度(2分);元件2限制$\overline{X}$,$\overset{\frown}{Y}$二个自由度(2分);元件3限制$\overline{Z}$一个自由度(1分)。

31. 答:图中元件1限制$\overline{Z}$,$\overset{\frown}{X}$,$\overset{\frown}{Y}$三个自由度(2分);元件2限制$\overline{X}$,$\overset{\frown}{Y}$二个自由度(2分);元件3限制$\overline{Z}$一个自由度(1分)。

32. 答:超精密磨削选用的磨料以白刚玉、单晶刚玉为最多(2分)。砂轮粒度在精密磨削时选用$100^{\#}\sim 240^{\#}$,超精密磨削用$240^{\#}\sim W20$,镜面磨削用$W14\sim W10$,硬度以中软为主,一般以K级为最理想等级,且要求整个砂轮的硬度均匀(1分)。选用的结合剂中陶瓷和树脂的均有(1分)。砂轮组织应较紧密且均匀(1分)。

33. 答:过定位是指工件定位时,如果一个自由度由一个以上的定位元件消除(2分),也就是在其方向上有一个以上的定位元件进行重复定位或工件定位时所消除的自由度总数超过六个者(3分)。

34. 答:刀具寿命表示一把新刀用到报废之前总的切削时间(2分),其中包括多次重磨(1分)。因此刀具寿命等于刀具耐用度乘以重磨次数(2分)。

35. 答:在低粗糙度磨削时,应注意以下问题:(1)磨削前机床要空运转(1分);(2)检查中心孔的质量(1分);(3)调整好工作台的位置(1分);(4)精细修整砂轮(0.5分);(5)工件余量要合理(0.5分);(6)冷却液的选择及其净化(0.5分);(7)选择合理的切削用量(0.5分)。

36. 答:在确定零件的工艺流程时,将粗、精加工分段进行,各表面的粗加工结束后,再进行精加工(1分),尽可能不要将精、粗加工工序交叉进行,也不要在一台机床上既进行粗加工,又进行精加工,这就是粗精加工分开(1分)。精加工时,采用很小的切削深度及进给量进行切削,可以在很小的切削力及变形的情况下,修整粗加工中产生的各种误差(1分),此外,粗加工后如将工件放置一段时间,使工件充分变形后再进行精加工,可以减少残余应力对加工精度的影响(1分),因此,分粗、精阶段加工可以提高加工精度(1分)。

37. 答:其磨削工艺见表1。

表1　细长轴磨削工艺

序号	内　　容	砂轮特性	机床	定位基准	
1	研中心孔				(0.5分)
2	修狭砂轮,粗磨外圆,留余量0.2 mm	WA60K	M1420	中心孔	(1分)
3	校直工作,时效处理				(0.5分)
4	修狭砂轮,半精磨外圆,留精磨余量0.05 mm	WA60L	M1420	中心孔	(1分)
5	校直工作,时效处理				(1分)
6	修狭砂轮,精磨外圆至尺寸	WA80L	M1420	中心孔	(1分)

38. 答:需要有下列几方面的改装:(1)液压系统改进使之达到 10 mm/min 的速度而不爬行(1分);(2)降低砂轮线速度,更换皮带轮(1分);(3)适当减小主轴与轴承之间的间隙,一般应是 0.01~0.015 mm(1分);(4)对砂轮导轨检验与修刮,必要时要换滚柱(1分);(5)将电动机进行整机平衡,并加防振措施(0.5分);(6)对冷却液增加过滤装置,简便的方法是用两只水箱(0.5分)。

39. 答:因为具有残余应力的工件处于不稳定状态,具有恢复到无应力状态的倾向(1分)。在常温下,会缓慢地产生变形,丧失原有的加工精度(1分)。此外,具有残余应力的毛坯及半成品,切去一层金属后,原有的平衡状态被破坏,内应力重新分布,使工件产生明显的变形(2分)。所以要消除或尽可能减少工件的残余应力(1分)。

40. 答:并读数(1分),然后使头架回转 45°(1分),移动工作台和砂轮架使测头再次触及检具原测点(1分),误差以两次读数的平均值计(2分)。

41. 答:如果双销都采用短圆柱销,就会出现过定位的现象(1分),假定工件的第一个孔可以顺利地装到第一销上,则第二个孔就有可能由于销间距和工件孔距误差的影响(1分),而装不到第二个销上(1分),因此,可以减小第二销直径的办法来把工件装到夹具上去,但这样会使第二销和孔之间的间隙增大,从而转角误差增加(1分),所以,一般不采用这种方法,而采用第二销削边成菱形的办法来解决过定位的问题(1分)。

42. 答:消除的办法主要有以下几项:(1)消除电动机的振动(0.5分);(2)精密平衡砂轮(0.5分);(3)合理选择传动带(1分);(4)消除其他转动部件的振动(1分);(5)提高头架、砂轮架、尾架、工作台、床身等主要部件的刚度(1分);(6)隔离外来的振动(1分)。

43. 答:缓进磨削对磨床的要求有:(1)磨床应有较高刚度和功率(1分);(2)主轴可无级调速(1分);(3)工作台低速运动平衡,且有快速返程装置(1分);(4)有足够压力和流量的切削液,并有切削液过滤和排屑装置(2分)。

44. 答:换向阀第一次快跳的目的是为了缩短工作台的制动时间(1分),从而可提高换向精度(1分);换向阀第二次快跳的目的是为了缩短工作台启动的时间(1分),保证启动速度快(1分),对提高生产率和保证磨削质量都是有利的。(1分)

45. 答:电磁无心磨削夹具主要由磁极、铁心、支撑、支座和线圈组成(1分),工件以端面与外圆定位,利用直流线圈产生的磁力将工件吸在磁极端面上(1分),工件中心与主轴中心沿一定方向偏移某一偏心量,致使工件旋转产生的分力使工件紧靠在两个固定支撑上(2分)。工件放置时相对磁极有打滑现象(1分)。

46. 答:由于薄片工件刚性差,对磨削热敏感(1分),所以磨削时要选择较软的砂轮,及时修整砂轮,保持砂轮的锋利性(1分),采用较小的磨削深度和较高的工作台行程速度(1分),供应充分的冷却液来改善磨削条件(1分),此外,还要根据薄片工件受磨削力和夹紧力易变形,应从装夹方面加以改进,如采用剩磁性、垫导磁块法等(1分)。

47. 答:主要装夹方法如下:(1)用正弦精密平口钳装夹磨斜面(1分);(2)用正弦电磁吸盘装夹磨斜面(1分);(3)用导磁 V 形铁装夹磨斜面(1分);(4)用精密角铁装夹磨斜面(1分);(5)用组合夹具装夹磨斜面(1分)。

48. 答:刃磨步骤:(1)在拉刀磨床上用砂轮锥面刃磨前刀面(1分);(2)在外圆磨床上刃磨各排刀齿外圆至尺寸(1分);(3)在外圆磨床上,磨后刀面且控制刃带宽度(1分);(4)刃磨断屑槽(2分)。

49. 答:磨削偏心工件的装夹方法有:(1)在轴的两端之间加工出偏心中心孔,用两顶尖装夹(1分);(2)用四爪卡盘装夹(1分);(3)用偏心套装夹(1分);(4)大批量生产偏心距较大的工件时,采用中心孔偏心夹具(2分)。

50. 答:六面体模具的磨削工艺见表2

表2　六面体模具磨削工艺

序号	内　　容	砂轮特性	机床型号	定位基准	
1	平磨C面	WA60L	M7120D	D面	(0.5分)
2	平磨D面至尺寸 40 mm±0.01 mm	WA60L	M7120D	C面	(0.5分)
3	用精密角铁装夹,磨A面	WA60L	M7120D	D面(B面)	(1分)
4	用精密角铁装夹,磨B面	WA60L	M7120D	D面、A面	(1分)
5	磨其余平行面尺寸 80±0.01 mm,60±0.01 mm	WA60L	M7120D	A、B面	(1分)
6	用夹具装夹,磨内孔 $\phi 20^{+0.023}_{0}$ mm,$\phi 15^{+0.019}_{0}$ 至尺寸	WA60J	M2110	C、A、B面至尺寸	(1分)

51. 答:磨削精度取决于机床—夹具—工件所构成的工艺系统的精度(2分)。工艺系统的误差包括:原理误差;工件安装误差;机床误差;刀具误差;工艺系统变形误差;测量误差和调整误差等,这些误差都会影响磨削的精度(3分)。

52. 答:光学曲线磨床的工作原理:先把所需加工零件的曲线按物镜倍率绘在描图纸上(1分),并置于投影屏幕上(1分),然后在透射照明下,将被加工工件及砂轮通过放大物镜投影在屏幕上(1分),相应移动砂轮架(1分),使砂轮磨去由工件投影的影像与描图纸上曲线覆合的多余部分(1分)。

53. 答:划分粗磨和精磨的主要目的如下:(1)提高生产效率。粗磨时选用粗砂轮,加大磨削用量,精磨时选用细砂轮,采用较小的磨削深度和纵向进给量(1分);(2)保证加工质量。粗磨时切除量大,工件变形大,精磨时可以减小热变形等(1分);(3)为其他工序做准备(1分);(4)合理使用机床,有利于延长精密机床的使用寿命(2分)。

54. 答:滑板磨削工艺见表3(5分)

表3　滑板磨削工艺

序号	内　　容	砂轮特性	机床型号	定位基
1	磨四平面至尺寸 $20^{0}_{-0.02}$ mm,$44^{0}_{-0.02}$ mm　(1分)	WA60L(1分)	M7130	基准平面
2	用V形导磁角铁装夹,磨V形面至尺 $52.98^{0}_{-0.05}$ mm,$61.96^{-0.10}_{-0.20}$ mm 对称度 0.02 mm　(1分)	WA60K	M7130	基准平面
		(1分)	(1分)	(1分)

55. 答:由于滚刀的刀槽为螺旋线(1分),磨削时砂轮要相应倾斜一个滚刀的螺旋角(1分),并用砂轮锥面磨(1分),以防止干涉(1分)。螺旋线可由靠模装置获得(1分)。

56. 答:磨削细长轴的关键是如何减小磨削力和提高工件的支撑刚度,尽量减少工件的变形(1分)。为此可采取如下对策措施:(1)消除工件残余应力(0.5分)。(2)合理选择与修整砂轮(0.5分)。(3)中心孔要有良好的接触面(0.5分)。(4)减小尾座顶尖的顶紧力(0.5分)。(5)采用双拨杆拨盘(0.5分)。(6)合理选择磨削用量(0.5分)。(7)注意充分冷却(0.5分)。(8)采用中心架支撑(0.5分)。(9)防止工件弯曲(0.5分)。

57. 答:(1)垫弹性垫片(1分)。(2)涂白蜡(1分)。(3)垫纸(1分)。(4)用低熔点材料黏接装夹(1分)。(5)改变夹紧力方向(0.5分)。(6)减小电磁吸盘的吸力(0.5分)。

58. 答:螺纹磨削方法有单线砂轮磨削法和多线砂轮磨削法两种(3分)。单线砂轮磨削前将砂轮修成与螺纹牙型相符的形状,并使砂轮轴线相对工件轴线倾斜一个螺纹升角,工件每转一周,工作台相应移动一个导程(1分)。多线砂轮磨削是将圆柱形砂轮修整成和工件螺纹牙型相同的梳齿形,用切入磨削法磨削,当砂轮完全切入牙深后,工件回转一周半左右即可磨出全部牙型(1分)。

59. 答:零件的几何中心和旋转中心不重合的零件叫偏心零件(2分)。偏心零件在磨削后应达到如下要求:(1)保证偏心部分中心线与旋转中心线之间的距离,即偏心距 e 的尺寸精度(1分)。(2)保证偏心部分中心线与旋转中心线相互平行(1分)。(3)保证各个偏心部分的相互位置精度(1分)。

60. 答:刃磨的步骤如下:(1)在拉刀磨床上用球面法刃磨前刀面(2分)。(2)在外圆磨床上刃磨刃带至尺寸(1分)。(3)在外圆磨床上磨后刀面且控制刃带宽度(1分)。(4)刃磨分屑槽(1分)。

61. 答:(1)导轨的尺寸大,形状复杂,磨削、装夹易变形(2分)。(2)导轨面要求精度高,表面粗糙度值低,磨削难度较大(1分)。(3)导轨测量比较复杂(1分)。(4)磨削时需严格控制温差的影响(1分)。

62. 答:(1)液压系统内存在空气。(2)溢流阀、节流阀失灵。(3)导轨摩擦阻力大。(4)缺乏润滑油。(5)液压缸发生故障。(6)背压阀失灵。(5分)

63. 答:扭簧测微仪是用扭簧作为尺寸的转换和放大机构,利用金属扭簧带拉伸而使指针旋转为原理制成的(3分)。事先以一定的方法使扭簧带扭曲变形至一量值,当扭簧带受到拉伸时,各截面便发生回转,在扭簧中间装一指针,即可指示出数值(2分)。

64. 答:磨床常用夹具分通用夹具、专用夹具和组合夹具三大类(2分)。通用夹具包括卡盘、夹头、顶尖及电磁夹具等,一般作为机床附件供应(1分)。专用夹具包括各种磨用心轴和专用的磨夹具,一般是根据工件的加工要求自行设计制造的(1分)。组合夹具是由标准元件根据工件的加工要求组合拼装而成的夹具(1分)。

65. 答:组合夹具是由一套预先制造好的不同形状、不同规格而具有互换性的标准元件根据工件的加工要求组合拼装而成的夹具(1分)。组合夹具的特点是:可以大大缩短设计和制造专用夹具的周期和工作量(1分);可以节省设计和制造专用夹具的材料、资金和设备(1分);能缩短生产准备周期,减少专用夹具品种、数量和存放面积(1分)。但组合夹具刚性较差,初始费用较大,在某种程度上影响了使用和推广(1分)。

66. 答:(1)选择合理的磨削用量(1分)。(2)砂轮应配制法兰盘,尺寸较大的砂轮要作静平衡(1分)。(3)砂轮工作面失去几何精度时,可用碳化硅砂轮修整,工作面堵塞时,则用油石修整(1分)。(4)采用煤油作为切削液(1分)。(5)机床要有较高的刚性,主轴的旋转精度要高(1分)。

67. 答:不锈钢的种类很多,普通不锈钢的强度、硬度低于普通钢,塑性、韧性较好(1分),其热导率较小(1分)。磨削时很容易产生变形,造成表面烧伤,并产生明显的加工硬化,而且容易堵塞砂轮(1分)。在磨削不锈钢时,宜选用硬度较低、组织较松的砂轮,磨料则以单晶刚玉为好(1分)。磨削时切削液要充足,以抑制磨削热的产生,防止砂轮堵塞、工件烧伤和划伤(1分)。

68. 答：M1432A 型万能外圆磨床的液压系统可以实现下列运动：(1)工作台的纵向往复运动(2 分)。(2)砂轮架的快速进退和自动周期进给运动(2 分)。(3)尾座套筒的自动进退运动(1 分)。

69. 答：滚柱螺母由装在壳体中的三个圆齿条形的滚柱组成(2 分)。滚柱外圆上有截面形状与丝杠螺纹轮廓相同的环行槽，三个滚柱相隔 120°均布在丝杠的周围，它们的环形槽在轴向相互错开丝杠螺距的 1/3，随着丝杠的螺旋线相应升高(1 分)。滚柱装在两个滚针轴承上，轴向用上下两个推力轴承支撑。丝杠转动时，滚柱可在轴承上轻便地转动(1 分)。这样，就将丝杠与螺母间的滑动摩擦变成滚动磨擦。摩擦阻力减小。使得砂轮架移动灵敏(1 分)。

70. 答：(1)磨床工作过程中产生强烈的振动(1 分)。(2)传动带打滑或传动过程中发出敲打声音(1 分)。(3)砂轮主轴产生过热现象。(4)磨床工作台对床身导轨发生偏斜(1 分)。(5)磨床横向进给机构的进给不准确(1 分)。(6)头架主轴磨损(0.5 分)。(7)磨床齿轮传动机构产生噪声(0.5 分)。

71. 答：机床夹具由以下几部分组成：

(1)定位元件：用来保持工件在夹具中具有确定位置所必须的元件。如心轴、顶尖、V 形铁等。(1 分)

(2)夹紧元件：用来夹紧已定好位的工件，并保持工件在夹紧后的正确位置不受切削力作用的影响。如：螺丝、压板、偏心轮等。(1 分)

(3)导向元件：用来引导或确定刀具使之与工件有准确的相对位置的元件。如钻套、对刀块等。(1 分)

(4)夹具体：用以安装和连接夹具各元件的基座、骨架(1 分)

(5)辅助装置：用来加快工件在夹具中的装卸或在加工时所必须的辅助运动装置。(1 分)

72. 答：圆锥面有内圆锥面和外圆锥面之分(2 分)。当内圆锥面的零件和外圆锥面的零件结合在一起时称为圆锥配合(1 分)。这种配合在机械结构中得到广泛的应用，因为它能自动对准中心，能消除径向配合间隙而使配合紧密，装拆方便，而且经多次装拆后仍能保持配合性质不变(1 分)。例如车床、外圆磨床上顶尖与尾座套筒的配合，钻床主轴与刀具的配合就是采用圆锥配合的(1 分)。

73. 改进磨削工艺的措施有：(1)设置热处理时效工序，消除工件内应力(0.5 分)；(2)合理选择砂轮(0.5 分)；(3)合理修整砂轮(0.5 分)；(4)减小尾架顶尖压力(0.5 分)；(5)减小磨削用量(0.5 分)；(6)使中心孔有良好接触(0.5 分)；(7)选择使用中心架(0.5 分)；(8)充分冷却(0.5 分)；(9)减小砂轮宽度(0.5 分)；(10)工件磨削完毕后吊直存放(0.5 分)。

74. 答：(1)由于孔小，加工余量又不大，很难在 1～2 次磨削过程中校正所出现的锥度。因此，磨削前最好先用试棒找正头架中心线位置在装上工件，使主轴中心线与创面导轨平行(0.5 分)。

(2)为了增加砂轮接长轴的刚性，目前有些工厂采用 W18Cr4V 淬硬高速钢接长轴(0.5 分)。

(3)如果内圆表面精度要求较高，应选用粒度较小的砂轮，适当提高砂轮转速、减少纵向进给量和浇注充分的冷却液(0.5 分)。

(4)开始磨削时，由于孔径很小，很难判断砂轮与工件是否接触，往往会把工件孔端磨成喇叭口(0.5 分)。其判断的方法如下：

1)将带动砂轮的平皮带卸下，使砂轮能自动转动，然后开动头架使工件转动，并将砂轮引入孔中,然后慢慢地横向朝孔壁接近。当砂轮与工件接触时,砂轮就被工件带动而转动。这时记下横向进给刻度(1分)。

2)不卸皮带,将砂轮引入孔内,用手转动砂轮轴,若砂轮已与工件接触,手力就会感到转动较沉重,这时即可开动磨床进给磨削(1分)。

3)听声音或看灰砂飞溅情况,判断砂轮是否与工件接触。这种方法是最常用的一种(1分)。

75. 答:(1)为了增强刚性,减少磨头振动,保证磨削表面的质量,应尽可能缩短磨头砂轮轴伸出部分的长度和选用较粗的轴径(1分)。

(2)合理选择砂轮的线速度,一般选用 17～22 m/s(1分)。

(3)合理选择工作台往复速度,粗磨时采用 6～8 m/min,精磨时采用 1～2 m/min 较为适宜(1分)。

(4)在进行端面磨削时,应使砂轮对于工件被加工面倾斜一个 5'～15' 的角度,使磨削表面形成单边接触,以减少摩擦力和发热现象(1分)。

(5)精磨时用金刚石或砂轮块将砂轮修整锋利后再进行加工,以提高表面质量(1分)。

六、综合题

1. 解:由题意可知:$\phi 50_{-0.17}^{0}$ mm 为增环;$10_{-0.36}^{0}$ mm 为封闭环;A 为减环。(1分)

$A_{基本尺寸}=50-10=40$ mm(2分)

$A_{下偏}=0-0=0$ mm(2分)

$A_{上偏}=-0.17-(-0.36)=+0.19$ mm(2分)

故 A 的尺寸为 $40_{0}^{+0.19}$ mm(2分)

答:尺寸 A 为 $40_{0}^{+0.19}$ mm。(1分)

2. 解:$\Delta_D=\phi(\delta_D+\delta_d+\varepsilon)$(1分)

又:$\delta_D=0.027-0=0.027$ mm(2分)

$\delta_d=-0.010-(-0.027)=0.017$ mm(2分)

$\varepsilon=0.01$(2分)

故:$\Delta_D=\phi(0.027+0.017+0.01)=\phi 0.054$ mm(2分)

答:磨削后的同轴度误差为 $\phi 0.054$ mm。(1分)

3. 解:作图方法如图 35 所示。

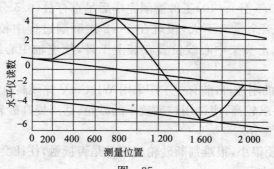

(5分)

图 35

根据作图,其误差为 9 格。(2分)

故:$\Delta=0.03/1\,000\times200\times9=0.054$ mm (2分)

答:该导轨在垂直平面内全长上的直线度误差为 0.054 mm。(1分)

4. 解:作图方法如图 36 所示。

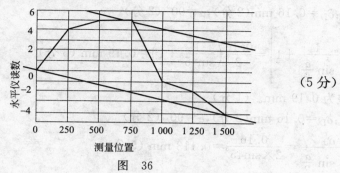

（5分）

图　36

由图可知 Δ 为 7 格(2分)

故:$\Delta=0.02/1\,000\times250\times7=0.035$ mm (2分)

答:该导轨在垂直平面内全长上的直线度误差为 0.035 mm。(1分)

5. 解:已知:$\delta_D=0.16$ mm;(2分)$\alpha=90°$ (2分)

故:$\Delta_D=\dfrac{\delta_d}{2\times\sin\dfrac{\alpha}{2}}=\dfrac{0.16}{2\times\sin45°}=0.113$ mm (5分)

答:定位误差为 0.113 mm。(1分)

6. 解:$\Delta_D=\Delta_y=\delta_D+\delta_d+\varepsilon$ (3分)

已知:$\delta_D=0.03$ mm,(1分)$\delta_D=0.007$ mm,(1分)$\varepsilon=0.01$ (1分)

故:$\Delta_D=0.03+0.007+0.01=0.047$ mm (3分)

答:定位误差为 0.047 mm。(1分)

7. 解:$\Delta_D=\Delta_B=0.05$ mm (9分)

答:定位误差为 0.05 mm。(1分)

8. 解:$\Delta_D=0$ mm (9分)

答:定位误差为 0 mm。(1分)

9. 解:已知:$\delta_D=0.16$ mm(1分),$\alpha=90°$ (2分)

所以 $\Delta_D=0.2$(3分)　　$\delta_D=0.032$ mm (3分)

答:定位误差为 0.032 mm。(1分)

10. 解:由图可知 $\Delta_D=\dfrac{\delta_d}{2}\left[\dfrac{\cos\beta}{\sin\dfrac{\alpha}{2}}-1\right]=\dfrac{0.16}{2}\left[\dfrac{\cos45°}{\sin\dfrac{90°}{2}}-1\right]=0$ (9分)

答:定位误差为 0 mm。(1分)

11. 解:已知:$\delta_D=0.027$ mm(2分),$\delta_d=0.017$ mm(2分),$\varepsilon=0.01$ mm (2分)

故:$\Delta_D=\dfrac{\delta_D+\delta_d+\varepsilon}{2}=\dfrac{0.027+0.017+0.01}{2}=0.027$ mm (3分)

答:定位误差为 0.027 mm。(1分)

12. 解:已知:$\delta_D=0.16$ mm (2分)

故：$\Delta_D = \Delta_B = \dfrac{\delta_d}{2} = \dfrac{0.16}{2} = 0.08$ mm （7分）

答：定位误差为 0.08 mm。（1分）

13. 解：已知：$\delta_D = 0.16$ mm（2分），$\alpha = 90°$（2分）

故：$\Delta_D = \dfrac{\delta_d}{2}\left[\dfrac{1}{\sin\dfrac{\alpha}{2}} + 1\right] = \dfrac{0.16}{2}\left(\dfrac{1}{\sin 45°} + 1\right) = 0.19$ mm （5分）

答：定位误差为 0.19 mm。（1分）

14. 解：已知：$\delta_D = 0.16$ mm（2分），$\alpha = 90°$（2分）

故：$\Delta_D = \dfrac{\delta_d}{2 \times \sin\dfrac{\alpha}{2}} = \dfrac{0.16}{2 \times \sin 45°} = 0.113$ mm （5分）

答：定位误差为 0.113 mm。（1分）

15. 解：$V_I = \dfrac{40Q}{\pi D^2} = \dfrac{40 \times 20}{3.14 \times 8^2} = 3.9$ m/min （2分）

$V_{快} = \dfrac{40Q}{\pi(D^2 - d^2)} = \dfrac{40 \times 20}{3.14 \times (8^2 - 5.6^2)} = 7.8$ m/min （2分）

$P_{工} = PA = P\dfrac{\pi}{4}D^2 = 45 \times \dfrac{3.14}{4} \times 8^2 = 2\,260.8$ kgf （2分）

$P_{块} = PA = P\dfrac{\pi}{4}(D^2 - D^2) = 45 \times \dfrac{3.14}{4} \times (8^2 - 5.6^2) = 1\,153$ kgf （2分）

答：此液压系统的工进速度为 3.9 m/min（0.5分），工进时推力为 2 260.8 kgf（0.5分），快退速度为 7.8 m/min（0.5分），快退时推力为 1 153 kgf（0.5分）。

16. 解：由图分析可知 $\Delta_D = 0$ mm （9分）

答：定位误差为 0 mm。（1分）

17. 解：$P_1 = \dfrac{R \times (a+b)}{a} = \dfrac{200 \times (2.5+30)}{2.5} = 2\,600$ N （4.5分）

$P_2 = \dfrac{P_1}{A_1} \times A_2 = \dfrac{2\,600}{\dfrac{\pi}{4}d^2} \times \dfrac{\pi}{4}D^2 = 93\,600$ N $= 93.6$ kN （4.5分）

答：工作油缸能顶起 93.6 kN 的重物。（1分）

18. 解：根据题意，可作尺寸链图如图 37 所示：

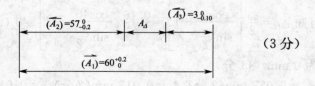

（3分）

图 37

$A_{\Delta最大} = A_{1最大} - A_{2最小} - A_{3最小}$

$\qquad = (60 + 0.2) - (57 - 0.2) - (3 - 0.10)$

$\qquad = 0.5$ mm （2分）

$A_{\triangle最小} = A_{1最小} - A_{2最大} - A_{3最大}$

$\qquad = 60 - 57 - 3$

$\qquad = 0$ mm（2分）

故：$A_{\triangle} = 0^{+0.5}_{0}$ mm（2分）

答：由于 $A_{\triangle} = 0^{+0.5}_{0}$ mm，因此，螺母 2 在尾架套筒 1 内的轴向窜动不大于 0.5 mm 能满足要求。（1分）

19. 解：由公式可得：$L_1 = R + A = 10 + 3 = 13$ mm（4分）

$L_2 = L_1 + \sqrt{(R_1 + R_2)^2 - H^2}$

$\qquad = 13 + \sqrt{(10 + 16)^2 - 10^2}$

$\qquad = 37$ mm（5分）

答：金刚石轴线与基准平面的调整距离 L_1 和 L_2 分别为 13 mm 和 37 mm。（1分）

20. 解：$S = n\dfrac{Z_1 Z_3}{Z_2 Z_4}\pi m z = 1 \times \dfrac{15 \times 18}{72 \times 72} \times 3.14 \times 2 \times 18 = 5.9$ mm（9分）

答：手轮转一周后，工作台实际移动 5.9 mm。（1分）

21. 解：补全的第三个视图分别如下（图38(5分)、图39(5分)）：

左视图

图 38

俯视图

图 39

22. 解：所补漏线如图40(5分)和如图41(5分)。

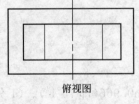

俯视图

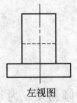

左视图

图 40

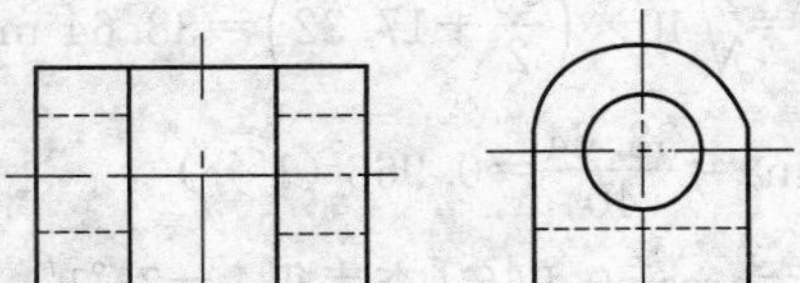

俯视图

左视图

图 41

23. 解：画出的左视图如图42所示。（10分）

24. 解：剖视图如图43所示。（10分）

左视图

图 42

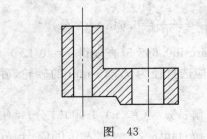

图 43

25. 解:根据公式 $L=D\sin\theta$(1 分), $\theta=\beta-\gamma$(1 分), $\beta=\dfrac{360°}{N}$(1 分), $\sin\gamma=\dfrac{B}{d}$(1 分)可求得

$\beta=\dfrac{360°}{8}=45°$　(1 分)　$\sin\gamma=\dfrac{8}{42}=0.190\,5$(1 分)$\gamma=11°$(1 分)

$\theta=45°-11°=34°$(1 分)

$L=42\times\sin34°=42\times0.559\,2=23.486$ mm(1 分)

答:两个砂轮之间的距离为 23.486 mm。(1 分)

26. 解:根据公式 $M=d_2+3d_0-0.866P$ 和 $d_0=\dfrac{P}{2\cos\alpha/2}$(3 分)求得:

$d_0=\dfrac{3.5}{2\cos\dfrac{60°}{2}}=\dfrac{3.5}{2\times0.866}=2.021$ mm(3 分)

$M=45.691+3\times2.021-0.866\times3.5=48.723$ mm(3 分)

答:量针直径为 2.021 mm,测量的 M 值为 48.723 mm。(1 分)

27. 解:根据公式 $d_0=\dfrac{P}{2\cos\alpha/2}$(2 分)和公式 $d_2=M-4.864d_0+1.866P$(2 分)

求得:$d_0=\dfrac{6}{2\cos15°}=\dfrac{6}{2\times0.965\,9}=3.106$ mm(2.5 分)

$d_2=33.903-4.864\times3.106+1.866\times6=29.991$ mm(2.5 分)

答:量针直径为 3.106 mm,螺纹的中径为 29.991 mm。(1 分)

28. 解:根据公式 $K=\sqrt{\left(\dfrac{D}{2}\right)^2-\left(\dfrac{D_1}{2}\right)^2}$(1 分)和公式 $d=\sqrt{D\left(\dfrac{D}{2}+K\right)}$(1 分)、$\sin\alpha=\dfrac{d}{D}$(1 分)

求得:$K=\sqrt{\left(\dfrac{40}{2}\right)^2-\left(\dfrac{20}{2}\right)^2}=17.32$ mm(2 分)

$d=\sqrt{40\times\left(\dfrac{40}{2}+17.32\right)}=38.64$ mm(2 分)

$\sin\alpha=\dfrac{38.64}{40}=0.966$(1 分)

$\alpha=\arcsin0.966$(查表得 $\alpha=75°1'$)(1 分)

答:磨削圆的直径 D 为 38.64 mm,砂轮轴线的倾斜角 α 为 arcsin0.966(即 75°1')。(1 分)

29. 解:根据公式 $d=\sqrt{D\left(\dfrac{D}{2}-K\right)}$(2 分)及 $\sin\alpha=\dfrac{d}{D}$(2 分)

求得:$d=\sqrt{120\times\left(\dfrac{120}{2}-10\right)}=77.46$ mm(2 分)

$\sin\alpha=\dfrac{77.46}{120}=0.645\,5$(2 分)

$\alpha=\arcsin0.645\,5$(查表得 $\alpha=40°12'$)(1 分)

答:应选直径为 77.46 mm 的砂轮,砂轮轴线的倾斜角 α 为 arcsin0.645 5(即 40°12')。(1 分)

30. 解:$V_纵=(f\times n)/1\,000$(4 分)$=(0.5\times50\times224)/1\,000$(4 分)$=5.6$ m/min(2 分)

31. 解:$\tan(\alpha/2)=C/2=0.05$(3 分)故 $\alpha=5.724\,8°$(2 分)

$\sin\alpha = 0.099\,75$ 由 $\sin\alpha = H/L$ (2分)

知 $H = L\sin\alpha = 100 \times 0.099\,75 = 9.975$ (3分)

32. 解:最大间隙 $X_{max} = +0.036 - (-0.014) = 0.05$ (5分)

最小间隙 $X_{min} = +0.012 - 0 = 0.038$ (5分)

33. 答:球面的范成磨削法是一种高精度的成形磨削法(2分),砂轮通过修整得到一个精确的磨削圆(2分),装夹时将工件轴线与砂轮轴线倾斜一个角度(2分),磨削时,工件相对砂轮旋转,即可范成球面几何体(2分)。磨削外球面一般用杯形砂轮,磨内球面则用平形砂轮(2分)。

34. 答:(1)刃磨圆周齿将齿托架装在磨头体上,刃磨时将齿托片的顶点调整到比铣刀中心低 H 值 $[H = D/(2\sin\alpha)]$,即可刃磨后刀面(3分)。错齿三面刃铣刀的左、右旋刀片可以一起刃磨(2分)。(2)刃磨端面齿铣刀用万能夹头装夹,并调整相应的角度(γ_0, a'_0, k'_r)(3分),即可刃磨端面齿后刀面(2分)。

35. 答:(1)磨削效率高(1分)。(2)加工范围大,特别适用于难切削材料(2分)。(3)加工精度高(1分)。(4)砂轮磨耗小(1分)。(5)经济效果好(1分)。(6)易于实现自动化(1分)。(7)磨削力大(1分)。(8)磨削热大(1分)。(9)设备成本高(1分)。

36. 答:(1)增大接长轴的刚性(1分)。(2)合理选择砂轮(1分)。(3)仔细修整砂轮(1分)。(4)合理选择磨削用量(1分)。(5)合理调整机床(1分)。(6)增加孔中部的进给次数(1分)。(7)增大切削液流量(1分)。(8)采用深孔磨头(当所磨孔径较大时)(1分)。(9)采用卡盘(1分)和中心架组合装夹支撑(当孔长径比较大时)(1分)。

37. 答:答薄壁零件的刚性较差(1分),加工时容易产生变形(1分),加工精度难以提高(1分)。磨削薄壁零件时应减小夹紧力、磨削力、磨削热,以减小工件的径向变形(3分)。薄壁零件的径向夹紧力要均匀,精磨时夹紧力要小,有条件时可以轴向夹紧工件(2分)。磨削时选用较小的磨削用量,选用磨削性能较好的砂轮,并注意充分冷却工件(2分)。

38. 答:(1)修研好工件的中心孔(1分)。(2)装夹后做好找正工作(1分)。(3)调整好分度机构(1分)。(4)检查分度头架主轴与顶尖的同轴度误差,控制顶尖径向圆跳动误差(3分)。(5)调整好工作台行程(1分)。(6)采用合理的磨削用量(1分)。(7)合理选用砂轮(1分)。(8)磨削细长轴花键可使用中心扶架(1分)。

39. 答:(1)细粒度磨具可选用低浓度(2分)。

(2)结合剂的结合力强应采用高浓度。如树脂结合剂磨具一般采用50~70浓度,青铜结合剂磨具采用100~150浓度,电镀金属结合剂磨具则可采用200浓度(2分)。

(3)工作面宽的磨具、磨槽砂轮、成型磨削的磨具以及要求高生产率时应采用高浓度(2分)。

(4)粗磨要求高浓度,精磨采用低浓度,抛光和研磨应采用更低浓度(2分)。

(5)高浓度金刚石磨具能较好地保持形状不变,多用于小面积精细成型磨削。低浓度磨具能承受较高压力,多用于低粗糙度磨削或间断性、大面积磨削(2分)。

40. 答:(1)皮带不能过分张紧(1分)。皮带张得太紧,会因受力状态不良而加快主轴轴承磨损。但皮带也不能太松(1分)。太松是皮带打滑使主轴达不到应有的转速,降低了磨削效率(1分)。

(2)安装砂轮接长轴时不能拼的过紧(1分)。安装前,要在接长轴的锥面上加小量油质较稀的润滑油,一面拆卸时发生困难甚至损坏磨具(1分)。

（3）在砂轮接长轴上安装砂轮时，拧紧螺钉要掌握力度，注意不得将砂轮压伤压裂（1分）；否则，高速旋转时由于离心力的作用会使砂轮碎裂飞出，造成安全事故（1分）；为了防止发生事故，刚开动内圆磨具时，操作者不要站在面对砂轮的位置上（1分）。

（4）要定期更换轴承的润滑脂（2分）。

41. 答：（1）干磨时，散热条件差，散热慢，不能选用大的磨削用量；湿磨时，散热条件好，散热快，磨削用量可以选得大些（2分）。

（2）干磨时，由于工件温度升高及工件表面的瞬时温度，工件容易产生退火、烧伤、裂纹和热变形等现象；湿磨时，由于磨削热被冷却液带走，降低了磨削温度，冷却液还能减小摩擦，冲刷脱落的磨粒和磨削，因而可避免或减少工件烧伤、裂纹和变形，提高工件的精度，细化表面粗糙度（2分）。

（3）干磨时，磨削融化后容易堵塞砂轮，使砂轮变钝，而且砂轮消耗大；湿磨时，砂轮消耗少，提高了砂轮的耐用度（2分）。

（4）在磨削铸铁和青铜工件时，为便于吸尘器清除尘削，一般采用干磨，磨削机床导轨时，因不便于使用冷却液，通常也采用干磨（2分）。

（5）干磨时，便于观察工件的表面磨削情况，便于操作和控制，所以在刀具和刃磨中，通常采用干磨（2分）。

42. 答：（1）中心孔形状不准确或中心孔内有污物（1分）。（2）中心孔或顶尖磨损（1分）。（3）工件顶得过紧或过松（1分）。（4）工件毛坯形状误差大或刚度差（1分）。（5）工件不平衡过大（1分）。（6）砂轮主轴与轴承配合间隙过大，砂轮主轴轴颈有圆度误差（1分）。（7）尾座套筒间隙过大，进给机构丝杠螺母间隙大（2分）。（8）用卡盘装夹磨削外圆时，头架主轴径向跳动大（2分）。

43. 答：（1）导向阀或换向阀等制动锥斜角太大，致使换向时的液流速度急剧变化（1分）。（2）节流缓冲失灵（1分）。（3）缓冲节流装置调节不当或调节无效（1分）。（4）油缸两端没有缓冲装置（1分）。（5）工作压力调节过高（1分）。（6）背压阀压力调节不当（1分）。（7）油液黏度太低（1分）。（8）系统中存有大量空气（1分）。（9）油缸活塞在两端连接工作台面处螺母松动（1分）。（10）采用了针形节流阀缓冲（1分）。

磨工(高级工)习题

一、填 空 题

1. 扭簧比较仪的精度高于千分表,量程( )于千分表。

2. 检查工作台低速爬行的方法有光栅测量或激光测量,也可以用( )来测量台面的运动均匀性。

3. 冷却液的净化装置有纸质过滤器、离心过滤器、( )和涡旋分离器四种。

4. 砂带的黏结剂具有必要的( ),以便不降低砂带的总弹性。

5. 零件的加工精度主要取决于整个工艺系统的精度,引起工艺系统误差的因素有原理误差、安装误差、机床误差、刀具误差、夹具误差、( )和受力。

6. 工序卡片一般有工序说明图,表示出完成本工序后工件的( )、工件的安装方式和刀具的形状和位置。

7. 生产纲领也称年产量。产品零件的生产纲领除了国家规定的生产计划外,还包括它的( )。

8. 磨削指示仪是高精度小粗糙度值磨削时的一种较理想的( )仪器。

9. 在液压系统中,液压泵的作用是提供一定的( )。

10. 工具显微镜是用( )瞄准的方法进行读数的测量仪器。

11. 在平面上反映机器零件的图形可采取两种形式:一种是立体图,另一种是( )。

12. 现行国家标准中,有( )个公差等级,其中 IT01 级精度最高,IT18 级精度最低。

13. 工件的原始形状误差会影响磨削的圆度。当工件中心( )磨削轮和导轮的中心连线时,工件才能磨圆。否则工件被磨成等直径棱圆形。

14. 将钢加热到一定温度,保温一段时间,然后将工件放入( )中急速冷却的热处理工艺称为淬火。

15. 材料硬度是指材料表面( )的能力。

16. 表面粗糙度是指零件在加工表面上具有较小间距的峰谷所组成的( )。

17. 碳素钢主要按含碳量分类,含碳量<0.25%为低碳钢,含碳量在 0.25%～0.6%为中碳钢,含碳量在( )为高碳钢。

18. 溢流阀在液压系统中的功能有四种:起溢流作用;( );起卸荷作用;起背压作用。

19. 偏差可以为正、负或零,但公差却只能为( )。

20. 用贯穿法磨削时,倾斜的导轮经修整后为( )形,以保证导轮与工件成线接触。

21. 一般选用贯穿法磨削细长轴。为防止振动,可将工件中心调整至( )。

22. 磨床型号 M7475B 中,M 表示( ),75 表示工作台直径为 750 mm,B 表示第二次结构重大改进。

23. 无心外圆磨床由两个砂轮组成,其中一个起切削作用,称为( )砂轮,另一个砂轮起传动作用,称为导轮。

24. 磨料是砂轮的主要成分,分为天然磨料和人造磨料两大类。天然磨料有( )和金刚玉,人造磨料分刚玉类、碳化硅类、超硬类三大类。

25. 砂轮的不平衡是指砂轮的重心与旋转中心( ),即由不平衡质量偏离旋转中心所致。

26. 磨削套类零件的外圆时,可使用心轴装夹,常用的心轴有:涨力心轴、阶台心轴、( )、液性塑料心轴、顶尖式心轴等五种。

27. 磨削较长零件的内孔时,通常可采用( )来装夹工件。

28. 常见的中心孔有普通中心孔和有保护锥中心孔两种。中心孔为 60°,圆锥孔起( )工件的作用。

29. 成型磨削方法有( )、光学曲线磨削法、成型砂轮磨削法。

30. 磨削圆锥体时,由于砂轮与工件接触,因此上工作台或头架所转动的角度是( )和轴线之间的夹角。

31. 不平衡的砂轮作高速旋转时产生的离心力,会引起机床( ),加速轴承磨损,严重的甚至造成砂轮爆裂。

32. 砂轮每打磨一次之后所能( )称为砂轮的耐用度。

33. 在磨削过程中,磨粒自行崩碎产生新棱角和及时自行脱落露出新的磨粒以使自己保持锋锐性能,称为( )。

34. 磨削加工一般是指在磨床上用( ),磨去工件表面上多余的金属层,使工件的加工表面达到预定要求的一种加工方法。

35. 在外圆磨削和内圆磨削中,砂轮与工件所接触的圆弧叫接触弧。( )长短与磨削方式、砂轮和工件的直径及磨削深度有关。

36. 在平面磨削中,砂轮与工件( )部分叫接触弧。

37. 磨削时,由于工件表面层材料塑性变形以及砂轮和工件表面高速磨擦,都要消耗一定的功,而这些功都将转化为热能,因磨削作用而产生的热量叫做( )。

38. 砂轮作主切削运动,工件转动并随工作台一起作直线往复运动。每一往复终了时,砂轮作横向切入进给。这种磨削方法称( )。

39. 在平面磨电磁吸盘上装夹工件时,为安装牢固,工件在磁力台上应横跨( )个以上的导磁条。

40. 外圆磨削中,磨削用量是指( )、工件圆周速度 $V_工$、工件(或砂轮)纵向进给量 $S_纵$、砂轮横向进给量 t。

41. 麻花钻后角大小的选择是根据工件材料而定的。钻硬材料时,后角可适当( )。

42. 校对千分尺零位时,微分筒上的零刻线应与固定套筒的纵刻线对准,微分筒锥面的( )应与固定套筒的零刻线相切。

43. 形位公差分为形状公差和( )公差两大类。

44. 磨削带键槽的内孔时,应尽可能选用直径( )、宽度较宽的砂轮,并增加长轴的刚性。

45. 采用无心贯穿法磨削时,导轮的倾角影响生产效率和工件表面粗糙度,因此应选择合理的角度。通常精磨时取( )。

46. 引起砂轮不平衡的原因是由于砂轮本身不平衡和( )造成的。

47. 为了获得良好的磨削效果,砂轮直径与孔径的比值常在 0.5～0.9 之间,当工件孔径较小时,可取( )比值。内圆砂轮的宽度不能太大,以防止接长轴弯曲变形。

48. 假定 10 mm 量块的实际尺寸是 9.997 mm,比 10 mm 的公称尺寸小 0.003 mm;这数值就叫做 10 mm 量块的( )。

49. 轧辊磨削前的准备工作:( )、轧辊中心与磨床中心的校正砂轮的静平衡。

50. 一般磨床使用的砂轮规格型号:750 mm×75 mm×305 mm、900 mm×100 mm×305 mm;材质白刚玉;硬度中软、粒度( )结合剂树脂。

51. 磨床的保养分为:例行保养、( )、二级保养 。

52. 轧机、平整机使用的轧辊材质为:( )、9Cr3Mo、9Cr5Mo 。

53. 数控轧辊磨床型号:MK84125×50,最大磨削直径( ),顶尖距 5 000 mm 。

54. 数控轧辊磨床主轴所用润滑油为( )。

55. 用三爪自定心卡盘装夹薄壁零件,在磨削内孔卡爪松开后,内孔呈( )棱圆形。

56. 滑阀式换向阀是靠( )在阀体内沿轴向作往复滑动而实现换向作用的。

57. 油泵与马达的噪声和振动往往比较严重,而( )往往是产生噪声和振动的主要原因。

58. 工作机械所用电器的种类按电器在控制系统中的作用来分有( )和保护电器两类。

59. 行程开关是用以反映工作机械的( ),发出命令以控制其运动方向或行程大小的一种电器。

60. 组合开关作为机床电源引入开关时,采用同时通断型,而用于控制电路转换和交流异步电动机正反转,应采用( )型。

61. 滚珠丝杠螺母机构按滚珠循环方式可分为内循环和( )两大类。

62. 静压轴承常用的节流器有( )、薄膜式、滑阀式和小孔等四种。

63. 平面砂轮主要用于外圆和( )磨削。

64. MG1432B 型高精度万能外圆磨床,砂轮的线速度分 35 m/s、17.5 m/s 两级,超精密磨削时应选用速度为( )。

65. 最大磨削直径小于 125 mm 时,横向进给手轮反向空程不得超过( )转。

66. M1432A 砂轮架快速前进的时间,不得超过( )s。

67. 导轨直线度可用平尺、水平仪、( )和显微镜四种检具检验。

68. 外圆磨床砂轮架导轨在水平面内不直,外圆表面会产生( )痕迹。

69. 砂轮主轴翘头或低头,工件端面会被磨成( )面。

70. 塑料导轨有以下特点:( );无爬行;耐磨性好;适于轻载低速、高精度导轨;工作温度在−180 ℃～20 ℃间。

71. 滚珠丝杠螺母机构常用以下方式消除间隙:垫片式;螺纹式;齿差式。在数控机床上常用( )。

72. 动静压轴承在低速时依靠静压效应工作,高速时则产生( )效应。适用于不同的主轴转速场合,且加工表面粗糙度细。

73. 砂轮自动平衡的原理主要有直角坐标法和（　　）二种。

74. 气动量仪可分为压力式、（　　）二种。

75. 测量表面粗糙度的量仪有：光学显微镜；（　　）；电动轮廓仪。

76. 液压式机械手由三个油缸组成，其一控制（　　）动作，其二控制手臂伸缩，其三控制手臂旋转。

77. 数控磨床头架主轴轴线方向为（　　）轴，砂轮架运动方向为 X 轴，内圆磨具上下运动为 Y 轴。

78. 采用（　　）磨削的方法可以有效地消除硬质合金工件在磨削中出现的裂纹。

79. 当四杆机构的两连架杆都是摇杆时，则该四杆机构称为（　　）机构。

80. 对于正常齿标准直齿圆柱齿轮，其最少齿数为 17；若允许略有根切，其最少齿数可减少到（　　）。

81. 如大、小齿轮已超过磨损限度，重新换一对很不经济，这时可将大齿轮加工一下继续使用，将小齿轮换成（　　）齿轮。

82. 蜗杆与蜗轮啮合为线接触，螺旋齿轮传动为（　　）接触。

83. 止动垫片的防松、装卸较麻烦，用于较重要或（　　）的场合。

84. 珩磨时利用安装于珩磨头圆周上的若干条油石，由（　　）机构，将油石沿径向涨开，使其压向工件孔壁，以便产生一定的面接触。

85. 珩磨时磨头作回转和往复运动（工件不动），由此实现对孔的（　　）磨削。

86. 普通磨削时常用 5 号组织的砂轮，即磨料占（　　）。

87. 用展成法磨齿是依靠工件相对砂轮作有规则的运动来获得（　　）齿形的。

88. 选择粗基准的主要出发点是保证加工面与不加工面的位置要求；各加工面的余量均匀；重要面的（　　）。

89. 螺旋夹紧机构多用于（　　）夹紧的夹具，铰链夹紧的机构多用于机动夹紧的夹具。

90. 常用的液压基本回路按其功能可分为方向控制回路、（　　）、速度控制回路和顺序动作回路四大类。

91. 流量控制阀是靠（　　）来控制通过阀的流量，从而调节执行机械运动速度的液压元件。

92. 三相异步电动机可采用改变（　　）、电源频率 f 和转子电路串电阻来进行调速。

93. 强力磨削时采用 12 号组织砂轮，磨料在砂轮中的体积百分比为（　　）。

94. 目前生产类型的主流，正向着（　　）生产方向发展。

95. 两个物体间的（　　）总是成对出现，大小相等方向相反，沿着同一直线作用在这两个物体上。

96. 薄壁零件磨削常因夹紧力、（　　）、磨削热和内应力等因素的影响而产生变形。

97. 磨削不锈钢时的砂轮硬度，一般可在（　　）范围内选择。

98. 湿研又称敷砂研磨，干研又称（　　）砂研磨。

99. 磨削精密内锥体时，内圆磨具与头架的等高度应小于（　　）mm。

100. 配套 V-平导轨须控制以下三个要素：（　　）、平导轨角度、V-平导轨不等高误差。

101. 难磨材料可分为四种类型：极硬材料、（　　）材料、韧性材料和极软材料。

102. 磨削深孔时，可采用深孔磨具或用（　　）磨削。

103. 高精密度磨削使用的切削液,其主要成分为( )、防锈剂和低泡油剂等。

104. 珩磨表面有( )网纹,有利于润滑油的贮存和油膜保护。

105. 对高精密级外圆磨床做工作台低速运行平稳性检验时,工作台速度为( ) m/min。

106. 力的三要素是力的( )、方向和力的作用点。

107. 在一个支点上采用两个向心推力轴承时,有正、反两种排列方式,轴承外圈窄边相对的叫正排列;宽边相对的叫反排列。反排列可以提高支撑的刚性,但不便于调整游隙。一般机器中多采用( )排列。

108. 三相异步电动机的制动可分为机械制动和电力制动两大类,而常用的电力制动有能耗制动和( )制动。

109. 机床液压用油类型的选择常要考虑油的黏度、工作的环境温度和( )这三项主要因素。

110. 用卡盘装夹作内圆磨床工作精度检验时,试件(孔径为 100 mm)精度达到圆度公差0.005 mm,若试件孔径为 150 mm,则圆度公差为( )mm。

111. 轧辊的型面通常为鼓形或凹形,按磨削的工作原理,可将轧辊磨床分为台面转动式和( )两种。

112. 开槽砂轮的几何参数包括( )、沟槽的配置方式和沟槽的数量等三个方面。

113. 磨削不锈钢时应将磨削余量取( )些。

114. 在平面连杆机构中,有一种由四个杆件相互用铰链连接而成的机构,称为( )机构。

115. 双螺母防松,外廓尺寸较大,可靠性较( )。

116. 珩磨速度低,磨削( )小,工件发热少,工件表面没有热损伤和变质层。适应于加工相对运动精度高的精密偶件。

117. ( )磨料适用于碳素工具钢、合金工具钢、高速钢和铸铁工件的研磨。

118. 碳化物磨料和金刚石磨料适用于( )高硬度工件的研磨。

119. 外圆磨床精度包括预调精度、几何精度、( )三项。

120. 数控机床的输入常采用( )进制 EIA 标准代码,运算器则采用二进制控制。

121. 为了避免载荷分布不均,传动带的根数不宜过多,一般不超过( )根。

122. 磨削精密螺纹时,螺距误差常用( )、圆板、校正尺和温度补偿法校正,另外还有数控和激光校正法。

123. 根据轮系中各齿轮的轴线在空间的位置是否固定,轮系可分为定轴轮系、周转轮系和( )轮系。

124. 低压断路器的短路保护由( )执行,过载保护由热脱扣器执行,欠压、失压保护由欠压脱扣器执行。

125. 在油缸内油液压力作用下,进入管道的油液体积和从管道内排出的油液体积相等,这就是液体( )原理。

126. 缩短基本时间的主要工艺措施是提高( ),采用多刃刀,合并工步和多件加工。

127. 缩减工序的单件时间,就是缩减完成零件一个加工工序( )。

128. MM7132A 平面磨床工作台的纵向运动速度由叶片式可逆变量泵控制,该泵和

（　　　）泵装在一根轴上，由四极 1.5 kW 的电动机拖动。

129．M1432A 工作台换向时制动分两步，即先导阀的预制动和（　　　）。

130．间断磨削的特点是（　　　）、表面粗糙度值小、砂轮不需要修整、工件表面无裂纹。

131．试磨长度小于 750 mm 试件外圆，精度规定为：圆度公差 0.003 mm，圆柱度公差（　　　）mm。

132．磨床按精度可分为普通级、精密级、（　　　）三级。

133．电动轮廓仪主要由自动记录器；（　　　）；驱动箱和电气箱组成。

134．影响水平仪水准器灵敏度的因素有（　　　）；液体物理性质；玻璃管内表面质量。

135．常用的光整加工方法有：低粗糙度磨削、研磨、珩磨、（　　　）等。

136．砂轮进行开槽时，如果砂轮硬度高，且与工件接触面积大，则开槽数量应（　　　）。

137．硬质合金含钛量高时，其所用的开槽砂轮的槽数应（　　　）。

138．使用金刚石磨具的机床，其（　　　）要好，主轴旋转精度要高，且能作微量进给。

139．静压轴承具有（　　　）、主轴寿命长、油膜与速度无关、抗振性好和承载能力大的优点。

140．静压轴承常用的节流器有：毛细管、薄膜式、（　　　）、小孔等四种。

141．滚珠丝杠螺母的优点是：传动效率高、（　　　）、动作灵敏、磨损小精度保持性好。

142．在四杆机构中，固定不动的构件，称为静件或机架，作整周转动的杆件称为（　　　），作往复摆动的杆件称为摇杆。

143．曲柄滑块机构可实现旋转运动与（　　　）的转换。

144．镜面磨削的原理为(1)（　　　）；(2)微刃的强烈摩擦抛光作用；(3)微刃的极为细微的切削作用；(4)极小的磨削应力。

145．螺杆与蜗轮啮合为线接触，同时啮合的齿数较（　　　），因此，承载能力大。

146．由一系列齿轮组成的齿轮传动系统，称为（　　　）。

147．在单头螺旋中，导程与螺距相等，在多头螺旋中，导程等于螺距乘以（　　　）。

148．在轮系中，至少有一个齿轮的轴线是绕另一齿轮轴线回转的，称为（　　　）轮系。

149．机床的第一级传动，大都采用（　　　）传动。

150．带传动适应两轴中心距较（　　　）的场合。

151．由于三角带绕在带轮上弯曲时，外边（宽边）受拉伸而变窄，内边（狭边）受压缩而变宽，所以，带的横截面夹角 Φ 就会比原来的 40°（　　　）。

152．止动的垫片防松，装卸较麻烦，用于（　　　）或受力较大的场合。

153．穿金属丝防松常用于（　　　）组连接。

154．切削液的维护工作有 4 个重要环节：清洁的冷却循环系统；稀释水的质量；（　　　）防止其变质，注意出现变化的信号。

155．磨床产生热变形的热源有以下几处：（　　　）、转动部分摩擦热、液压系统热量、电动机发热量，精密磨床统一标准温度为 20 ℃。

156．成组工艺有以下特点：同一组零件采用统一的（　　　）、使零件设计标准化、加工方便且有较高经济效益、把单一零件的小批量生产改为大批量生产、缩短生产周期。

157．数控机床的运动轨迹分三种：点位控制、点位直线控制、（　　　）控制。

158．钢球研磨机的研磨压力有两种作用，一是使钢球充分（　　　）；二是对钢球进行研磨和挤压。

159. 为了提高研磨质量,在加工工件端面时,宜采用( )形研磨轨迹,在加工小平面时,宜采用 8 字形研磨轨迹。

160. 能耗制动,其制动准确性高,平稳性好,但低速时制动转矩( )。

161. M1432A 工作台换向时制动分两步,即先导阀的( )和换向阀的终制动。

162. 夹具的动力装置最常见的有气缸和( )。

163. 联动夹紧机构,一次操作可使多点或多件同时夹紧,这种机构必须具有( ),否则不能使所有夹紧点都夹紧。

164. ( )可用来防止液压系统过载,使多余的油流回油箱。

165. 难磨材料可分为四种类型:极硬材料、硬粘材料、( )材料、极软材料。

166. 每消耗单位体积的磨料(不包括修砂轮时的磨料消耗)所能磨削下来的金属体积叫( ),又叫磨除系数。

167. 每切下单位体积金属所消耗的砂轮体积称( ),又叫磨耗系数。

168. 选择被加工表面的设计基准作为( )进行加工,称为基准重合原则。

169. 工件定位时,工序基准相对( )误差称为定位误差。

170. 一个零件的多数表面,多道工序都( )进行定位加工,称为基准统一原则。

171. ( )是由磨料和润滑剂调配而成的混合物。

172. 强力磨削就是尽可能大地增加磨削量和( )的一种高效率磨削方法。

173. 金属材料的工艺性能包括铸造性能、锻造性能、焊接性能、热处理性能和( )。

174. 定位元件应具有( )、高精度、高刚度的要求。

175. 夹具元件的尺寸及公差,主要根据工件的( )、精度来确定。

176. 形位公差的检测要求是准确性和( )。

177. 测量误差有绝对测量误差、( )两种表示方法。

178. 万能工具显微镜有( )、螺纹轮廓目镜、圆板目镜、双相目镜四种不同用途的目镜。

179. 测量圆柱(锥)表面素线的直线度常用光隙法、( )等方法。

180. 测量平面的平面度常用光隙法、( )、测微法等方法。

181. 测量平面素线的直线度的方法有光隙法、钢丝绳法、( )、自准直仪法。

182. 机床电路图分为电气原理图、( )两种。

183. 换向精度是以工作台在同一速度及同一油温下所测得的( )表示的。

184. 数控机床适用于加工结构形状复杂、( )、尺寸变化大、试制中要多次修改的零件。

185. 砂轮的磨钝有磨粒的磨钝、( )、砂轮外形失真三种状态。

186. 超硬磨料指人造金刚石、天然金刚石、( )。

187. 目前已用于生产的陶瓷刀具材料有氧化铝矿物陶瓷、( )两种。

188. 刀具磨损有后刀面磨损、( )和前、后刀面同时磨损这几种方式。

189. 刀具磨损过程分为初期磨损阶段、( )、急剧磨损阶段三个阶段。

190. 钢材切削加工性的好坏与热处理后的硬度、( )有着密切的联系。

191. 切削性能主要用切削速度、( )和刀具耐磨度来衡量。

192. 电感测微仪主要由电感测头、（　　）和显示装置三部分组成。

193. 电气原理图包括主电路和（　　）两部分。

194. 镜面磨削时，砂轮的粒度一般选为（　　）。

195. 难磨材料的特点有磨削力大、磨削温度高、加工表面硬化大、（　　）。

196. 高速磨削时，砂轮速度高于（　　）m/s。

197. 精密磨削后工件表面粗糙度应在（　　）μm 范围内。

198. 镜面磨削时为避免工件烧伤，砂轮的线速度一般为（　　）m/s。

199. 主轴锥孔的精加工是主轴加工的最（　　）工序。

200. 珩磨不能提高孔的（　　）精度。

201. 珩磨头与机床主轴之间若采用柔性连接，可减少机床主轴与工件孔之间的（　　）误差。

202. 用硬砂轮进行细粗糙度磨削时，容易使工件（　　）和产生螺旋痕迹。

203. 进行高精度、细粗糙度磨削时，机床砂轮主轴旋转精度应高于（　　）μm。

204. 具有石墨填料的砂轮，可提高砂轮的（　　）性。

205. 磨削不锈钢时，应选择组织较（　　）的砂轮。

206. 磨削钛合金时，磨削深度 R_P 一般为（　　）。

二、单项选择题

1.（　　）磨齿法的磨削精度是目前来说精度最高的。
(A)成型　　　(B)蜗杆砂轮　　　(C)双锥面砂轮　　　(D)双平面砂轮

2. 精磨外圆时应选用粒度为（　　）的砂轮。
(A)$40^\#\sim60^\#$　(B)$60^\#\sim80^\#$　(C)$100^\#\sim240^\#$　(D)$240^\#\sim$W20

3. 磨削精密主轴时，宜采用（　　）顶尖。
(A)高碳钢　(B)高速钢　(C)硬质合金　(D)低碳钢

4. 在包含圆锥轴线的截平面上测量的两母线之间的夹角叫做（　　）。
(A)斜角　(B)倾角　(C)圆锥角　(D)圆周角

5. 米制圆锥按尺寸大小不同分成（　　）号码。
(A)6 个　(B)7 个　(C)8 个　(D)9 个

6. 端面磨削接触面积大，排削困难，容易发热，所以大多采用（　　）结合剂砂轮。
(A)陶瓷　(B)树脂　(C)橡胶　(D)金刚石

7.（　　）是企业的生命。
(A)产品　(B)信誉　(C)质量　(D)效益

8. 用百分表测量平面时，测量杆要与被测表面（　　）。
(A)成 45°夹角　(B)垂直　(C)平行　(D)成 60°夹角

9. 为保证产品质量，就必须严格执行（　　）。
(A)规章制度　(B)工艺文件　(C)生产计划　(D)操作规程

10.（　　）是保障正常生产秩序的条件。
(A)劳动纪律　(B)工艺文件　(C)生产计划　(D)操作规程

11. 如图 1，正确的移出剖面图是（　　）。

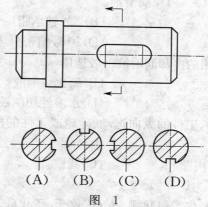

（A） （B） （C） （D）

图 1

12. 游标卡尺主尺每小格为 1 mm,副尺刻线总长度为 49 mm 刻 50 格,此卡尺的精度为( )mm。

(A)0.05   (B)0.1   (C)0.02   (D)0.001

13. 金属材料在外力作用下产生变形,外力取消后,仍保持变形后的形状,这种变形称之为( )。

(A)弹性变形   (B)永久变形   (C)塑性变形   (D)压缩变形

14. 我国制造的砂轮,一般安全线速度为( )。

(A)35 m/s   (B)65 m/s   (C)25 m/s   (D)45 m/s

15. ( )心轴适用于大型套类零件的装夹。

(A)微锥   (B)顶尖式   (C)阶台   (D)液性塑料

16. 为增大容屑空隙,内圆砂轮的组织要比外圆砂轮的组织( )。

(A)疏松 5~10 号   (B)紧密 1~2 号

(C)紧密 5~10 号   (D)疏松 1~2 号

17. 砂轮硬度是指磨粒( )。

(A)坚硬程度   (B)受外力作用时脱落的难易程度

(C)粗细程度   (D)磨粒硬度

18. 不锈钢材料具有塑性大、强度高、导热性差的特点,因此,磨削不锈钢时,应选用性能好的( )磨料。

(A)单晶刚玉   (B)黑碳化硅   (C)金刚石   (D)棕刚玉

19. 选用氧化液作冷却液,对某一工件进行粗磨和精磨,这时对乳化液浓度的要求是( )。

(A)精磨比粗磨时高些   (B)精磨比粗磨时低些

(C)精磨与粗磨时相同   (D)以上三种均可

20. 外圆深磨法的特点是( )。

(A)全部磨削余量在一次横向走刀中磨去

(B)全部磨削余量在一次纵向走刀中磨去

(C)全部磨削余量在一次横向走刀和一次纵向走刀中磨去

(D)全部磨削余量在二次纵向走刀中磨去

21. 普通磨床的导轨常用( )作润滑剂。

(A)3 号锂基润滑脂   (B)2 号轴承脂

(C)N32、N68 机械油   (D)20 号精密机床导轨油

22. 磨削铝质工件时,使用的冷却润滑液一般选用( )。

(A)乳化液   (B)硫化切削液

(C)煤油和机油的混合剂   (D)水溶性切削液

23. 具有砂轮的旋转运动,工件的纵向运动、砂轮或工件的横向运动、砂轮的垂向运动的磨削方式是( )磨削。

(A)外圆   (B)内圆   (C)圆锥   (D)平面

24. 磨料从韧到脆的次序为( )。

(A)碳化硅、刚玉、金刚石、立方氮化绷   (B)刚玉、碳化硅、立方氮化绷、金刚石

(C)碳化硅、刚玉、立方氮化绷、金刚石   (D)金刚石、刚玉、碳化硅、立方氮化绷

25. ( )磨料主要用于磨削高硬度、高韧性的难加工钢材。

(A)棕刚玉   (B)立方氮化绷   (C)金刚石   (D)碳化硅

26. 钝化的磨粒自行崩碎或脱落,使砂轮保持锐利的特性称为砂轮的( )。

(A)寿命   (B)强度   (C)耐用性   (D)自锐性

27. 磨削软金属和有色金属材料时,为防止磨削时产生堵塞现象,应选择( )的砂轮。

(A)粗粒度、较低硬度   (B)细粒度、较高硬度

(C)粗粒度、较高硬度   (D)细粒度、较低硬度

28. 精磨外圆时,背吃刀量通常取( )。

(A)0.01 mm 以下   (B)0.01~0.03 mm

(C)0.05~0.10 mm   (D)0.03~0.05 mm

29. 磨削较长工件的内圆,用四爪单动卡盘装夹时,一般约夹持( )mm。

(A)5~8   (B)10~15   (C)20~30   (D)30~40

30. 内圆磨削时,粗磨留给精磨的余量一般取( )mm。

(A)0.02~0.04   (B)0.04~0.08   (C)0.08~0.10   (D)0.1~0.12

31. 电磁吸盘是根据电的( )原理制成的。

(A)电流感应   (B)磁效应   (C)欧姆定律   (D)电磁感应

32. 刃磨高速刚刀具最常用的是( )砂轮。

(A)棕刚玉   (B)绿碳化硅   (C)金刚石   (D)白刚玉

33. 刃磨硬质合金刀具的开槽砂轮,是在砂轮的( )开出一定宽度、深度和数量的沟槽。

(A)轴向   (B)径向   (C)端面   (D)轴向及径向

34. 无心外圆磨削套类零件时( )修正原有的内外圆同轴度误差。

(A)可以   (B)完全能   (C)只可少量   (D)不能

35. 无心外圆磨床上用通磨法磨削细长轴时,为防止振动,可将工件中心调整至( )导轮和磨削轮中心连线。

(A)高于   (B)平齐于   (C)大大低于   (D)低于

36. 用多线砂轮磨削螺纹时,当砂轮完全切入牙深后,工件回转( )以后即可磨出全部

螺纹牙形。

　　(A)一周　　　　　　(B)一周半　　　　　　(C)两周　　　　　　(D)两周半

37. 渗碳的目的是提高钢表层的硬度和耐磨性,而( )仍保持韧性和高塑性。

　　(A)组织　　　　　　(B)心部　　　　　　(C)局部　　　　　　(D)表层

38. 机械效率值永远( )。

　　(A)大于1　　　　　　(B)小于1　　　　　　(C)小于0　　　　　　(D)等于0

39. 超精密磨削后,零件表面粗糙度应小于( )μm。

　　(A)Ra1.6　　　　　　(B)Ra0.8　　　　　　(C)Ra0.4　　　　　　(D)Ra0.2

40. 精磨细长轴时,工件一般圆周速度为( )m/min。

　　(A)60～80　　　　　　(B)40～60　　　　　　(C)20～40　　　　　　(D)10～20

41. 磨削带键槽的内孔时,应尽可能选用直径( ),宽度较宽的砂轮。

　　(A)较小　　　　　　(B)较大　　　　　　(C)较窄　　　　　　(D)较宽

42. 一般内圆磨削余量取( )mm。

　　(A)0.15～0.25　　　　(B)0.25～0.35　　　　(C)0.35～0.45　　　　(D)0.4～0.5

43. 长V形架限制工件( )个自由度,短V形架限制工件2个自由度。

　　(A)2　　　　　　(B)3　　　　　　(C)4　　　　　　(D)5

44. 准确地讲,斜面自锁条件是斜面倾角( )摩擦角。

　　(A)大于　　　　　　(B)小于　　　　　　(C)大于或等于　　　　　　(D)小于或等于

45. 准确地讲,轴向固定滚动轴承的轴肩高度应( )于轴承内圈高度。

　　(A)大于　　　　　　(B)小于　　　　　　(C)大于或等于　　　　　　(D)小于或等于

46. MG1432型高精度万能外圆磨床的砂轮架主轴,其前后轴承都采用( )轴承。

　　(A)空气静压　　　　　　　　　　　　(B)整体多油楔

　　(C)空气动压　　　　　　　　　　　　(D)小孔节流液体静压

47. 从油膜轴承的工作原理可知,当主轴转速增高,主轴与轴瓦的间隙减小时油膜压力( )。

　　(A)增大　　　　　　(B)减小　　　　　　(C)不变　　　　　　(D)忽大忽小

48. M7120A型平面磨床的液压系统中,工作台运动速度是属于( )节流调速。

　　(A)进油　　　　　　(B)回油　　　　　　(C)进、回油双重　　　　　　(D)温度补偿

49. MM7132A型磨床工作台的纵向叶片式( )泵和闭式液压系统,运动和换向平稳,噪声小,系统的发热量小,油池温升较低。

　　(A)单向定量　　　　　　(B)双向定量　　　　　　(C)单向变量　　　　　　(D)双向变量

50. 当砂轮主轴中心与头架中心不等高时,磨削外锥面的母线为( )形。

　　(A)凸　　　　　　(B)凹　　　　　　(C)弧线　　　　　　(D)曲线

51. 无心磨削时导轮速度太低,砂轮粒度过细,硬度过高,纵向进给量过大以及冷却液不足等都会使工件表面( )。

　　(A)产生振痕　　　　　　(B)粗糙度值增大　　　　　　(C)烧伤　　　　　　(D)凹槽

52. ( )砂轮具有高硬度和高强度,形状保持性好,适用于仪表零件、微型刀具、工具等的精磨。

　　(A)绿色碳化硅　　　　　　(B)金刚石　　　　　　(C)棕刚玉　　　　　　(D)烧结刚玉

53. 修整青铜结合剂的金刚石砂轮,常用的修理油石是(　　)磨料制作的。

(A)氧化铝　　　　(B)SD　　　　(C)碳化硅　　　　(D)WA

54. 磨削花键侧面时,一般选用硬度为(　　)的砂轮。

(A)M～N　　　　(B)G～H　　　　(C)K～L　　　　(D)S～T

55. 镜面磨削时,砂轮粒度应选 W10 以下的,并且同时加(　　)填料。

(A)石墨　　　　(B)石英　　　　(C)橡胶　　　　(D)金刚石

56. 在使用正弦分度夹具磨削复杂型面时,测量调整器的作用是提供一个(　　)。

(A)距离　　　　(B)尺寸　　　　(C)角度　　　　(D)基面

57. 超精加工过程中,当工件表面粗糙层被磨去后,油石磨粒不再破碎、脱落,但仍有切削作用。随着加工的进行,工件表面逐渐变得平滑,但油石表面不产生堵塞现象,这是(　　)切削阶段。

(A)强烈　　　　(B)正常　　　　(C)微弱　　　　(D)停止

58. 在卧轴矩台平面磨床上磨削的工件出现横向精度误差时,可以用(　　)的方法来减小或消除误差。

(A)调整纵向 V 形或平导轨的压力或油量　　(B)增加光磨次数

(C)修刮横向导轨楔铁　　　　　　　　　　(D)更换砂轮

59. 采用手动夹紧装置时,夹紧机构必须具有(　　)性。

(A)导向　　　　(B)自锁　　　　(C)平衡　　　　(D)可靠

60. 在螺纹基本直径相同的情况下,球形端面夹紧螺钉的许用夹紧力(　　)平头螺钉的许用夹紧力。

(A)等于　　　　(B)小于　　　　(C)小于等于　　　　(D)大于

61. 偏心轮工作表面上升角 α 是变化的,当偏心轮转角 ϕ 为(　　)时 α 为最大值。

(A)180°　　　　(B)90°　　　　(C)45°　　　　(D)0°

62. 在镗、铣床常用的斜楔夹具中,夹紧力的增大倍数和(　　)的缩小倍数正好相等。

(A)夹紧重量　　　　(B)夹紧行程　　　　(C)移动距离　　　　(D)斜楔升角

63. 在刀具材料中,(　　)的耐热性最高。

(A)陶瓷　　　　(B)硬质合金　　　　(C)高速钢　　　　(D)金刚石

64. 在曲轴磨削过程中,常利用(　　)式气动测量仪实现自动测量。

(A)波纹管　　　　(B)低压水柱　　　　(C)高压薄膜　　　　(D)浮标

65. 浮标式气动仪与水柱式气动量仪相比,其惯性(　　)。

(A)较大　　　　(B)较小　　　　(C)相等　　　　(D)无法确定

66. 水准器气泡的(　　)度,是影响水平仪灵敏度的重要因素之一。

(A)圆　　　　(B)长　　　　(C)宽　　　　(D)高

67. 深度百分尺的极限误差为(　　)μm。

(A)1.5　　　　(B)10　　　　(C)25　　　　(D)35

68. 刃磨插齿刀的前面时应选用(　　)磨料的砂轮。

(A)白刚玉　　　　(B)锆钕刚玉　　　　(C)烧结刚玉　　　　(D)立方氮化硼

69. 磨削螺纹时,单线法较多线法精度(　　)。

(A)高　　　　(B)相等　　　　(C)低　　　　(D)无法确定

70. 磨削齿轮内孔时,工件应以(　　)圆作为定位基准。

(A)齿顶　　　　　(B)齿根　　　　　(C)分度　　　　　(D)基

71. 一台 5.5 kW 额定电流 11 A 的三相交流异步电动机,控制用接触器选用(　　)。

(A)CJ10-20　　　(B)CJ10-40　　　(C)CJ10-75　　　(D)CJ10-85

72. M7120 型平面磨床,当电源电压不足时,将(　　)。

(A)使电磁吸盘 YH 无吸力　　　　　(B)无任何影响

(C)使液压泵及砂轮电动机不能起动　　(D)电磁吸盘无法去磁和充磁

73. 刀具的(　　)角对切削力影响较大,也影响刀具的耐用度。

(A)主偏　　　　　(B)前　　　　　(C)副偏　　　　　(D)刃倾角

74. 一般把工作压力低于(　　)Pa 的液压传动系统称为低压系统。

(A)2.5×10^6　　(B)1.6×10^7　　(C)8×10^6　　(D)2.5×10^7

75. 砂轮架每次快进给定位后,其位置的变动大小,称为砂轮架的(　　)。

(A)位移误差　　　(B)行程误差　　　(C)重复定位误差　　(D)定位误差

76. (　　)是属于韧性材料。

(A)铸铁　　　　　(B)淬硬钢　　　　(C)钴基高温合金　　(D)耐酸不锈钢

77. 磨床的横向进给精度差,影响砂轮的修正质量,致使微刃性和(　　)差。

(A)自砺性　　　　(B)耐磨性　　　　(C)微刃等高性　　　(D)互砺性

78. 现有陶瓷结合剂磨具,其硬度与加工要求硬度不符,若需提高其硬度,可将砂轮浸入到一定浓度的(　　)溶液中处理。

(A)硅酸钠　　　　(B)氢氧化钠　　　(C)氧化钠　　　　　(D)氢氧化钾

79. 超硬磨具磨削速度的选择一般是湿磨(　　)干磨。

(A)大于　　　　　(B)小于　　　　　(C)等于　　　　　(D)小于等于

80. 当珩磨直径小于 50 mm 的间断表面精密小孔时,宜采用(　　)珩磨头。

(A)单油石　　　　(B)双油石　　　　(C)对开轴瓦式　　　(D)整体轴瓦式

81. 圆度仪可以测量同截面或平行截面上各内、外圆的(　　)。

(A)平面度　　　　(B)平行度　　　　(C)垂直度　　　　　(D)同轴度

82. (　　)是利用电流的热效应而使触头动作的电器。

(A)熔断器　　　　(B)热继电器　　　(C)行程开关　　　　(D)接触器

83. 由参与预防因接地故障引起不良后果的全部保护导线和导体件组成的电路称为(　　)。

(A)控制电路　　　(B)电力电路　　　(C)信号电路　　　　(D)保护电路

84. 通常全压起动时起动电流是额定电流的(　　)倍。

(A)4～7　　　　　(B)1～2　　　　　(C)0.1～0.5　　　　(D)10～20

85. 下列各方法中,不属于直流电动机的调速方法的是(　　)。

(A)电枢串联电阻调速　　　　　　　(B)电枢并联电阻调速

(C)并励电动机改变磁通调速　　　　(D)改变电枢电压调速

86. 熔断器对电动机作(　　)。

(A)过载保护　　　　　　　　　　　(B)短路保护

(C)过载和短路保护　　　　　　　　(D)失压保护

87. 改变三相异步电动机定子绕组的连接方式,可改变其(　　)。

(A)频率　　　　　(B)磁极对数　　　　(C)电阻　　　　　(D)转差率

88. 直流电动机电刷必须调整在中性线位置,正常运行时允许(　　)。

(A)有蓝色火花　　(B)有白色火花　　(C)有红色火花　　(D)有黄色火花

89. (　　)的作用是利用阀芯和阀体相对位置的改变来控制油液流动方向,接通或关闭流路,从而改变系统工作状态。

(A)单向阀　　　　(B)溢流阀　　　　(C)换向阀　　　　(D)流量控制阀

90. 在蜗杆传动时,须获得大的传动比,可取 $z_1=1$,这时的传动效率(　　)。

(A)较高　　　　　(B)较低　　　　　(C)很高　　　　　(D)很低

91. 设计圆偏心轮时,偏心距的大小是按偏心轮的(　　)来确定的。

(A)直径　　　　　(B)夹紧力　　　　(C)自锁条件　　　(D)工作行程

92. 磨削 90° V 形导轨时,如果出现(　　)现象,应检查工作台是否爬行。

(A)烧伤退火　　　(B)弯曲变形　　　(C)波纹　　　　　(D)表面粗糙

93. 一批齿轮剃后有较大的齿圈径向跳动,应采用(　　)珩齿方式进行加工。

(A)变压　　　　　(B)定隙　　　　　(C)定压　　　　　(D)变隙

94. Y7131 磨齿机是用(　　)砂轮按展成法磨齿的。

(A)双片蝶形　　　(B)双锥面　　　　(C)蜗杆　　　　　(D)单斜边-号砂轮

95. 修整砂轮用的金刚石笔,其金刚石颗粒的大小,应根据砂轮的(　　)来选择。

(A)硬度　　　　　(B)速度　　　　　(C)粒度　　　　　(D)直径

96. V 形导轨的半角误差可用(　　)测量。

(A)量角仪　　　　(B)游标量角器　　(C)半角仪　　　　(D)角度量块

97. 某机床运行时,突然瞬时断电,当恢复供电后,机床却不再运转,原因是该机床控制线路(　　)。

(A)出现故障　　　(B)设计不够完善　(C)具有失压保护　(D)短路保护

98. 牌号为 K30(YG8)的硬质合金材料比 K01(YG3)材料的(　　)和韧性高。

(A)抗弯强度　　　(B)塑性　　　　　(C)硬度　　　　　(D)抗压强度

99. 使用电磁无心夹具磨削套圈工件时,如果磨床头架主轴的回转精度低,应适当(　　)偏心量。

(A)改变　　　　　(B)减小　　　　　(C)增大　　　　　(D)不变

100. 珩磨余量小,珩磨轮弹性大,加工精度主要取决于(　　)精度。珩齿以改善齿面质量为主。

(A)齿面　　　　　(B)珩前　　　　　(C)剃齿　　　　　(D)研齿

101. 如图 2 所示,双向定量泵的符号是(　　)。

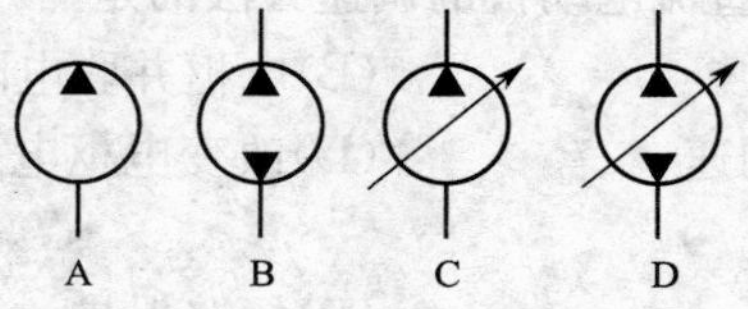

图　2

102. 磨削球墨铸铁、高磷铸铁、不锈钢、超硬高速钢、某些高温耐热合金时,采用(　　)刚玉砂轮效率最高。

(A)单晶　　　　(B)微晶　　　　(C)锆钕　　　　(D)多晶

103. 外圆磨床精度检验标准规定:砂轮架总行程上与工作台移动方向的垂直度公差为0.01 mm,如不符合要求,应修刮(　　)。

(A)床身　　　　(B)纵向导轨　　　　(C)工作台　　　　(D)砂轮架

104. 在刀具材料中,(　　)的抗弯强度最差。

(A)陶瓷　　　　(B)硬质合金　　　　(C)金刚石　　　　(D)高速钢

105. (　　)是指单位时间内流过管道截面的液体体积。

(A)系统油液　　　　(B)液体容积　　　　(C)流量　　　　(D)流速

106. 磨削螺纹的单线法系(　　)磨法,螺距精度主要取决于机床传动精度。

(A)横　　　　(B)纵　　　　(C)周向　　　　(D)旋转

107. 下列各元件中属于动力元件的是(　　)。

(A)液压缸　　　　(B)溢流阀　　　　(C)油箱　　　　(D)液压泵

108. 齿轮加工时,因为刀具是顺着斜齿轮的齿槽进行的,所以,(　　)模数是标准值。

(A)端面　　　　(B)法向　　　　(C)径向　　　　(D)轴向

109. M131W 磨床工作台导轨是(　　)结构。

(A)卸荷式　　　　(B)开式静压　　　　(C)闭式静压　　　　(D)定压式

110. M8612A 是(　　)磨床。

(A)花键　　　　(B)螺纹　　　　(C)凸轮　　　　(D)曲轴

111. 珩磨时若批量较小,工件的加工余量、表面质量较稳定,其尺寸的控制常用(　　)控制方法。

(A)手动　　　　(B)定程　　　　(C)时间　　　　(D)机动

112. 磨削硬质合金应选用(　　)砂轮。

(A)刚玉　　　　(B)黑碳化硅　　　　(C)金刚石　　　　(D)立方氮化硼

113. 加工一批 $\phi 1.5$ 的小孔、其表面粗糙要求为 Ra0.02 μm、圆柱度公差为 $0.003\sim0.005$ mm,工件材料为硬质合金,磁钢或耐热合金,应选用(　　)加工为好。

(A)金刚镗　　　　(B)电子束打孔　　　　(C)电火花镗磨　　　　(D)激光打孔

114. 精密中心孔的锥角取(　　),以保证顶尖支撑的刚度和稳定。

(A)60°　　　　(B)59°56′　　　　(C)45°　　　　(D)30°

115. (　　)是一种既硬又脆的材料。

(A)黄铜　　　　(B)淬硬钢　　　　(C)钴基高温合金　　　　(D)耐酸不锈钢

116. 精密套筒类零件,内、外圆表面均有很高的精度要求,为保证其位置精度,应遵循(　　)原则进行加工。

(A)自为基准　　　　(B)基准统一　　　　(C)互为基准　　　　(D)基准重合

117. 机械加工的基本时间是指(　　)。

(A)劳动时间　　　　(B)机动时间　　　　(C)作业时间　　　　(D)空闲时间

118. 在生产中,批量越大,准备与终结时间分摊到每个工件上的时间就越(　　)。

(A)少　　　　(B)无关　　　　(C)多　　　　(D)不能确定

119. 内燃机的曲柄滑块机构工作时是以( )作为主动件的。
(A)曲柄　　　　　(B)连杆　　　　　(C)导轨　　　　　(D)滑块

120. 如要求轴与轴上零件的对中性和沿轴向相对移动的导向性都好,要求键槽对轴的削弱较小,且能传递大的载荷时,应选用( )键连接。
(A)平　　　　　　(B)楔　　　　　　(C)半圆　　　　　(D)花

121. 为了调节油泵的供油压力和溢出多余的油液,要在油路上接上一个( )。
(A)节流阀　　　　(B)减压阀　　　　(C)换向阀　　　　(D)溢流阀

122. 油泵和( )可以根据一定的条件而相互转换。
(A)油缸　　　　　(B)滤油器　　　　(C)油马达　　　　(D)溢流阀

123. 电气控制线路中,能反映电器元件的连接导线实际安装位置的图叫( )。
(A)接线图　　　　(B)安装图　　　　(C)原理图　　　　(D)工作图

124. 成型范成法磨削球面时,应使砂轮与工件轴线保持严格( ),以保证球面圆度。
(A)垂直　　　　　(B)等高　　　　　(C)平行　　　　　(D)相交

125. 牌号为 YT30 的硬质合金材料比 YT15 的( )高。
(A)抗弯强度　　　(B)刚性　　　　　(C)硬度　　　　　(D)韧性

126. 同时承受径向和轴向载荷时,如径向载荷比轴向载荷大很多,可采用( )轴承。
(A)单列向心球　　(B)圆锥滚子　　　(C)向心推力球　　(D)滚针

127. 在低粗糙度磨削时,为了防止磨屑与砂粒划伤工件表面,最好采用( )过滤器来净化冷却液。
(A)纸质　　　　　(B)离心　　　　　(C)磁性　　　　　(D)机械

128. 氮化工序通常在工件精磨之后进行,因氮化后不影响工件的( )。
(A)粗糙度　　　　(B)硬度　　　　　(C)尺寸精度　　　(D)物理性能

129. 工件端面没有中心孔且工件长度不太长的工件,可用( )装夹。
(A)前后顶尖　　　　　　　　　　　　(B)卡盘和顶尖
(C)三爪定心卡盘和四爪单动卡盘　　　(D)可用 A、B、C 中任一种

130. M1432A 磨床液压传动系统的工作油压力由( )调整。
(A)换向阀　　　　(B)溢流阀　　　　(C)滤油器　　　　(D)油泵

131. 在同样切削力作用下,机床部件的变形越小,表示刚度( )。
(A)越小　　　　　(B)越大　　　　　(C)与变形无关　　(D)越小的多

132. 心轴只受弯矩不受( )而传动轴则相反。
(A)弯矩　　　　　(B)转矩　　　　　(C)拉伸　　　　　(D)压缩

133. 精密主轴两端中心孔的同轴度误差应控制在( )mm 内。
(A)小于 0.05　　　(B)小于 0.1　　　(C)1　　　　　　(D)小于 0.15

134. 磨削自熔耐磨合金应选用( )砂轮。
(A)刚玉　　　　　(B)金刚石　　　　(C)碳化硅　　　　(D)白刚玉

135. 牌号为 P01(YT30)的硬质合金材料比 P30(YT5)材料的( )高。
(A)抗弯强度　　　(B)刚性　　　　　(C)硬度　　　　　(D)塑性

136. M7120 型平面磨床,电器控制线路中,并联在电磁吸盘线圈两端的 C 和 R,其作用是( )。

(A)为电磁吸盘线圈提供放电回路

(B)为电压继电器 KA 线圈分流,防止线圈因电流过大而烧坏。

(C)防止电路接通时,电压突然加在吸盘线圈上,使在其两端加一阻容吸收回路予以保护

(D)没有任何作用

137.(　　)砂轮具有高硬度和高强度,形状保持性好。

(A)绿色碳化硅　　(B)棕刚玉　　(C)烧结刚玉　　(D)铬刚玉

138. 珩齿加工运动与剃齿相同,也为(　　)齿轮副的啮合。

(A)塑料　　(B)剃齿　　(C)螺旋　　(D)自由

139. 链传动的瞬时传动比是(　　)的。

(A)恒定　　(B)不变　　(C)变化　　(D)可计算

140. 拉刀(　　)部的作用主要是校准和修光所拉的孔,提高孔的精度,减小表面粗糙度。

(A)切削　　(B)柄　　(C)校准　　(D)头

141. 使用球面顶尖定位的作用是(　　)。

(A)减少装夹定位元件的整体尺寸　　(B)较普通顶尖寿命长

(C)造型小巧　　(D)消除工件两端中心孔极小的同轴度误差

142. 磨削铜铝合金,用煤油加 10% 的机油作冷却液时,冷却液易燃,为解决易燃问题,可在冷却液中加入(　　)。

(A)水　　(B)石墨粉末　　(C)氯化石蜡　　(D)四氯化碳

143. 外圆精密磨削修正砂轮时,金刚钻中心位置与砂轮中心位置的关系应是(　　)。

(A)略低于砂轮中心　(B)与砂轮中心相平　(C)略高于砂轮中心　(D)无关

144. 变压器接于电源侧的绕组称为(　　)。

(A)初绕组　　(B)二绕组　　(C)原绕组　　(D)副绕组

145. 强力磨削和高速磨削(　　)。

(A)产生的磨削力和磨削热相近　　(B)对冷却都没有特殊要求

(C)都是恒力磨削　　(D)都是高效率磨削

146. 不锈钢材料具有(　　)等特性。

(A)塑性大、强度高、导热性差　　(B)硬度低、脆性大、导热性中等

(C)较软　　(D)脆性大、导电性强、强度一般

147. 工件放在一个大的平面上,被限制了(　　)个自由度。

(A)3　　(B)4　　(C)5　　(D)6

148. 用碳化硅砂轮对钛合金作外圆磨削,砂轮圆周速度一般取(　　)m/s。

(A)10～20　　(B)20～30　　(C)30～35　　(D)35～40

149. 砂轮架快速引进时必须达到的重复定位精度为(　　)mm。

(A)0.01～0.02　　(B)0.003～0.005　　(C)0.005～0.01　　(D)0.02～0.1

150. 磨床的加工精度主要取决于(　　)。

(A)操作工艺　　(B)磨床本身的精度　(C)砂轮特性　　(D)磨床的刚性

151. 要使工件具有(　　)就要控制工件的尺寸。

(A)工艺性　　(B)互换性　　(C)高精度　　(D)较高精度

152. 刀具的主偏角增大,切削温度将(　　)。

(A)升高   (B)降低   (C)不变   (D)不变或降低

153. 对工件而言,用两点定位的工件基准面,叫做( )。

(A)止推基准面   (B)装置基准面   (C)导向基准面   (D)主要基准面

154. 强度、硬度相近的材料,如其塑性较大则切削力( )。

(A)小   (B)大   (C)相近   (D)无法确定

155. 硬质合金在( )以下,其硬度基本不变。

(A)500 ℃   (B)800 ℃   (C)1 000 ℃   (D)1 200 ℃

156. 双顶尖定位限制了( )个自由度。

(A)4   (B)5   (C)3   (D)6

157. 欠定位是( )。

(A)允许的   (B)不允许的

(C)可以视条件而定的   (D)必须的

158. 三相感应电动机处于反接制动过程中时,其转差率 S 的值是( )。

(A)$0<S<1$ (B)$S=1$ (C)$S>1$ (D)$S=0$

159. 外圆精密磨削时,冷却系统常使用的冷却箱有( )。

(A)一只   (B)两只   (C)三只   (D)四只

160. 下列磨削方法中,有利于细长轴类零件加工的是( )。

(A)普通磨削   (B)高速磨削   (C)强力磨削   (D)恒力磨削

161. 高速磨削时,砂轮主轴与轴承的间隙较普通磨削的( )。

(A)大   (B)小   (C)相同   (D)无法确定

162. 砂轮的不平衡量是指质量与( )的乘积。

(A)偏重   (B)偏心距   (C)角速度   (D)线速度

163. 立方氮化硼磨料的硬度是刚玉磨料的( )倍。

(A)1   (B)1.5   (C)2   (D)2.5

164. 金属结合剂金刚石磨具的磨削效率( )于树脂结合剂的金刚石磨具。

(A)高   (B)等   (C)高于等于   (D)低

165. 经验证明,用金刚石磨具磨削时,湿磨时的磨具寿命要比干磨提高( )左右。

(A)40%   (B)60%   (C)80%   (D)70%

166. 静压轴承之所以能够承受载荷,关键在于液压泵至油腔之间有( )。

(A)减压阀   (B)节流器   (C)整流器   (D)溢流阀

167. ( )量仪按其工作原理可分为压力式、流量式和流速式三种类型。

(A)电动   (B)液动   (C)气动   (D)手动

168. 当工件加工余量较小而均匀时,可采用( )的定位方法。

(A)基准统一   (B)自为基准   (C)互为基准   (D)基准重合

169. 对同轴度要求较高的零件,一般都采取( )的方法来保证内、外圆的同轴度要求。

(A)自为基准   (B)基准统一   (C)互为基准   (D)基准重合

170. 大批量生产时,应尽量选择( )夹具。

(A)通用   (B)组合   (C)非通用   (D)专用

171. 磨削机床主轴时,为了保证各档外圆与轴承档外圆的同轴度及径向圆跳动的公差,采用( )的原则。

(A)互为基准 (B)自为基准 (C)基准统一 (D)基准重合

172. 机械加工工艺过程是( )过程的主要组成部分,它直接关系到零件的质量和生产效率。

(A)生产 (B)工序 (C)工艺 (D)工位

173. 单件小批生产宜采用( )的原则。

(A)工序分散 (B)工序集中 (C)合并工序 (D)统一工序

174. 只有磨床的( )精度符合要求,才能对机床的某些直线运动精度进行检测。

(A)几何 (B)预调 (C)回转 (D)工作

175. ( )误差对螺纹和齿轮的加工精度影响很大,而对一般外圆磨削影响不大。

(A)定位 (B)传动 (C)加工 (D)预调

176. 外圆磨床砂轮架的热变形,会使主轴的中心向上偏移,破坏头架主轴与砂轮主轴的( )。

(A)垂直度 (B)平行度 (C)圆柱度 (D)等高性

177. 中心孔的圆度误差大约以( )的比例传递给工件外圆。

(A)1∶10 (B)1∶15 (C)1∶20 (D)1∶25

178. 磨削中心孔时,磨削速度为( )。

(A)20 m/s (B)25 m/s (C)30 m/s (D)35 m/s

179. 深孔磨削时,应找正头架轴线与砂轮接长轴轴线平行,平行度误差不大于( )。

(A)0.002～0.005 mm (B)0.005～0.01 mm
(C)0.01～0.015 mm (D)0.015～0.02 mm

180. 刚玉类研磨剂主要用于研磨( )。

(A)铸铁 (B)硬质合金 (C)碳素钢 (D)合金钢

181. 研磨压力一般可取( )。

(A)0.005～0.01 MPa (B)0.01～0.05 MPa
(C)0.05～0.1 MPa (D)0.1～0.15 MPa

182. 研磨平板要用( )块平板对研后才能使用。

(A)二 (B)三 (C)四 (D)五

183. 珩磨孔时,油石的越程量一般取油石长度的( )。

(A)$\frac{1}{5}\sim\frac{1}{3}$ (B)$\frac{1}{3}\sim\frac{1}{2}$ (C)$\frac{1}{2}\sim\frac{3}{5}$ (D)$\frac{3}{5}\sim\frac{3}{4}$

184. 油石的长度一般取被加工孔深的( )。

(A)$\frac{1}{5}\sim\frac{1}{3}$ (B)$\frac{1}{3}\sim\frac{1}{2}$ (C)$\frac{1}{2}\sim\frac{3}{5}$ (D)$\frac{3}{5}\sim\frac{3}{4}$

185. 珩磨时,油石的工作压力一般为( )MPa。

(A)0.1～0.3 (B)0.3～0.5 (C)0.5～0.7 (D)0.7～1

186. 为了稳定内部组织,减少工件变形,精密样板工艺过程中应安排( )。

(A)退火 (B)回火 (C)自然时效 (D)冰冷处理

187. ( )是一种既硬又粘的材料。

(A)铜　　　　　　(B)淬硬钢　　　　　(C)钴基高温合金　(D)耐酸不锈钢

188. 内燃机凸轮轴可在(　　　)上磨削。

(A)光学曲线磨床　(B)工具磨床　　　(C)铲磨机床　　　(D)凸轮磨床

189. 铲磨时,砂轮修成所需角度的(　　　),可防止磨削螺旋面时产生干涉现象。

(A)直平面　　　　(B)锥面　　　　　(C)凹形面　　　　(D)凸形面

190. 主视图和俯视图之间的对应关系是相应投影(　　　)。

(A)长对正　　　　(B)高平齐　　　　(C)宽相等

191. 砂轮圆周速度很高,外圆磨削和平面磨削时其转速一般在(　　　)m/s。

(A)10～15　　　　(B)20～25　　　　(C)30～35　　　　(D)40～45

192. 外圆磨削时,横向进给量一般取(　　　)。

(A)0.001～0.004 mm　　　　　　　(B)0.005～1 mm

(C)0.05～1 mm　　　　　　　　　(D)0.005～0.05 mm

193. 与钢相比铸铁的工艺性能特点是(　　　)。

(A)焊接性能好　　(B)热处理性能好　(C)铸造性能好　　(D)机械加工性能好

194. (　　　)是法定长度计量单位的基本单位。

(A)米　　　　　　(B)千米　　　　　(C)厘米　　　　　(D)毫米

195. 外圆磨削时,工件圆周速度一般为(　　　)。

(A)0～5 m/s　　　(B)5～30 m/s　　　(C)30～40 m/s　　　(D)40 m/s 以上

196. 外圆磨削的主运动为(　　　)。

(A)工件的圆周进给运动　　　　　　(B)砂轮的高速旋转运动

(C)砂轮的横向运动　　　　　　　　(D)工件的纵向运动

197. (　　　)磨料主要用于磨削高硬度、高韧性的难加工钢材。

(A)棕刚玉　　　　(B)立方氮化硼　　(C)金刚石　　　　(D)碳化硅

198. 精磨外圆时,砂轮的硬度应(　　　)于粗磨。

(A)高　　　　　　(B)低　　　　　　(C)等

199. 无心外圆磨床由两个砂轮组成,其中一个砂轮起传动作用,称为(　　　)。

(A)传动轮　　　　(B)惰轮　　　　　(C)导轮

200. 在卧轴矩台平面磨床上磨削长而宽的平面时,一般采用(　　　)磨削法。

(A)横向　　　　　(B)深度　　　　　(C)阶梯

201. 磨削过程中,开始时磨粒压向工件表面,使工件产生(　　　)变形,为第一阶段。

(A)滑移　　　　　(B)塑性　　　　　(C)弹性　　　　　(D)挤裂

202. 圆锥锥度的计算公式为(　　　)。

(A)$C=\tan(a/2)$　(B)$C=2\tan a$　　(C)$C=2\tan(a/2)$　(D)$C=\tan a$

203. 精磨平面时的垂向进给量(　　　)粗磨时的垂向进给量。

(A)大于　　　　　(B)小于　　　　　(C)等于

204. 刃磨高速钢刀具最常用的是(　　　)砂轮。

(A)白刚玉　　　　(B)绿碳化硅　　　(C)金刚石

205. 在螺纹代号标准中,(　　　)螺纹可省略标注旋向。

(A)左旋　　　　　(B)右旋　　　　　(C)左右旋均行　　(D)左右旋均不行

206. 磨削不锈钢工件时,乳化液的浓度应(　　)。

(A)任意　　　　　(B)低些　　　　　(C)高些　　　　　(D)适中

207. 砂轮静平衡时,若砂轮来回摆动停摆,此时,砂轮的不平衡量必在其(　　)。

(A)上方　　　　　(B)中间　　　　　(C)下方　　　　　(D)各个方位都行

208. 外圆磨削台阶轴端面时,需将砂轮端面修整成(　　)形。

(A)平　　　　　(B)内凸　　　　　(C)内凹　　　　　(D)椭圆

三、多项选择题

1. 零件的加工精度主要包括(　　)。

(A)尺寸精度　　　(B)几何形状精度　　(C)相对位置精度

2. 磨削过程是含(　　)作用的复杂过程。

(A)切削　　　　　(B)刻划　　　　　(C)抛光

3.《机械试图》中规定,采用正六面体的六个面为基本投影面。将零件放在正六面体中得出的六个基本视图,其中最常用的三个视图为(　　)。

(A)主视图　　　　(B)后视图　　　　(C)俯视图

(D)仰视图　　　　(E)左视图　　　　(F)右视图

4. 游标卡尺的示值精度一般有(　　)。

(A)0.02 mm　　　(B)0.05 mm　　　(C)0.30 mm　　　(D)0.10 mm

5. 划分粗精磨有利于合理安排磨削用量,提高生产效率和保证稳定的加工精度。在成批量生产中,可以合理选用(　　)。

(A)砂轮　　　　　(B)磨床　　　　　(C)机床　　　　　(D)内圆磨床

6. 按钢的含碳量,碳钢可分为(　　)。

(A)低碳钢,含碳量小于0.25%　　　　(B)中碳钢,含碳量在0.25%~0.6%

(C)高碳钢,含碳量大于0.6%　　　　(D)优质钢,含碳量大于0.8%

7. 切削液的作用有(　　)。

(A)冷却　　　　　(B)清洗　　　　　(C)防腐

(D)防锈　　　　　(E)润滑

8. 造成工作台面运动时产生爬行的原因有(　　)。

(A)驱动刚性不足　　　　　　　(B)液压系统内存有空气

(C)液压系统内没有空气　　　　(D)导轨摩擦阻力太大或摩擦阻力变化

(E)各种控制阀被堵塞或失灵　　(F)压力和流量不足或脉动

9. 工艺基准按用途不同,可分为(　　)。

(A)加工基准　　　(B)装配基准　　　(C)测量基准　　　(D)定位基准

10. 液压传动系统一般由(　　)组成。

(A)动力元件　　　(B)执行元件　　　(C)控制元件　　　(D)辅助元件

11. 液压传动系统与机械、电气传动相比较具有的优点是(　　)。

(A)易于获得很大的力　　　　　(B)操纵力较小、操纵灵便

(C)易于控制　　　　　　　　　(D)传递运动平稳、均匀

12. 液压传动系统与机械、电气传动相比较存在的不足是(　　)。

(A)有泄漏 (B)传动效率低

(C)易发生振动、爬行 (D)故障分析与排除比较困难

13. 中间继电器由( )等元件组成。

(A)线圈 (B)磁铁 (C)转换开关 (D)触点

14. 接触器由( )等元件组成。

(A)线圈 (B)磁铁 (C)骨架 (D)触点

15. 制定工时定额的方法有( )。

(A)经验估工法 (B)类推比较法 (C)统计分析法 (D)技术测定法

16. 下列属于测时步骤的是( )。

(A)选择观察对象 (B)制定测时记录表

(C)记录观察时间 (D)下达定额工时

17. 产品加工过程中的作业总时间可分为( )。

(A)定额时间 (B)作业时间 (C)休息时间 (D)非定额时间

18. 非定额时间包括( )。

(A)准备时间 (B)非生产工作时间 (C)休息时间 (D)停工时间

19. 定额时间包括( )。

(A)准备与结束时间 (B)作业时间 (C)休息时间 (D)自然需要时间

20. 作业时间按其作用可分为( )。

(A)准备与结束时间 (B)基本时间

(C)辅助时间 (D)布置工作地时间

21. 为了使辅助时间与基本时间全部或部分地重合,可采用( )等方法。

(A)多刀加工 (B)使用专用夹具

(C)多工位夹具 (D)连续加工

22. 计量仪器按照工作原理和结构特征,可分为( )。

(A)机械式 (B)电动式 (C)光学式 (D)气动式

23. 专用夹具的特点是( )。

(A)结构紧凑 (B)使用方便

(C)加工精度容易控制 (D)产品质量稳定

24. 组合夹具的特点是( )。

(A)组装迅速 (B)能减少制造成本 (C)可反复使用 (D)周期短

25. 适用于平面定位的有( )。

(A)V型支撑 (B)自位支撑 (C)可调支撑 (D)辅助支撑

26. 常用的夹紧机构有( )。

(A)斜楔夹紧机构 (B)螺旋夹紧机构

(C)偏心夹紧机构 (D)气动、液压夹紧机构

27. 难加工材料切削性能差主要反映在( )。

(A)刀具寿命明显降低 (B)已加工表面质量差

(C)切屑形成和排出较困难 (D)切削力和单位切削功率大

28. 下列属于难加工材料的有( )。

(A)中碳钢　　　　　(B)高锰钢　　　　(C)钛合金　　　　(D)紫铜

29. 杠杆卡规的刻度盘示值一般有(　　)。

(A)0～100 mm 测量范围为 0.002　　　(B)0～100 mm 测量范围为 0.005

(C)100～150 mm 测量范围为 0.005　　(D)100～150 mm 测量范围为 0.010

30. 下列机床用平口虎钳的元件中,属于其他元件和装置的是(　　)。

(A)活动座　　　　　(B)回转座　　　　(C)底面定位键　　(D)丝杠

31. 三爪自定心卡盘的(　　)属于夹紧件。

(A)卡盘体　　　　　(B)卡爪　　　　　(C)小锥齿轮　　　(D)大锥齿轮

32. 在组合夹具中用来连接各种元件及紧固工件的(　　)属于紧固件。

(A)螺栓　　　　　　(B)螺母　　　　　(C)螺钉　　　　　(D)垫圈

33. 通用机床型号是由(　　)组成的。

(A)基本部分　　　　(B)辅助部分　　　(C)主要部分　　　(D)其他部分

34. 在难加工材料中,属于加工硬化严重的材料有(　　)。

(A)不锈钢　　　　　(B)高锰钢　　　　(C)高温合金　　　(D)钛合金

35. 在难加工材料中,属于高塑性的材料有(　　)。

(A)纯铁　　　　　　(B)纯镍　　　　　(C)纯铝　　　　　(D)纯铜

36. 冷硬铸铁的切削加工特点是(　　)。

(A)切削力大　　　　　　　　　　　　(B)刀—屑接触长度长

(C)刀具磨损剧烈　　　　　　　　　　(D)刀具易崩刃破裂

37. 不锈钢、高温合金的切削加工特点是(　　)。

(A)切削力大　　　　(B)切削温度高　　(C)刀具磨损快　　(D)刀具易崩刃破裂

38. 蜗杆齿形误差测量截面上的齿形应是直线,即(　　)。

(A)阿基米德螺线蜗杆应在轴截面上测量

(B)阿基米德螺线蜗杆应在法截面上测量

(C)延长渐开线圆柱蜗杆应在沿螺旋线的法向截面上测量

(D)渐开线圆柱蜗杆应在与基圆柱相切的平面上测量

39. 下列对蜗杆齿厚偏差测量描述正确的是(　　)。

(A)当蜗杆头数为偶数时,需用三根量柱测量

(B)蜗杆齿厚应在分度圆柱面上测量法向齿厚

(C)对较低精度的蜗杆,可用齿轮齿厚卡尺测量

(D)对导程角大的蜗杆,采用量柱法测量

40. 下列对蜗轮测量过程描述正确的是(　　)。

(A)蜗轮各误差测量应在垂直于轴线的中央剖面上进行

(B)在单面啮合仪上测量蜗轮的切向综合误差

(C)在双啮仪上测量蜗轮的径向综合误差

(D)齿距累积误差的测量方法与圆柱齿轮相同

41. 现代机床夹具的趋势是发展(　　)。

(A)专用夹具　　　(B)通用可调夹具　　(C)成组夹具　　　　(D)数控机床夹具

42. 装配工艺规程的内容不包括(　　)。

（A）装配技术要求及检验方法　　　　　（B）工人出勤情况

（C）设备损坏修理情况　　　　　　　　（D）物资供应情况

43. 铸铁中促进石墨化的元素有（　　）。

（A）碳　　　　　　　（B）硅　　　　　　　（C）磷　　　　　　　（D）硫

44. 盲孔且须经常拆卸的销连接不宜采用（　　）。

（A）圆柱销　　　（B）圆锥销　　　（C）内螺纹圆柱销　　　（D）内螺纹圆锥销。

45. 直线 AB 与 H 面平行，与 W 面倾斜，与 V 面倾斜，则 AB 不是（　　）线。

（A）正平　　　　　　（B）侧平　　　　　　（C）水平　　　　　　（D）一般位置

46. 画平面图形时，应首先画出（　　）。

（A）基准线　　　　　（B）定位线　　　　　（C）轮廓线　　　　　（D）剖面线

47. 蜗轮蜗杆机构传动的特点是（　　）。

（A）摩擦小　　　　　（B）摩擦大　　　　　（C）效率低　　　　　（D）效率高

48. 属于齿轮及轮系的机构有（　　）。

（A）圆柱齿轮机构　　（B）圆锥齿轮机构　　（C）定轴轮系　　　　（D）行星齿轮机构

49. 圆锥齿轮又叫（　　）。

（A）斜齿轮　　　　　（B）伞齿轮　　　　　（C）八字轮　　　　　（D）螺旋齿轮

50. 螺旋齿轮机构常用于（　　）等齿轮加工。

（A）剃齿　　　　　　（B）铣齿　　　　　　（C）珩齿　　　　　　（D）研齿

51. 行星齿轮机构具有（　　）等特点。

（A）轴线固定　　　　（B）速比大　　　　　（C）可实现差动　　　（D）体积小

52. 根据所固定的构件不同，四杆机构可划分为（　　）等机构。

（A）双曲柄　　　　　（B）双摇杆　　　　　（C）曲柄摇杆　　　　（D）导杆

53. 棘轮机构常用于（　　）等机械装置。

（A）变速机构　　　　（B）进给机构　　　　（C）单向传动　　　　（D）止动装置

54. 凸轮与被动件的接触方式主要有（　　）。

（A）平面接触　　　　（B）面接触　　　　　（C）尖端接触　　　　（D）滚子接触

55. 常用的变向机构有（　　）。

（A）三星齿轮变向机构　　　　　　　　　（B）滑移齿轮变向机构

（C）圆锥齿轮变向机构　　　　　　　　　（D）齿轮齿条变向机构

56. 链传动的特点是（　　）。

（A）适宜高速传动　　（B）传动中心距大　　（C）啮合时有冲击　　（D）运动不均匀

57. 链传动按用途可分为（　　）。

（A）传动链　　　　　（B）联接链　　　　　（C）起重链　　　　　（D）运输链

58. 凸轮机构的种类主要有（　　）。

（A）圆盘凸轮　　　　（B）圆柱凸轮　　　　（C）圆锥凸轮　　　　（D）滑板凸轮

59. 液压系统按控制方法划分，有（　　）。

（A）开关控制系统　　（B）伺服控制系统　　（C）比例控制系统　　（D）数字控制系统

60. 液压基本回路主要有（　　）。

（A）压力控制回路　　（B）速度控制回路　　（C）方向控制回路　　（D）其他液压回路

61. 通过( )等途径可以缩短基本时间。

(A)提高切削用量　　(B)多刀同时切削　　(C)多件加工　　(D)减少加工余量

62. 通过( )等途径可以缩短辅助时间。

(A)提高切削速度　　　　　　　　(B)使辅助动作机械化和自动化

(C)使辅助时间与基本时间重合　　(D)减少背吃刀量

63. 磨床工作精度检验检查试件精磨后的几何精度( )。

(A)椭圆度　　　　(B)圆锥度　　　　(C)圆度　　　　(D)直线度

64. 气动量仪的主要特点是( )。

(A)常用于单件检验　　　　(B)检验效率高

(C)用比较法进行检验　　　(D)不接触测量

65. 磨床验收包括( )等工作。

(A)拆箱安装　　　(B)机床验收　　　(C)附件验收　　　(D)精度检验

66. 工件装夹的要求有( )。

(A)夹紧力不应破坏工件定位　　(B)有足够的夹紧行程

(C)夹紧机构体积尽量大　　　　(D)具有足够的强度和刚度

67. 用螺栓压板装夹工件时,应使( )。

(A)螺栓靠近工件　　　　　(B)垫块稍低于工件

(C)工件受压部位应坚固　　(D)避免损伤工件表面

68. 刻线刀具的几何角度一般为( )。

(A)前角 $\gamma_{\circ}\approx0^{\circ}\sim8^{\circ}$　　　(B)刀尖角 $\varepsilon_r\approx45^{\circ}\sim60^{\circ}$

(C)后角 $\alpha_{\circ}\approx0^{\circ}\sim5^{\circ}$　　　(D)后角 $\alpha_{\circ}\approx6^{\circ}\sim10^{\circ}$

69. 螺旋线的三要素是指( )。

(A)升高量　　　(B)导程　　　(C)螺旋角　　　(D)导程角

70. 不锈钢、高温合金的切削加工特点是( )。

(A)切削力大　　(B)切削温度高　　(C)刀具磨损快　　(D)刀具易崩刃破裂

71. 蜗杆的常用加工方法有( )。

(A)刨削　　　(B)车削　　　(C)铣削　　　(D)磨削

72. 测量蜗杆螺旋线误差应使用( )。

(A)螺旋线比较仪　(B)蜗杆导程仪　(C)丝杠检测仪　(D)万能工具显微镜

73. 机床夹具在机械加工中的作用是( )。

(A)保证加工精度　　　(B)减轻劳动强度

(C)扩大机床工艺范围　(D)降低加工成本

74. 下列关于自位支撑描述正确的是( )。

(A)只限制一个自由度　　　　(B)可提高工件安装刚性

(C)不能提高工件安装稳定性　(D)适用于工件以粗基准定位

75. 常用对刀装置的基本类型有( )。

(A)高度对刀装置　　　(B)直角对刀装置

(C)成形刀具对刀装置　(D)组合刀具对定装置

76. 金属材料的使用性能包括( )性能。

(A)机械　　　(B)物理　　　(C)化学　　　(D)工艺

77.刀具几何参数中对切削温度影响较大的是（　　）。

(A)前角　　　(B)后角　　　(C)主偏角　　　(D)负倒棱

78.磨床的精度包括（　　）。

(A)几何精度　　　(B)传动精度　　　(C)定位精度

79.测直齿圆柱齿轮一般测量方法中包括（　　）。

(A)公法线长度测量　　　(B)压力角测量

(C)分度圆弧齿厚测量　　　(D)固定弧齿厚测量

80.轴类零件的精度检验包括（　　）。

(A)尺寸精度　　　(B)几何形状精度　　　(C)相互位置精度　　　(D)表面粗糙度

81.传动螺纹有（　　）三种形式。

(A)矩形螺纹　　　(B)梯形螺纹　　　(C)三角螺纹　　　(D)锯齿形螺纹

82.下面几种公差项目中那些为形状公差（　　）。

(A)平行度　　　(B)直线度　　　(C)平面度　　　(D)圆度

83.直流电机分为（　　）。

(A)并励电机　　　(B)串励电机　　　(C)复励电机　　　(D)他励电机

84.工件中心孔的类型（　　）。

(A)B型　　　(B)A型　　　(C)D型　　　(D)C型

85.溢流阀在液压系统中的功能有（　　）。

(A)起溢流作用　　　(B)起安全阀作用　　　(C)起卸荷作用　　　(D)起背压作用

86.轴类零件的一般简要加工工艺包括（　　）、其他机械加工、热处理、磨削加工等。

(A)备料加工　　　(B)车削加工　　　(C)划线　　　(D)识图

87.影响工件圆度的因素主要有（　　）。

(A)中心孔的形状误差或中心孔内有污物

(B)中心孔或顶尖因润滑不良而磨损

(C)工件顶得过松或过紧　　　(D)砂轮过钝

(E)切屑液供给不充分

88.标定材料物理性能的指标有（　　）。

(A)比重　　　(B)熔点　　　(C)导电性

(D)热膨胀性　　　(E)抗疲劳性

89.以下为常用热处理方法有（　　）。

(A)退火　　　(B)淬火　　　(C)调质　　　(D)渗碳

90.砂轮修整工具的种类有（　　）。

(A)金刚石修整工具　　　(B)磨料修整工具

(C)硬质合金修整工具　　　(D)金属修整工具

91.避免工件表面烧伤的主要方法有（　　）。

(A)选择合适的砂轮　　　(B)合理选择磨削用量

(C)减少工件和砂轮的接触面积　　　(D)适当的冷却润滑剂

92.属于高速钢的有（　　）。

(A)普通高速钢　　(B)高性能高速钢　　(C)低性能高速钢　　(D)工具钢

93. 常见的机构有(　　)。

(A)平面连杆机构　(B)凸轮机构　　(C)间歇运动机构　　(D)星轮机构

94. 机械传动按传动力可分为(　　)。

(A)摩擦传动　　　(B)带传动　　　(C)啮合传动　　　　(D)链传动

95. 皮带传动的特点有(　　)。

(A)无噪声　　　　(B)效率高　　　(C)成本低　　　　　(D)寿命短

96. 影响工艺规程的主要因素有(　　)。

(A)生产条件　　　(B)技术要求　　(C)制造方法　　　　(D)毛坯种类

97. 机械制造中所使用的基准可分为(　　)。

(A)设计基准　　　(B)定位基准　　(C)测量基准　　　　(D)制造基准

98. 以下属于安全电压的有(　　)。

(A)42 V　　　　　(B)36 V　　　　(C)24 V　　　　　　(D)12 V

99. 影响工序余量的因素有(　　)。

(A)前工序的工序尺寸　　　　　　　(B)表面粗糙度

(C)变形层深度　　　　　　　　　　(D)位置误差

100. 常用的铸铁材料有(　　)。

(A)灰口铸铁　　　(B)白口铸铁　　(C)可锻铸铁　　　　(D)球墨铸铁

101. 调速阀是由(　　)串联组合而成的形式。

(A)减压阀　　　　(B)节流阀　　　(C)溢流阀　　　　　(D)分流阀

102. 根据轴所受载荷不同,可将轴分成(　　)。

(A)心轴　　　　　(B)转轴　　　　(C)传动轴　　　　　(D)曲轴

103. 柴油机上气缸盖要承受燃气的(　　)作用。

(A)高温　　　　　(B)高压　　　　(C)冲击　　　　　　(D)润滑

104. 机车发动前要进行机车整备工作有(　　)。

(A)上油　　　　　(B)上水　　　　(C)上砂　　　　　　(D)上电

105. 齿轮的精度要求有(　　)。

(A)运动精度　　　(B)工作平稳性精度　(C)接触精度　　　(D)齿侧间隙。

106. 滚动轴承的精度等级分为(　　)。

(A)C　　　　　　(B)B　　　　　(C)E　　　　　　　(D)F

(E)G

107. 液压系统产生爬行的主要原因为(　　)。

(A)由于空气混入液压系统　　　　　(B)液压系统工作压力不足

(C)相对运动件之间润滑不良　　　　(D)装配精度及安装精度不良或调整不当

108. 设备修理按工作量大小分可分为(　　)。

(A)小修　　　　　(B)中修　　　　(C)大修　　　　　　(D)临修

109. 设备修理的方法有(　　)。

(A)标准修理法　　(B)定期修理法　(C)检查后修理法

110. 设备检查的主要方法有(　　)。

(A)日常检查(点检)(B)定期检查　　　(C)精度检查　　　(D)机能检查

111. 按接触方式划分机床导轨可分为(　　)
(A)滑动导轨　　　(B)滚动导轨　　　(C)静压导轨　　　(D)固定导轨

112. 对床身导轨的技术要求主要有(　　)。
(A)导轨的几何精度　　　　　　　(B)导轨的接触精度
(C)导轨的表面粗糙度　　　　　　(D)导轨的硬度
(E)导轨的稳定性

113. 四冲程柴油机的实际工作循环包括四个过程(　　)。
(A)进气过程　　　　　　　　　　(B)压缩过程
(C)燃烧膨胀作功过程　　　　　　(D)排气过程。

114. 加工孔的通用刀具有(　　)。
(A)麻花钻　　　(B)扩孔钻　　　(C)铰刀　　　(D)滚刀

115. 百分表的测量范围包括(　　)。
(A)0～3 mm　　　(B)0～5 mm　　　(C)0～10 mm　　　(D)0～15 mm

116. 影响材料切削性能的主要因素有(　　)。
(A)力学性能　　　(B)物理性能　　　(C)化学性能　　　(D)热处理状态

117. 常用的万能外圆磨床主要由床身、工作台和(　　)等部分组成。
(A)头架　　　(B)尾架　　　(C)砂轮架　　　(D)内圆磨具

118. 对加工质量要求很高的零件,其工艺过程通常划分为(　　)。
(A)粗加工　　　(B)半精加工　　　(C)精加工　　　(D)光整加工

119. 机械加工中常用的毛坯有(　　)和组合毛坯五种。
(A)铸件　　　(B)锻件　　　(C)型材　　　(D)焊接件

120. 测量条件主要指测量环境的(　　)。
(A)温度　　　(B)湿度　　　(C)灰尘　　　(D)振动

121. 可获得较细的表面粗糙度的磨削方法有(　　)。
(A)半精密磨削　　　(B)精密磨削　　　(C)超精密磨削　　　(D)镜面磨削

122. 常用的光整加工方法有(　　)。
(A)低粗糙度磨削　　　(B)研磨　　　(C)珩磨　　　(D)抛光

123. 难磨材料可分为四种类型(　　)。
(A)极硬材料　　　(B)硬黏材料　　　(C)韧性材料
(D)极软材料　　　(E)调质材料

124. 以下是外圆磨横磨法的特点是(　　)。
(A)生产率高　　　(B)成型表面　　　(C)易烧伤　　　(D)易变形

125. 以下是外圆磨纵磨法的特点(　　)。
(A)生产率高　　　(B)生产率低　　　(C)万能性　　　(D)易变形

126. 以下关于磨内锥孔说法正确的是(　　)。
(A)砂轮直径必须小于内锥面小端连线所对应的直角边
(B)磨第一件时,一般要多次调整工作台(或头架)的回转角度,从大端开始进行试切
(C)磨内锥孔与磨内孔一样,砂轮与工件的接触弧较长

(D)磨削时应采取散热、冷却措施

127. 以下关于磨床机床振动内振源说法正确的是（　　）。
(A)机床的各电机的振动　　(B)机床旋转零部件的不平衡
(C)往复运动零部件的冲击　　(D)液压传动系统的压力脉冲

128. 老磨床会出现"启动开停阀，台面不运动"的现象，以下分析产生这种故障的原因说法正确的是（　　）。
(A)油泵的输油量和压力不足
(B)溢流阀的滑阀卡死，大量压力油溢回油池
(C)换向阀两端的截流阀调的过紧，将回油封闭
(D)油温低，油的黏度大，使油泵吸油困难

129. 关于砂轮破裂的原因，以下说法正确的是（　　）。
(A)砂轮两边的法兰盘直径不相等或扭曲不平
(B)砂轮内孔与法兰盘的配合间隙过小
(C)砂轮内孔与法兰盘的配合间隙过大
(D)磨削工件时吃刀过猛

130. 成组技术在机械加工中一般可归纳为零件组的有（　　）。
(A)结构相似零件组　　(B)工艺相似零件组
(C)同一调整零件组　　(D)同期投产零件组

131. 刃磨刀具时，要提高刀具耐用度要采取下列措施（　　）。
(A)适当增大刀具前角，使切削变形减小，从而减低切削热，减少刀具磨损
(B)适当减小主偏角，使刀尖相应增大，切屑厚度减小，从而减小切屑力，降低切屑热，使刀具磨损减小
(C)合理选择切屑用量
(D)充分使用冷却润滑

132. 关于平面磨削，以下说法正确地有（　　）。
(A)正确选择定位基准面
(B)装夹必须合理牢靠
(C)薄片工件一般都要多次翻身磨削，且每次磨削量不宜太大
(D)经常检查电磁吸盘台面是否平整光洁

133. 检查工作台低速爬行的方法有（　　）。
(A)光栅测量　　(B)目测　　(C)激光测量　　(D)光学测量

134. 冷却液的净化装置有（　　）。
(A)纸质过滤器　　(B)离心过滤器　　(C)磁性分离器　　(D)涡旋分离器

135. 零件的加工高精度主要取决于整个工艺系统的精度，引起工艺系统误差的因素除有原理误差、安装误差、机床误差外，还有（　　）。
(A)刀具误差　　(B)夹具误差　　(C)测量误差　　(D)受力

136. 工序卡片上的工序说明图包含完成本工序后工件的（　　）信息。
(A)形状和尺寸公差　　(B)安装方式
(C)刀具的形状和位置　　(D)装配方法

137. 气动测量仪按其工作原理可分为（　　）。

(A)指示流量　　　(B)指示转速　　　(C)指示流速　　　(D)指示压力

138. 在精密磨削和超精密磨削时应用（　　）结合剂。

(A)陶瓷结合剂　　(B)树脂结合剂　　(C)低熔结合剂　　(D)环氧结合剂

139. 在磨床液压系统中常用节流口形式有（　　）。

(A)圆球形　　　　(B)针尖形　　　　(C)旋转缝隙形　　(D)三角槽形

140. 液压传动系统由动力部分、控制部分和（　　）组成。

(A)执行部分　　　(B)电气部分　　　(C)自动化部分　　(D)辅助部分

141. 机械加工中常用毛坯除有铸件外还有（　　）。

(A)锻件　　　　　(B)型材　　　　　(C)焊接件　　　　(D)组合件

142. 切削力分为（　　）。

(A)主切削力　　　(B)吃刀抗力　　　(C)走刀抗力　　　(D)退刀应力

143. 磨削细长轴使用开式中心架有（　　）作用。

(A)避免工件有裂纹　　　　　　　　(B)减少工件变形

(C)避免工件烧伤　　　　　　　　　(D)避免产生振动

144. 外圆磨床自动测量仪装置常用（　　）两种。

(A)半自动测量仪　(B)电动测量仪　　(C)气动测量仪　　(D)磁粉测量仪

145. 矩台卧轴平面磨床磨削方法可分为（　　）。

(A)横向磨削法　　(B)纵向磨削法　　(C)阶梯磨削法　　(D)深度磨削法

146. 测量条件主要指测量环境的温度和（　　）。

(A)气压　　　　　(B)湿度　　　　　(C)灰尘　　　　　(D)振动

147. 磨削时产生的振动有（　　）。

(A)共振　　　　　(B)衰减振动　　　(C)强迫振动　　　(D)自激振动

148. 可获得较细的表面粗糙度的磨削方法有（　　）。

(A)精密磨削　　　(B)超精密磨削　　(C)抛光磨削　　　(D)镜面磨削

149. 金刚砂轮由（　　）组成。

(A)工作层　　　　(B)过渡层　　　　(C)近心层　　　　(D)基体

150. 深孔磨削应注意（　　）。

(A)适当提高砂轮转速　　　　　　　(B)适当减少进给量

(C)适当增加背吃刀量　　　　　　　(D)适当减少背吃刀量

151. 刀具切削部分的材料应满足高的硬度和（　　）。

(A)高的耐磨性　　(B)高的耐热性　　(C)足够的强度　　(D)足够的韧性

152. 提高主轴旋转精度的方法有（　　）。

(A)提高主轴转速　　　　　　　　　(B)选择合适的轴承

(C)提高主轴精度　　　　　　　　　(D)控制主轴轴向窜动

153. 磨削偏心轴的装夹方法有（　　）。

(A)四爪卡盘装夹　(B)偏心套装夹　　(C)一顶针装夹　　(D)两顶针装夹

154. 影响工序余量的因素有前工序的工序尺寸和（　　）。

(A)表面粗糙度　　(B)变形层深度　　(C)位置误差　　　(D)安装误差

155. 工件的主要定位方法有（　　　）。

(A)以平面定位 　　　　　　　　　　(B)以外圆柱面定位

(C)以平面和内圆柱表面定位 　　　　(D)以平面和外曲面定位

156. 静压轴承常用的节流器有（　　　）。

(A)毛细管 　　　(B)薄膜式 　　　(C)滑阀式 　　　(D)小孔

157. 开槽砂轮的几何参数包括（　　　）。

(A)形状和尺寸 　　　　　　　　　　(B)沟槽的配置方式

(C)沟槽的形状 　　　　　　　　　　(D)沟槽的数量

158. MG1432B 型高精度万能外圆磨床,砂轮的线速度分为（　　　）两种。

(A)42.6 m/s 　　(B)35 m/s 　　(C)18.2 m/s 　　(D)17.5 m/s

159. 导轨直线度可用（　　　）检验。

(A)平尺 　　　　　　　　　　　　　(B)水平仪

(C)光学准直仪和钢丝 　　　　　　　(D)显微镜

160. 塑料导轨特点是（　　　）。

(A)无爬行 　　　　　　　　　　　　(B)耐磨性好

(C)轻载低速、高精度轨道 　　　　　(D)工作温度在 $-180℃\sim20℃$ 之间

161. 滚珠丝杠螺母机构常用以下方式消除间隙（　　　）。

(A)垫片式 　　　(B)挤压式 　　　(C)螺纹式 　　　(D)尺差式

162. 测量表面粗糙度的量仪有（　　　）。

(A)放大镜 　　　(B)光学显微镜 　　(C)干涉显微镜 　　(D)电动轮廓仪

163. 常用的液压基本回路按其功能可分为（　　　）。

(A)方向控制回路 　　　　　　　　　(B)压力控制回路

(C)速度控制回路 　　　　　　　　　(D)顺序动作回路

164. 三相异步电动机可采用改变（　　　）来进行调速。

(A)磁极对数 P 　　(B)电源频数 f 　　(C)转子电路串电阻 　(D)交流电压

165. 薄壁零件磨削因（　　　）等因素的影响而变形。

(A)夹紧力 　　　(B)磨削力 　　　(C)磨削热 　　　(D)内应力

166. 配套 V-平导轨须控制（　　　）三个要素。

(A)V 导轨纵向误差 　　　　　　　　(B)V 导轨半角误差

(C)平导轨角度 　　　　　　　　　　(D)V-平导轨不等高误差

167. 机床液压用油类型的选择常要考虑（　　　）。

(A)油的黏度 　　(B)油的温度 　　(C)工作环境温度 　　(D)系统工作压力

168. 任何一种热处理工艺都是由（　　　）三个阶段组成的。

(A)加热 　　　(B)保温 　　　(C)冷却 　　　(D)预热

169. 磨削套类零件的外圆时,可使用心轴装夹,常用的心轴有（　　　）。

(A)涨力心轴 　　(B)阶台心轴 　　(C)顶尖式心轴 　　(D)微锥心轴

170. 磨床的保养分为（　　　）。

(A)例行保养 　　(B)一级保养 　　(C)二级保养 　　(D)日常保养

171. 外圆磨床精度包括（　　　）三项。

(A)预调精度　　　　(B)系统精度　　　　(C)工作精度　　　　(D)几何精度

172. 高精密度磨削使用的切削液,其主要成分为(　　　)。

(A)防锈剂　　　　(B)低泡油剂　　　　(C)添加剂

173. 机床液压用油类型的选择常要考虑的(　　　)主要因素。

(A)油的黏度　　　　(B)系统工作压力　　　(C)工作的环境温度

174. 磨削精密螺纹时,螺距误差常用(　　　)、圆板、校正尺和温度补偿法校正。

(A)补充挂轮　　　　(B)圆板　　　　(C)校正尺　　　　(D)温度补偿法

175. 影响水平仪水准器灵敏度的因素有(　　　)。

(A)气泡长度　　　　(B)液体物理性质　　　(C)工件表面质量　　　(D)玻璃管内表面质量

176. 下列合金牌号中(　　　)不属于钨钴类硬质合金。

(A)YT15　　　　(B)YG6　　　　(C)YW2　　　　(D)YA6

177. 形成圆柱螺旋线的三个基本要素是(　　　)。

(A)圆柱的直径　　　(B)螺旋角　　　　(C)导程　　　　(D)旋向

178. 标准麻花钻主要由(　　　)部分组成。

(A)切削部分　　　　(B)导向部分　　　　(C)校准部分　　　　(D)刀柄

179. 砂轮磨钝的几种情况是(　　　)。

(A)磨粒磨钝　　　　(B)砂轮表面被堵塞　　(C)砂轮外形失真

180. 修正砂轮的方法有(　　　)。

(A)金刚钻　　　　(B)金刚石笔　　　　(C)碳化硅砂轮块

181. 根据工件六点定位原理,工件在夹具中的几种定位形式为(　　　)。

(A)完全定位　　　(B)不完全定位　　　(C)欠定位　　　　(D)过定位

182. 螺旋夹紧机构通常使用的方法是(　　　)。

(A)螺钉夹紧　　　(B)螺母夹紧　　　　(C)螺旋压板夹紧

183. 常用的松键连接有(　　　)。

(A)平键　　　　(B)半圆键　　　　(C)花键　　　　(D)楔键

184. 液压控制阀中用来控制压力的控制阀为(　　　)。

(A)溢流阀　　　　(B)换向阀　　　　(C)减压阀　　　　(D)顺序阀

185. 常见的淬火方法(　　　)。

(A)单液　　　　(B)双液　　　　(C)分级　　　　(D)混液

186. 水平仪主要用来测量(　　　)。

(A)平面度　　　　(B)圆度　　　　(C)直线度　　　　(D)垂直度

187. 测量误差可分为(　　　)。

(A)随机误差　　　(B)系统误差　　　　(C)粗大误差

188. 现行国家标准中,根据孔和轴的公差带之间的不同关系,可分为(　　　)。

(A)过渡配合　　　(B)过盈配合　　　　(C)间隙配合

189. 定位元件应具有(　　　)。

(A)耐磨性　　　　(B)高精度　　　　(C)高刚度　　　　(D)高强度

190. 发现有人触电时做法正确的是(　　　)。

(A)不能赤手空拳去拉触电者

(B)应用木杆强迫触电者脱离电源

(C)应及时切断电源,并用绝缘体使触电者脱离电源

(D)无绝缘物体时,应立即将触电者拖离电源

191. 电气故障失火时,可使用(　　)灭火。

(A)四氯化碳　　　(B)水　　　　　(C)二氧化碳　　　(D)干粉

192. 青铜是以(　　)作为主要合金元素的铜合金。

(A)锡　　　　　(B)铝　　　　　(C)铬　　　　　(D)铍

193. 强力磨削对砂轮的特殊要求为(　　)。

(A)粒度尽量粗些　(B)组织疏松的砂轮　(C)小气孔砂轮

194. 磨削粗糙度 Ra0.012 的工件,其工艺步骤为(　　)。

(A)粗磨　　　　(B)精磨　　　　(C)超精磨　　　　(D)镜面磨削

195. 磨时工件圆度误差过大的主要原因有(　　)。

(A)机床和工夹具　(B)工艺条件　　　(C)油石　　　　(D)其他

四、判 断 题

1. 磨削抗拉强度较低的材料时,可选择黑色碳化硅砂轮。(　　)

2. 工件表面烧伤现象实际上是一种由磨削热引起的局部退火现象。(　　)

3. 磨削同轴度要求较高的阶梯轴轴颈时,应尽可能在一次装夹中将工件各表面精磨完毕。(　　)

4. 工件端面磨成单向花纹,则说明端面很平整。(　　)

5. 内圆磨削所用的砂轮硬度,通常比外圆磨削用的砂轮软 1～2 小级。(　　)

6. 内圆磨削的砂轮线速度在 30～35 m/s 范围内。(　　)

7. 保证产品质量,提高经济效益,就必须严格执行操作规程。(　　)

8. 生产计划是保证正常生产秩序的先决条件。(　　)

9. 孔、轴公差带是由基本偏差与标准公差数值组成的。(　　)

10. 磨床 M120W 所能磨削工件的最大直径为 $\phi200$ mm。(　　)

11. 45 号钢含碳量较高,淬透性较好,所以一般用来做刀具之类零件。(　　)

12. 钢进行淬火的主要目的是为了提高硬度和耐磨性。(　　)

13. 将钢加热到一定的温度,保温一段时间,然后随炉缓慢冷却的热处理方法叫正火。(　　)

14. M7120B 型磨床型号中,"B"代表"半自动"。(　　)

15. 砂轮的耐用度是指从砂轮开始使用到报废所能磨削加工的时间。(　　)

16. 砂轮与工件接触面积较大时,为了避免工件烧伤或变形,应选用硬的砂轮。(　　)

17. 薄壁零件加工时,冷却液的量应大一些,进给量应小一些。(　　)

18. 内圆磨削时,由于砂轮较小,磨削速度较低,所以表面粗糙度一般较粗。(　　)

19. 冷却液温度越低,其散热性能越好,所以,磨削加工中,冷却液的温度越低越好。(　　)

20. 平面磨削时,砂轮与工件的接触面愈大,工件的散热性越好。(　　)

21. 外圆磨削中,横磨法较纵磨法使工件的变形大。(　　)

22. 仅用卡盘装夹工作时,如果工作较长,用工件定位的六点定律分析,工件是不可能得到确定的位置的。（　　）

23. 在电动机转速不变的情况下,砂轮外圆直径由于磨损而减小,砂轮的线速度会增大。（　　）

24. 通常情况下,磨床主轴的滑动轴承使用 N2 精密机床主轴油进行润滑。（　　）

25. 在磨削过程中,轴类工件用两顶尖装夹,比用卡盘装夹的定位精度要高。（　　）

26. 磨削同轴度要求较高的阶梯轴轴颈时,应尽可能在一次装夹中将工件各表面精磨完毕。（　　）

27. 内圆磨削的纵向进给量应比外圆磨削的纵向进给量大些,这样有利于工件很好地散热。（　　）

28. 磨削外圆时,常以前后顶尖装夹工件,工件的旋转是通过头架上的拨杆经夹头带动旋转实现的。（　　）

29. 我国制造的砂轮,一般安全工作速度为 35 m/s。（　　）

30. 硬度较高的砂轮具有比较好的自锐性。（　　）

31. 磨削导热性差的材料或容易发热变形的工件时,砂轮粒度应细一些。（　　）

32. 砂轮的"自锐作用"可使砂轮保持良好的磨削性能。（　　）

33. 工作台液压往复运动系统中,工作台的运动速度由溢流阀调节。（　　）

34. 用金刚石笔修整砂轮时,笔尖要高于砂轮中心 1~2 mm。（　　）

35. 磨削外圆时砂轮的接触弧要小于磨削内圆时的接触弧。（　　）

36. 磨削轴肩端面时,砂轮主轴中心线与工件运动方向不平行会造成端面内部凹进。（　　）

37. 通常内圆磨削所用的砂轮硬度,比外圆磨削所用的砂轮软 1~2 小级。（　　）

38. 内圆磨削的砂轮直径小,在相同的圆周速度下其磨粒在单位时间内参加切削的次数比外圆磨削要增加 10~20 倍。（　　）

39. 当工件的圆锥斜角超过上工作台所能回转的角度时,可采用转动头架角度的方法来磨削圆锥面。（　　）

40. 在用砂轮端面磨削平面时,将磨头倾斜一微小角度减少砂轮与工件的接触面积,可改善散热条件。（　　）

41. 在工具磨床上用万能夹具磨削有凸凹圆弧面和平面的工件时,应先磨平面,再磨凸圆弧面,最后再磨凹圆弧面。（　　）

42. 用靠模法磨削成形面,靠模工作型面是与工件型面完全吻合的反型面。（　　）

43. 无心外圆磨床磨削时,由磨削轮带动工件作圆周进给和纵向进给,导轮只起导向作用。（　　）

44. 采用单线砂轮磨削螺纹,粗磨时双向吃刀,精磨时可单向吃刀,保证两边磨削量一致。（　　）

45. 轧辊换下后应立即磨削,磨完以后立即上机工作,以增大轧辊循环使用频度。（　　）

46. 轧辊应配对磨削及使用,严格控制两轧辊配对差。（　　）

47. 轧辊直径、硬度均在允许范围之内,因出现某些缺陷甚至断裂而导致轧辊报废叫非正常损坏。（　　）

48. 在轧辊修磨过程中,正确选择砂轮非常重要,正确选择砂轮不但可以提高磨削质量,还可以提高工作效率,选择砂轮时,要考虑轧辊材质、热处理状态、表面粗糙度、磨削余量等因素。(　　)

49. 磨削液要正对着砂轮和工件的接触线,先开磨削液再磨削,防止任何中断磨削液的情况;要定期更换磨削液,定期更换过滤系统的过滤元件。(　　)

50. 新采购砂轮可以直接上机使用。(　　)

51. 轧辊表面产生多角形振纹及波纹的原因是磨削时砂轮相对于轧辊有振动。(　　)

52. 采用合理的冷却方法和磨削液可以防止轧辊修磨时的缺陷,提高砂轮的寿命。(　　)

53. 保证产品质量,提高经济效益,就必须严格执行操作规程。(　　)

54. 生产计划是保证正常生产秩序的先决条件。(　　)

55. 用中心钻加工的中心孔,产生五棱多角形误差的机会最多。(　　)

56. 中心孔锥面的深度以及两端中心孔的同轴度误差不影响磨削精度。(　　)

57. 磨削已热处理淬硬至 HRC6O 的 GCr15 材料时,应选用硬砂轮。(　　)

58. 密珠式心轴与阶台式心轴的定心精度是相同的。(　　)

59. M1432 型万能外圆磨床头架主轴滚动轴承内滚道的误差直接影响磨削精度。(　　)

60. 外圆的径向圆跳动误差仅与自身的形状误差有关。(　　)

61. 为了保证精密零件的尺寸稳定性,需采用冰冷处理工艺。(　　)

62. 零件的工艺过程一般可划分粗加工、半精加工和精加工三个阶段。(　　)

63. 采用互为基准原则,有利于减小工件的误差复映。(　　)

64. 定位基准统一原则有利于保证工件的位置精度。(　　)

65. 复合工步不能算作一个工步。(　　)

66. 滚珠丝杠螺母机构具有自锁作用。(　　)

67. 电感性电子水平仪是利用摆锤原理工作的。(　　)

68. 铰刀可以直接在实体工件上加工出精度很高的孔。(　　)

69. 活塞杆弯曲将造成液压泵吸空。(　　)

70. 机床液压系统回油路背压不足,易使工作台产生爬行现象。(　　)

71. I-10B 是一种单向阀。(　　)

72. 液压系统的压力和进入油缸流量的乘积等于液压系统的功率。(　　)

73. 油马达和油泵可以根据一定的条件而相互转化。(　　)

74. 刀具的后角恒大于零。(　　)

75. 陶瓷结合剂磨具由于易老化,故有效期不得超过一年。(　　)

76. 在镜面磨削时,为了保证砂轮具有适当弹性和抛光作用,选用陶瓷结合剂来制作砂轮。(　　)

77. Z3040 型摇臂钻床主轴的正反转及调整,采用机械方法实现。(　　)

78. 对于旋转精度要求高的机床主轴,常选用较高精度的轴承安装在主轴的前端。(　　)

79. 在平面连杆机构中,若极位夹角为零,则机构设有急回特性。(　　)

80. 镜面磨削是以砂轮微刃的强力抛光为主。(　　)

81. 一般情况下,砂轮的宽度愈宽,则磨削力也愈大。(   )

82. 当定位基准与设计基准不重合时,也会产生定位误差。(   )

83. 在中、小批生产条件下,不宜采用组合夹具、成组夹具等。(   )

84. 花键轴的主要作用是连接、传递动力。(   )

85. 液压系统中,如存在大量空气,则启动开停阀,工作台将出现突然前冲现象。(   )

86. 在液压缸内油液压力作用下,进入管道的油液体积和从管道排出的油液体积相等,这就是"帕斯卡原理"。(   )

87. 液压系统中的工作压力大小与外界负载无关。(   )

88. 三相异步电动机绕组由双星形换接成三角形,其转速由低变高。(   )

89. 三相异步电动机旋转磁场的转速 n,与磁极对数 P 成反比,与电源频率成正比。(   )

90. 两带轮直径之差越大,小带轮的包角也越大。(   )

91. 高精度外圆磨床,外圆的加工圆度可达到 $0.1\ \mu m$。(   )

92. 淋浴式冷却方式,有利于提高丝杠的磨削精度。(   )

93. 外圆磨床砂轮架热变形后,将使主轴向后下方位移。(   )

94. 反接制动可将电枢两端反接或将磁场绕组反接,因电机转向未变,反电势极性未变,故反接制动电流不大。(   )

95. 数控加工对象改变时,除了需更换控制带外,还需对机床进行调整,才能自动加工出所需的工件。(   )

96. 在工具磨床上用靠模分度刃磨螺旋槽滚刀时,靠模与刀具的导程槽数必须相等。(   )

97. M9017A 型光学曲线磨床物镜的放大倍率为 100。(   )

98. 超精密磨削时,加工表面的表面粗糙度与上道磨削工序的加工质量无关。(   )

99. M1432A 型万能外圆磨床头架主轴滚动轴承内滚道的误差直接影响磨削精度。(   )

100. 静压轴承工作时是纯液体摩擦。(   )

101. 以外径定心的花键轴,需要磨削内径。(   )

102. 工作台运动时,放气阀不关闭将造成工作台往复速度不一致。(   )

103. 数控机床是采用数字控制装置或电子计算机进行控制的。(   )

104. 数控机床适应了多品种、大批量生产的需要。(   )

105. 万能工具显微镜可以测量样板、螺纹、特形零件的尺寸和形状精度。(   )

106. 电感式电子水平仪与一般框式水平仪的工作原理相同。(   )

107. 圆度仪不仅可以测量圆度误差,还可以测量同轴度、垂直度、平行度误差等。(   )

108. 精密主轴的圆度公差一般为 $0.3\sim3\ \mu m$。(   )

109. 用高精度外圆磨床磨削精密主轴时,砂轮的圆周速度一般为 $15\sim20\ m/s$。(   )

110. 用中心钻修研的中心孔,产生三棱形的概率最大。(   )

111. 精密主轴锥孔的锥面配合接触面应小于 80%。(   )

112. 磨削精密主轴时,中心孔的最后一次研磨工序,要保证中心孔与磨床顶尖有 90% 的接触面。(   )

113. 用磨削方法加工的中心孔比研磨的中心孔精度要低一些。（　　）

114. 磨削螺纹时的对线是为了消除和减少丝杆磨削时上道工序螺距的加工误差。（　　）

115. 螺纹磨削一般均选用硫化油类作为切削液。（　　）

116. 磨削螺纹时，为保证砂轮有正确的截形，粒度应较细，硬度应较高。（　　）

117. 在精密丝杆的磨削过程中，为减少弯曲变形，可安排校直工序。（　　）

118. 精密及精密磨长丝杆螺纹时，仅磨削牙型两个侧面，不磨削小径。（　　）

119. 蜗杆相当于一个齿数很少、螺旋角很大的小齿轮。（　　）

120. 不平衡的砂轮在高速旋转时会产生离心力，离心力的大小与砂轮角速度的平方成反比。（　　）

121. WSD-1 型砂轮自动平衡装置，是利用直角坐标法平衡砂轮原理进行自动平衡的。（　　）

122. 金刚石磨料磨具适于磨削钢材及其他塑性材料。（　　）

123. 人造金刚石磨料磨具磨削性能好，适于大负荷磨削。（　　）

124. 立方氮化硼磨料磨具适于加工硬韧黑色金属。（　　）

125. 用立方氮化硼砂轮磨削时，应采用水溶性切削液。（　　）

126. 用人造金刚石磨具磨削时，粗磨选用 80/100～100/120 粒度。（　　）

127. 用人造金刚石磨具磨削表面粗糙度值较小的工件时，宜选用较高的浓度。（　　）

128. 金刚石磨具所用的切削液以煤油效果最佳。（　　）

129. 立方氮化硼磨料的硬度和耐热性均低于金刚石磨料。（　　）

130. 用立方氮化硼磨具磨削时，磨具圆周速度可达 40～60 m/s，甚至更高的速度。（　　）

131. 超硬磨料磨具的修整过程，与普通磨具(砂轮)是相同的。（　　）

132. 滚动导轨比滑动导轨摩擦力小，且运动平稳。（　　）

133. 熔断器对于保护短路故障是很有效的，但却不宜用作电动机的过载保护。（　　）

134. M712OA 是工作台宽度为 120 mm 的卧轴矩台平面磨床。（　　）

135. 中心孔的圆度误差，近似地按 1∶1 的比例传递给工件的外圆。（　　）

136. 接触器自锁控制线路具有欠压、失压保护作用。（　　）

137. 磨削钛合金时，砂轮的磨钝形式为黏结型。（　　）

138. 用中心孔定位，磨削外圆时，其基准既重合又统一。（　　）

139. 试磨试件时，以最小横进给量单向二次，然后无进给磨削十个双行程即可。（　　）

140. 若几何精度检验和工作精度检验得出相互不同的结论时，则应以几何精度检验的结论为准。（　　）

141. 滚珠丝杠螺母机构的传动特点比滚柱螺母机构更优越。（　　）

142. 电感式传感器是利用改变电感量来反映测量线性量值的。（　　）

143. 行程开关是受机械运动部件碰撞而动作的主令电器，开关内速动机构的作用是灭弧，复位方式是自动复位。（　　）

144. 三相异步电动机，在任何工作状态下其电磁转矩方向始终和旋转方向一致。（　　）

145. 在横截面积相等的情况下，空心轴比实心轴的抗扭截面系数大，空心轴比实心轴抵

抗扭转变形的能力大。（　　）

146. 蜗杆蜗轮传动被广泛采用的主要原因是传动比大,结构简单。（　　）

147. 在 O、A、B、C、D、E、F 七种型号的三角皮带中,O 型皮带的剖面最大,F 型的最小。（　　）

148. 若在静压系统中不设节流器,则压力差就建立不起来。（　　）

149. M7120 型平面磨床控制线路中,FR3 虽为冷却泵电动机的过载保护,但当其常闭触点分断时,砂轮电动机和冷却泵电动机一起失电停转。（　　）

150. 高速磨削提高了生产率,但砂轮耐用度很低。（　　）

151. 丝杠磨削时,如果砂轮平衡不好或两端中心孔的表面粗糙值大,工件表面将出现直波形振痕。（　　）

152. CB-B25 中前后两个"B"的意义分别是"泵","板式连接"。（　　）

153. 某些精密零件在精加工之前需对定位基准进行修整以保证工件的加工精度。（　　）

154. 加工中应尽可能减少安装次数。因为安装次数越多,安装误差也就越大,且增加辅助时间。（　　）

155. 检验普通级外圆磨床工作精度时,试件试磨表面粗糙度应为 Ra0.4 μm。（　　）

156. 磨床的工作精度是指磨床的传动精度和定位精度的综合精度。（　　）

157. 磨床预调检验时,需调整机床的安装水平,其纵向和横向误差均不得超过 0.04 mm/1 000 mm。（　　）

158. 检验外圆磨床床身纵向导轨的直线度时,垂直平面和水平面内的允差值是不相同的。（　　）

159. 预调精度是磨床的基础精度。（　　）

160. 砂轮架移动对工作台移动的垂直度,不属于磨床直线运动精度。（　　）

161. 用检验棒检验头架主轴轴线对工作台移动的平行度时,检验棒自由端只许向砂轮和向上偏。（　　）

162. 砂轮架主轴轴线与头架主轴轴线的等高度,精密磨床允差为 0.2 mm。（　　）

163. 检验砂轮主轴轴线与头架主轴轴线的等高度时,头架应在热态下检验。（　　）

164. 磨床砂轮架快速引进的重复定位精度,其允差规定为 0.02～0.012 mm。（　　）

165. 工艺卡片主要用于大批量生产的产品零件。（　　）

166. 工艺卡片是按产品零、部件的某一工艺阶段编制的一种工艺文件。（　　）

167. 编制工时定额的主要依据是产品图样。（　　）

168. 零件和产品的成本中,工艺成本是最主要的部分。（　　）

169. 磨削后还要进行高精度磨削或光整加工时,不必对各加工工序间的表面粗糙度提出要求。（　　）

170. 磨削一般是工件的后道工序,不必了解零件毛坯种类和制造方法。（　　）

171. 选择加工表面的设计基准为定位基准,称为基准统一原则。（　　）

172. 对需要渗氮的工件,渗氮处理一般安排在半精磨之后。（　　）

173. 中小批生产时,宜采用组合夹具、或组夹具等。（　　）

174. 为保证工件最终的高精度,确定工序余量时,工序余量及公差值定得越小越好。（　　）

175. 采用中心孔定位磨削零件外圆时,其基准既重合又统一。( )

176. 锻造毛坯比棒料毛坯的金相组织好,经热处理后有较好的力学性能,所以机床主轴选用锻件。( )

177. 砂轮主轴的回转精度,单指砂轮主轴前端的径向圆跳动偏差。( )

178. 砂轮主轴的回转精度,直接影响到工件的表面粗糙度。( )

179. 高精度磨削时,砂轮的修整位置与磨削位置应尽量接近。( )

180. 在外圆磨床上,若砂轮主轴与工件轴线不等高,磨削外圆锥时,锥体素线将形成中凸双曲线形。( )

181. 砂轮主轴轴线与工作台移动方向的平行度误差会影响磨削后端面的平面度。若砂轮主轴前偏,工件端面会被磨成凹形。( )

182. 头架和尾座的中心连线对工作台移动方向在垂直平面内的平行度误差,会使磨外圆时产生腰鼓形。( )

183. 工作台移动在水平面内的直线度误差,会使修整后的砂轮为圆锥体。( )

184. 工作台移动在垂直平面内若有直线度误差,修整后的砂轮素线是双曲线。( )

185. 液压系统振动会使磨削时工件表面产生螺旋纹。( )

186. 立轴式平面磨床热变形后,使主轴向前弯曲。( )

187. 外圆磨床头架热变形后,会引起主轴上素线和侧素线偏斜,使工件产生螺旋痕迹。( )

188. 磨削纯镍、铝、铜铝合金等软材料,宜选用大气孔组织的碳化硅砂轮。( )

189. 研磨是用固定的磨粒通过研具对工件进行微量切削。( )

190. 研磨有利于提高零件表面的疲劳强度。( )

191. 研具的硬度应高于工件的硬度。( )

192. 研磨时,工件任一点上的运动轨迹,尽量不出现周期性的重复。( )

193. 煤油能使研磨剂保持一定的湿度,从而起到润滑作用,并能使磨粒分布得更均匀。( )

194. 超精加工的特点是切削过程能自动循环进行。( )

195. 表面粗糙度不单指零件加工表面所具有的微观几何形状不平度,还要考虑表面形状和表面波纹等。( )

196. 磨削有圆弧曲线的精密样板的关键是工件的定位装夹和尺寸控制。( )

197. 精密样板磨削过程中安排冰冷处理是为了增强工件的韧性。( )

198. 由于超精加工过程中有振动,所以油石的组织要紧密一些。( )

199. 珩磨头在每一往复形程的起始位置都是与上次相同的。( )

200. 珩磨可获得较高的尺寸精度,但不能修正孔在珩磨前出现的轻微形状误差。( )

201. 孔的轴线直线度和孔的位置度精度,不能通过珩磨来修正。( )

202. 珩磨只能加工内孔,不能用于外圆、球面等加工。( )

203. 一般镗孔以后留的珩磨余量为 0.01~0.02 mm。( )

204. 珩磨速比越大,生产率越高,但工件的表面质量不易提高。( )

205. 经过超精加工,可以使预加工表面粗糙度为 $Ra0.4\ \mu m$ 的工件很快减低到 $Ra0.012~0.006\ \mu m$。( )

206. 超精加工时,工件圆周速度增大,会使切削作用减弱,生产效率降低,而有利于降低表面粗糙度值。(　　)

207. 超精加工时,磨具的纵向进给量越大,生产效率越高,但不利于降低工件表面粗糙度值。(　　)

208. 超精加工过程中,油石既要具有切削性能,又要具有光整抛光性能。(　　)

209. 碳化硅磨料的油石适用于加工合金钢、碳素钢材料的工件。(　　)

五、简 答 题

1. 公差与配合图解是什么意思?

2. 如图 3 所示,工作简图为长轴,材料为 45 号钢,试简述其磨削工艺。

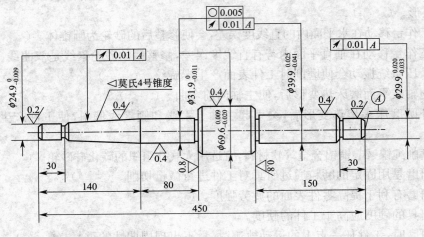

图　3

3. 砂轮为什么要进行平衡试验?

4. 引起砂轮不平衡的原因有哪些?

5. 外圆磨削时用两顶针装夹工件有何优缺点?

6. 内圆磨削分为哪三种形式? 与外圆磨削相比有哪些特点?

7. 磨削过程中所提及的接触弧对磨削有何影响?

8. 工件表面在磨削过程中产生螺纹痕迹的主要原因是什么?

9. 磨削过程中,影响工件表面粗糙度的因素有哪些?

10. 试分析在磨削内圆锥面时,产生双曲线误差的主要原因有哪些?

11. 试述砂轮代号 P600×75×305WA80L5B35 的意义。

12. 平面磨削中,周边磨削有什么特点?

13. 螺纹磨削有哪些特点?

14. 常用的外圆磨削方法有哪几种? 各有什么特点?

15. 对中心孔有哪些技术要求?

16. 合理选择外圆砂轮应遵循哪些原则?

17. 简述制订磨削工艺的步骤。

18. 如图 4 所示,磨削内锥面 a,试分析下列两种方案的磨削精度。
(1)以外圆锥面 *b* 定位;
(2)以外圆柱面 *c*、*d* 定位。

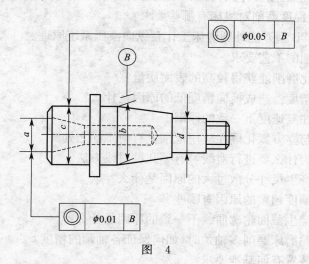

图 4

19. 砂轮主轴轴承产生过热的原因是什么?
20. 试判断如图 5 所示的各铰链四杆机构的类型。

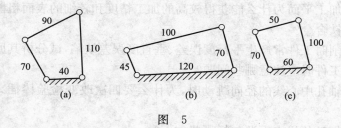

图 5

21. 确定夹紧力方向应遵循哪些原则?
22. 怎样磨削高温合金?
23. 怎样缩短基本时间?
24. 怎样缩短辅助时间?
25. 说明内圆磨削用浮动传动盘的结构原理。
26. 何为工序基准?
27. 何为复合工步?
28. 何为自动化磨削?
29. 何为高效磨削?
30. 何为高速磨削?
31. 怎样磨制配偶件?
32. 如何确定磨削工序间的表面粗糙度?
33. 怎样检测内圆磨具支架孔轴线对头架主轴轴线的等高度?
34. 怎样检测砂轮架快速引进重复定位精度?

35. 怎样检测头架回转时主轴轴线的等高度？

36. 砂轮主轴的回转运动误差对加工有何影响？

37. 老磨床会出现"启动开停阀，台面不运动"的现象，试分析产生这种故障的原因。

38. 高精度、低粗糙度磨削对机床有哪些要求？

39. 试述 MG1432B 型万能外圆磨床工作台纵向液压系统原理。

40. 试述强力磨削的工艺要求。

41. 为什么珩磨比磨削能获得较高的表面质量？

42. 什么是换向精度？造成换向精度低的原因是什么？

43. 试述工作台往复速度不一致的原因。

44. 人造金刚石与立方氮化硼在应用范围上有何不同之处？

45. 螺纹磨削时为什么要进行对线？有哪几种对线方法？

46. 无心磨削时产生尺寸分散过大的原因是什么？

47. 无心磨削时圆度超差的原因有哪些？

48. 多面磨削时产生截面轮廓曲线不一致的原因是什么？

49. 采用多片砂轮磨床磨削多轴颈时，如何保证各轴颈的精度？

50. 对夹具夹紧装置有何基本要求？

51. 机床刚度不足对工艺过程有何影响？影响机床刚度的因素有哪些？

52. 加工前，为什么要作机床空运转？

53. 圆周磨削加工平面为什么能获得较高的加工精度和较细的表面粗糙度？

54. 怎样磨削钛合金？

55. 双端面磨削时工件常产生平行度误差、垂直度误差缺陷，试分析其原因。

56. 磨削薄片工件时应注意哪些问题？

57. 在检验主轴孔中心线的径向跳动时，为什么要四次改变检验棒插入位置？怎样确定检验结果？

58. 引起机床振动的机内振源包括哪些方面？

59. 什么叫光整加工？

60. 试确定如图 6 所示的十字轴的磨削工艺。

61. 工作台运动时，产生爬行的原因是什么？

62. 如图 7 所示的主轴套，材料为 200Cr，试确定磨削工艺。

63. 简述 MG1432B 型万能外圆磨床头架主轴轴承结构及调整方法。

64. 为什么使用球面顶尖定位可达到较高的磨削精度？

65. 怎样磨削球轴？

66. 拟定磨削工艺方案的依据是什么？

67. 强力磨削的原理是什么？

68. 外圆磨削时，影响工件圆度的因素有哪些？

69. 高精度细粗糙度磨削对机床有哪些要求？

70. 金刚石研磨膏用途如何？怎样使用？

71. 影响磨削精度的因素有哪些？

72. 说明压力式气动量仪的工作原理。

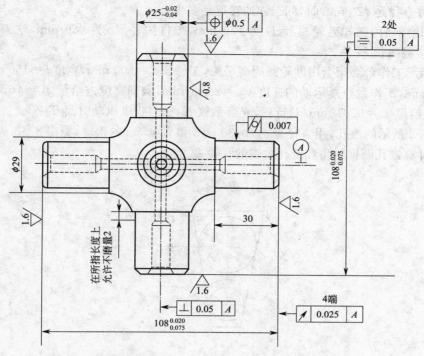

1.去毛刺,未注圆角R4 mm。
2.渗碳层深度0.8~1.3 mm。
3.硬度58~63 HRC,在轴颈上检查。

图 6

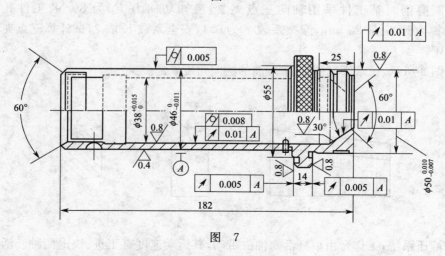

图 7

73. 确定夹紧力方向应遵循哪些原则?

74. 什么是基准位移误差,产生基准位移误差的原因是什么?

75. 什么是"加工中心"?

六、综 合 题(每题10 分)

1. 已知无心外圆磨床导轨直径为 ϕ350 mm,转速是 50 r/min,导轨轴线相对砂轮轴线倾

斜 $3°$，当工件直径是 $\phi20$ mm 时,问工件的转速是多少?

2. 内圆磨削时,已知砂轮直径 D 为 $\phi50$ mm,工件内径 d_w 为 $\phi80$ mm,吃刀深度 f_r 为 0.02 m,求接触弧长 L_k?

3. 在矩形工作台磨床上用砂轮圆周磨平面,工件长 $L=300$ mm,宽度 $b=150$ mm,加工余量 $Z=0.1$ mm,工作台往复运动的速度 $V_w=20$ m/min,磨削宽度进给量 $f_h=4$ mm/双行程,磨削深度进给量 $f_r=0.01$ mm/双行程,光磨系数 $K=1.44$,求机动时间 T_o?

4. 如图 8 所示的锥孔,用直径分别为 $\phi30$ mm 和 $\phi20$ mm 的钢球,测得 $a=3.75$ mm,$H=59$ mm,试计算锥孔圆锥斜角和锥孔大端的孔径 D_o?

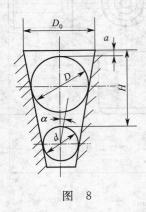

图　8

5. 某工件内孔直径为 $\phi40_0^{+0.027}$ mm,长 40 mm,加工时用直径为 $\phi40_{-0.06}^{-0.02}$ 的圆柱阶台心轴定位,求定位误差与可能产生的最大转角?

6. 内圆磨削时某工件采用轴向三点夹紧,已知切向力 F_z 为 80 N,工件孔径 $2R$ 为 60 mm,摩擦力臂 $2r$ 是 80 mm,摩擦系数 f 为 0.1,安全系数 K 取 2,试计算三点夹紧时各处的夹紧力 W。

7. 如图 9 所示,试求磨削斜面时 A 面的法向角度 θ 是多少?

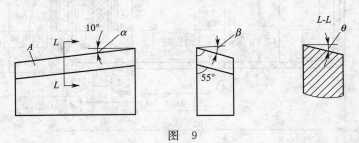

图　9

8. 有液压系统,工作台由单杆活塞油缸带动,其运动速度有工进、快退两种。活塞直径 D 为 $\phi80$ mm,活塞杆直径 d 为 $\phi56$ mm,工作压力 p 为 45 MPa,流量 $Q=3.33\times10^{-4}$ m^3/s,试求工进、快退时的速度及其推力为多少?

9. 如图 10 所示,工件以外圆直径 $\phi40_{-0.10}^0$ 在 V 形铁上定位,磨削阶台面尺寸 10 ± 0.10 mm,已知 $\phi40$ mm 对 $\phi50\pm0.02$ mm 同轴度公差为 0.02 mm,试计算定位误差?

10. 已知外圆纵磨时单位金属切除率 $Z_s=125$ $mm^3/(min\cdot mm)$,切削力系数 $C_p=1.67$,砂轮工作宽度 $B_i=60$ mm,求径向切削力 F_Y。

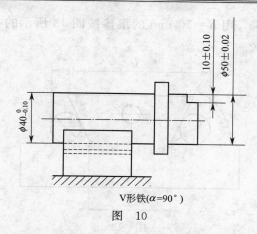

V形铁(α=90°)

图　10

11. 已知阶台式心轴的直径尺寸为 $\phi 27_{-0.020}^{-0.007}$ mm，工件孔径为 $\phi 27_{0}^{+0.021}$ mm，求工件磨削后的同轴误差。

12. 如图 11 所示的外圆磨床横向进给机构，试计算当手轮转一圈后砂轮架的进给量，当手轮上刻度盘刻有 200 格时，问手轮过一格时，砂轮架进给量是多少？

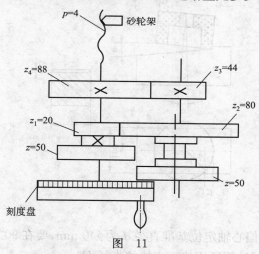

图　11

13. 如图 12 所示为外圆磨床工作台纵向移动传动机构，问当手轮转过一圈后，工作台实际移动的距离是多少？

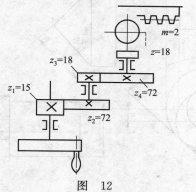

图　12

14. 一燕尾角度 $\alpha=55°$，用 $d=10$ mm 的滚棒按图 13 所示的方法测得外侧尺寸 $M=104.11$ mm，求它的宽度 b？

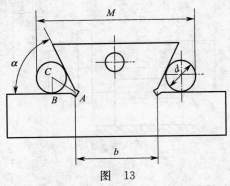

图 13

15. 在平面磨床上用端面砂轮磨板工件，加工中为改善切削条件，减少砂轮与工件的接触面积，常将砂轮倾斜一个很小的角度，如图 14 所示，若 $\alpha=2'$，试计算磨后工件的平面度误差？

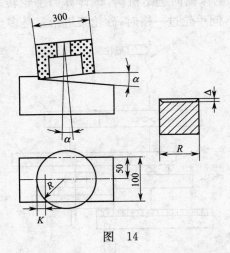

图 14

16. 如图 15 所示，一偏心轴定位基准直径 d 为 $\phi40$ mm，要在 $90°$ 的 V 形槽中定位，磨削偏心距 e 为 4 mm 的外圆，试计算所用找正心棒的直径 D？

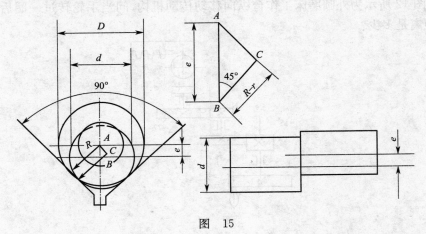

图 15

17. 已知外圆纵磨的单位金属切除率 $Z_s = 125 \text{ mm}^3/\text{min} \cdot \text{mm}$，磨削功率系数 $C_p = 3.9$，砂轮工作宽度为 60 mm，求磨削功率？

18. 在工具磨床上用平行砂轮周面磨削圆柱铣刀后角，已知铣刀直径为 $\phi 40 \text{ mm}$，砂轮直径为 120 mm，铣刀后角为 $8°$，问砂轮中心与铣刀中心相差多少？

19. 如图 16 所示的零件，在切削加工已得到尺寸 $80^{0}_{-0.1} \text{ mm}$ 及 $50^{-0.01}_{-0.06} \text{ mm}$，为保证尺寸 $20 \pm 0.1 \text{ mm}$，磨削内孔时的控制长度 L 是多少？

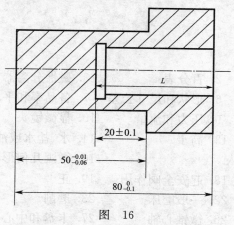

图 16

20. 假设立轴平面磨床，砂轮直径 D 为 300 mm，磨削宽度 B 为 115 mm，磨头倾角 α 为 $30'$，试计算平面度误差 Δh？

21. 螺纹磨床的母丝杠长为 1 m，温升 $4℃$，设线胀系数 α 为 $1.07 \times 10^{-5}/℃$，试求热变形量 ΔL？

22. 已知砂轮直径为 $\phi 400 \text{ mm}$，砂轮转速为 $1\ 670 \text{ r/min}$，试求砂轮的圆周速度是多少。

23. 磨削工件直径为 $\phi 30 \text{ mm}$，若选取 $V = 30 \text{ m/min}$，试求工件的转速是多少。

24. 已知砂轮宽度 $B = 40 \text{ mm}$，选择纵向进给量 $f = 0.4B$，工件转速为 224 r/min，求工作台纵向速度。

25. 已知工件转带速 210 r/min，砂轮宽度 $B = 45 \text{ mm}$，若选取纵向进给量 $f = 0.6B$，试求工作台的纵向速度？

26. 已知一圆锥体小端直径 $d = 29 \text{ mm}$，锥度 $C = 1 : 10$，长度 $L = 45 \text{ mm}$，求该圆锥体的大端直径 D 为多少？

27. 已知一圆锥体大端直径 $D = 50 \text{ mm}$，小端直径 $d = 36$，长度 $L = 70 \text{ mm}$，试求圆锥体的锥度 C 以及圆锥斜角 $\alpha/2$。

28. 试述强力磨削的工艺要求。

29. 制订自动线生产工艺流程时，应考虑哪些原则？

30. 影响工件磨削表面粗糙度的主要因素有哪些？降低工件表面粗糙度值有哪些途径？

31. 数控机床由哪几部分组成？各起什么作用？

32. 若工序节拍与自动线生产节拍相差较大，应采用哪些措施予以平衡？

33. 试述磨削蜗杆时干涉效应形成的原因。

34. 试分析精密套筒的磨削工艺特点。

35. 简述磨削冷却液的作用及常用冷却液种类。

36. 试述薄壁套的特点和磨削方法。

磨工（高级工）答案

一、填空题

1. 小	2. 百分表	3. 磁性分离器	4. 弹性
5. 测量误差	6. 形状和尺寸公差	7. 备品率和平均废品率	
8. 监视	9. 压力和流量	10. 显微镜头	11. 视图
12. 20	13. 高于	14. 水、盐水或油	
15. 抵抗其他硬物压入		16. 微观几何形状误差	
17. 0.6%～1.3%	18. 起安全阀作用	19. 正	20. 旋转双曲面
21. 低于两轮中心	22. 一般磨床	23. 磨削	24. 刚玉
25. 不重合	26. 微锥心轴	27. 卡盘和中心架	28. 定心和支撑
29. 工件作轨迹运动磨削法		30. 母线	31. 振动
32. 磨削加工的时间	33. 砂轮的自锐性	34. 高速旋转的砂轮	35. 接触弧
36. 所接触的	37. 磨削热	38. 纵磨法	39. 两
40. 砂轮圆周速度 $V_砂$	41. 小些	42. 端面	43. 位置
44. 较大	45. $1°30'～2°30'$	46. 砂轮在法兰盘上安装所产生的不平衡量	
47. 较大	48. 修正量	49. 磨床的空转	50. 60
51. 一级保养	52. 9Cr2Mo	53. 1 250 mm	
54. 低温抗磨 46# 液压油		55. 三角	
56. 阀芯	57. 空气侵入	58. 控制电器	59. 行程位置
60. 交替通断	61. 外循环	62. 毛细管	63. 平面
64. 17.5 m/s	65. 1/20	66. 3～5	67. 光学准直仪
68. 螺旋形	69. 凸	70. 摩擦系数小	71. 齿差式
72. 动压	73. 极坐标法	74. 流量式	75. 干涉显微镜
76. 手指	77. Z	78. 间断	79. 双摇杆
80. 14	81. 变位	82. 点	83. 受力较大
84. 涨开	85. 低速	86. 52%	87. 渐开线
88. 余量小	89. 手动	90. 压力控制回路	
91. 改变工作开口的大小	92. 磁极对数 P		93. 38%
94. 中小批、多品种	95. 作用力与反作用力		96. 磨削力
97. H-N	98. 嵌	99. 0.02	100. V 形导轨半角误差
101. 硬黏	102. 调头接刀	103. 添加剂	104. 交叉
105. 0.01	106. 大小	107. 正	108. 反接

109. 系统工作压力　110. 0.0075　111. 砂轮摆动　112. 形状和尺寸
113. 小　114. 铰链四杆　115. 差　116. 压力
117. 氧化物　118. 硬质合金、硬铬之类
119. 工作精度　120. 八　121. 8　122. 补充挂轮
123. 混合　124. 电磁脱扣器　125. 流动连续性　126. 切削用量
127. 所耗费的时间　128. 叶片定量　129. 换向阀的终制动　130. 生产效率高
131. 0.005　132. 高精密级　133. 传感器　134. 气泡长度
135. 抛光　136. 多一些　137. 多一些　138. 刚性
139. 纯液体摩擦　140. 滑阀式　141. 传动时无轴向间隙
142. 曲柄　143. 往复运动　144. 微刃具有良好的等高性
145. 多　146. 轮系　147. 头数　148. 周转
149. 带　150. 大　151. 大些　152. 较重要
153. 螺钉　154. 稳定的浓度　155. 切削热　156. 标准工艺
157. 轮廓　158. 自转　159. 螺旋　160. 小
161. 预制动　162. 油缸　163. 浮动性　164. 溢流阀
165. 韧性　166. 砂轮磨削率　167. 砂轮磨耗率　168. 定位基准
169. 加工面的位置　170. 采用同一基准　171. 研磨剂　172. 提高砂轮线速度
173. 切削加工性能　174. 耐磨性　175. 结构尺寸　176. 经济性
177. 相对测量误差　178. 测角目镜　179. 测微法　180. 涂色法
181. 水平仪法　182. 电气接线图　183. 换向点位置之差　184. 精度要求高
185. 砂轮表面被堵塞　186. 立方氮化硼　187. 金属陶瓷　188. 前刀面磨损
189. 正常磨损阶段　190. 内部组织　191. 被加工工件表面粗糙度
192. 测量电路　193. 辅助电路　194. W10～W20
195. 砂轮易被磨屑黏附和嵌塞　196. 45　197. Ra0.1～Ra0.05
198. 15～20　199. 关键　200. 位置　201. 同轴度
202. 烧伤　203. 1　204. 自润滑　205. 疏松
206. 0.002～0.01mm

二、单项选择题

1. C　2. B　3. C　4. C　5. C　6. B　7. B　8. B　9. B
10. A　11. C　12. C　13. C　14. A　15. B　16. D　17. D　18. A
19. A　20. B　21. C　22. C　23. D　24. B　25. B　26. D　27. A
28. A　29. B　30. B　31. B　32. D　33. B　34. B　35. B　36. B
37. B　38. B　39. D　40. C　41. B　42. B　43. C　44. B　45. B
46. D　47. A　48. C　49. D　50. B　51. C　52. D　53. C　54. C
55. A　56. D　57. B　58. A　59. B　60. C　61. B　62. B　63. A
64. C　65. B　66. B　67. B　68. A　69. A　70. C　71. A　72. C
73. A　74. A　75. C　76. B　77. C　78. A　79. A　80. C　81. D
82. B　83. D　84. A　85. B　86. B　87. B　88. A　89. C　90. B

91. D　92. C　93. A　94. B　95. D　96. C　97. C　98. A　99. C
100. B　101. B　102. C　103. D　104. C　105. C　106. B　107. D　108. B
109. A　110. A　111. C　112. C　113. C　114. B　115. C　116. C　117. B
118. A　119. D　120. D　121. D　122. C　123. A　124. B　125. C　126. A
127. A　128. C　129. C　130. B　131. B　132. B　133. A　134. B　135. C
136. A　137. C　138. C　139. C　140. C　141. D　142. D　143. A　144. C
145. D　146. A　147. A　148. A　149. B　150. B　151. B　152. A　153. C
154. B　155. A　156. B　157. C　158. C　159. B　160. B　161. A　162. B
163. B　164. D　165. A　166. B　167. C　168. B　169. C　170. D　171. C
172. A　173. B　174. B　175. B　176. D　177. C　178. B　179. A　180. D
181. B　182. B　183. A　184. B　185. B　186. D　187. C　188. D　189. D
190. A　191. C　192. B　193. C　194. A　195. C　196. B　197. A　198. A
199. C　200. A　201. C　202. C　203. B　204. A　205. B　206. B　207. C
208. C

三、多项选择题

1. ABC　2. ABC　3. ACE　4. ABD　5. AC　6. ABC　7. ABDE
8. ABDEF　9. BCD　10. ABCD　11. ABCD　12. ABCD　13. ABD　14. ABCD
15. ABCD　16. ABC　17. AD　18. BD　19. ABCD　20. BC　21. CD
22. ABCD　23. ABCD　24. ABCD　25. BCD　26. ABCD　27. ABCD　28. BC
29. AC　30. BC　31. BCD　32. ABCD　33. AB　34. ABCD　35. ABCD
36. ACD　37. ABC　38. ACD　39. BCD　40. ABCD　41. BCD　42. BCD
43. AB　44. ABC　45. ABD　46. AB　47. BC　48. ABCD　49. BC
50. ACD　51. BCD　52. ABC　53. BCD　54. ACD　55. ABC　56. BCD
57. ACD　58. ABCD　59. ABCD　60. ABCD　61. ABCD　62. BC　63. AB
64. BCD　65. BCD　66. ABD　67. ACD　68. ABD　69. BCD　70. ABC
71. BCD　72. ABCD　73. ABCD　74. ABD　75. ABCD　76. ABC　77. ACD
78. ABC　79. ABD　80. ABCD　81. ABD　82. CD　83. ABCD　84. ABD
85. ABCD　86. AB　87. ABC　88. ABC　89. ABCD　90. ABCD　91. ABCD
92. AB　93. ABC　94. AC　95. ACD　96. ABCD　97. AD　98. ABCD
99. ABCD　100. ABCD　101. AB　102. ABC　103. AB　104. ABC　105. ABCD
106. ACDE　107. ABCD　108. ABC　109. ABC　110. ABCD　111. ABCD　112. ABCDE
113. ABCD　114. ABC　115. ABC　116. ABCD　117. ABCD　118. ABCD　119. ABCD
120. ABCD　121. BCD　122. ABCD　123. ABCD　124. ABCD　125. BC　126. ABCD
127. ABCD　128. ABCD　129. ABCD　130. ABCD　131. ABCD　132. ABCD　133. AC
134. ABCD　135. ABCD　136. ABC　137. ACD　138. AB　139. BCD　140. AD
141. ABCD　142. ABC　143. BD　144. BC　145. ACD　146. BCD　147. CD
148. ABD　149. ABD　150. ABD　151. ABCD　152. BCD　153. ABD　154. ABCD
155. ABCD　156. ABCD　157. ABD　158. BD　159. ABCD　160. ABCD　161. ACD

162. BCD　163. ABCD　164. ABC　165. ABCD　166. BCD　167. ACD　168. ABC
169. ABCD　170. ABC　171. ACD　172. ABC　173. ABC　174. ABCD　175. ABD
176. ABC　177. ACD　178. ABD　179. ABC　180. ABC　181. ABCD　182. ABC
183. ABC　184. ACD　185. ABC　186. ACD　187. ABC　188. ABC　189. ABC
190. ABC　191. ACD　192. ABD　193. AB　194. ABCD　195. ABC

四、判 断 题

1. √　2. √　3. √　4. ×　5. √　6. ×　7. √　8. ×　9. ×
10. √　11. ×　12. √　13. ×　14. √　15. ×　16. ×　17. √　18. √
19. ×　20. ×　21. √　22. √　23. √　24. √　25. √　26. √　27. √
28. √　29. √　30. ×　31. √　32. √　33. ×　34. ×　35. √　36. ×
37. √　38. √　39. ×　40. √　41. √　42. ×　43. ×　44. √　45. ×
46. √　47. √　48. √　49. √　50. ×　51. √　52. √　53. ×　54. ×
55. √　56. ×　57. √　58. ×　59. √　60. ×　61. √　62. √　63. √
64. √　65. ×　66. ×　67. √　68. ×　69. ×　70. √　71. √　72. √
73. √　74. √　75. √　76. √　77. √　78. √　79. √　80. √　81. √
82. √　83. ×　84. √　85. √　86. √　87. ×　88. ×　89. √　90. ×
91. √　92. √　93. ×　94. √　95. √　96. √　97. √　98. ×　99. √
100. √　101. ×　102. √　103. √　104. ×　105. √　106. ×　107. √　108. √
109. √　110. ×　111. ×　112. √　113. √　114. √　115. √　116. √　117. ×
118. √　119. √　120. √　121. ×　122. √　123. ×　124. √　125. ×　126. √
127. ×　128. √　129. √　130. √　131. √　132. √　133. √　134. √　135. √
136. √　137. √　138. √　139. √　140. √　141. √　142. √　143. √　144. ×
145. √　146. √　147. ×　148. √　149. √　150. ×　151. √　152. √　153. √
154. √　155. √　156. √　157. √　158. √　159. √　160. ×　161. √　162. √
163. √　164. ×　165. ×　166. √　167. √　168. √　169. ×　170. √　171. √
172. √　173. √　174. √　175. √　176. √　177. √　178. √　179. √　180. √
181. ×　182. √　183. √　184. √　185. √　186. ×　187. √　188. √　189. √
190. √　191. √　192. √　193. √　194. √　195. √　196. √　197. ×　198. ×
199. ×　200. ×　201. √　202. ×　203. ×　204. √　205. √　206. √　207. √
208. √　209. ×

五、简 答 题

1. 答案:"公差与配合图解"简称公差带图,是用图形来表示孔与轴的偏差带的相对位置,能很直观的说明相配合孔、轴的配合性质。通常以基本尺寸为零线,零线以上为正偏差,零线以下为负偏差。(3分)画图时,根据偏差数值按相同比例,相对于零线画两条平行直线,上、下偏差之间的区域(即两平行直线间)称为公差带。用公差带图可以直观的分析、计算和表达有关公差与配合的问题。单位为毫米或微米。(2分)

2. 答案:长轴的磨削工艺见表1。

表 1 长轴磨削工艺

序号	主要内容	砂轮特性	机床型号	定位基准
1	研中心孔			
2	粗磨 $\phi69.9^{-0.009}_{-0.020}$ mm,$\phi31.9^{-0}_{-0.011}$ mm 和 $\phi39.9^{-0.025}_{-0.041}$ mm,留余量 0.08 mm~0.1 mm	A60L	M1332A	中心孔(1分)
3	粗磨 $\phi29.9^{-0}_{-0.033}$ mm,$\phi24.9^{-0}_{-0.009}$ mm,留余量 0.09 mm~0.1 mm	A60L	M1332A	中心孔(1分)
4	用纵向法精磨 $\phi69.9^{-0.009}_{-0.020}$ mm,$\phi31.9^{-0}_{-0.011}$ mm 和 $\phi39.9^{-0.025}_{-0.041}$ mm 至尺寸,磨出肩面	WA80K	M1432A	中心孔(1分)
5	磨 4 号莫氏锥度至尺寸	WA80K	M131W	中心孔(1分)
6	用切入法精磨 $\phi29.9^{-0.020}_{-0.033}$ mm、$\phi24.9^{-0}_{-0.009}$ mm 至尺寸	WA100K	M1432A	中心孔(1分)

(5分)

3. 答案:砂轮的重心如果不在旋转轴线上,便会产生不平衡现象。不平衡的砂轮高速旋转时,会产生不平衡的离心力,使主轴产生振动或摆动,使砂轮撞击工件,从而在工件表面上产生振痕(1分)。这样,不但加工质量差,而且主轴轴承的磨损加快,甚至造成砂轮破裂,为了使砂轮精确而平稳的工作,砂轮必须经过平衡(1分)。一般直径大于 125 mm 的砂轮都要经过平衡。磨削表面粗糙度要求愈低,砂轮直径愈大和圆周速度愈高时,更应仔细地平衡(3分)。

4. 答案:引起砂轮不平衡的原因主要有以下几个:(1)砂轮各部分密度不均匀(1分);(2)砂轮两端面不平行(1分);(3)砂轮外圆与内孔不同轴(1分);(4)砂轮几何形状不对称(1分);(5)砂轮安装时有偏心(1分)。

5. 答案:这种装夹方法的优点:加工过程中定位基准不变,因而磨削余量均匀,有利于保证各表面的位置公差,而且装夹迅速,效率较高(2分)。缺点:用鸡心夹头(或卡盘)夹住的表面也需要加工时,则必须将工件调头装夹,这样,就会因两次装夹而产生安装误差,或多或少地对加工精度产生影响(3分)。

6. 答案:内圆磨削分为中心型内圆磨削、行星式内圆磨削、无心内圆磨削三种形式(1分)。与外圆磨削相比,内圆磨削有以下特点:(1)砂轮直径较小,磨削速度较低,工件表面的粗糙度值不易减小(1分);(2)砂轮与工件的接触弧较长,磨削热和磨削力较大(1分);(3)切削液不易进入磨削区域,磨屑也不易排出(1分);(4)砂轮接长轴刚性较差,易产生弯曲变形和振动(1分)。

7. 答案:接触弧是一个空间面,它是引起磨削热的热源(2分)。当接触弧增大时,磨削热增大,砂轮使用寿命降低(3分)。

8. 答案:工件表面产生螺纹痕迹的原因是:(1)砂轮硬度高,修得过细,磨削深度过大;(2)纵向进给量太大;(3)砂轮已磨损,母线不直;(4)修整器上金刚石松动;(5)切削液供给不充分;(6)工作台导轨润滑浮力过大使工作台漂浮,运行中产生摆动;(7)工作台有爬行现象;(8)砂轮主轴有轴向窜动。(每点1分,答出五点以上即给5分)

9. 答案:影响工件表面粗糙度的主要原因是:砂轮圆周速度偏低;工件圆周速度和纵向进给量过大;磨削深度增加;砂轮粒度偏粗;砂轮表面修整不良;砂轮硬度偏软;机床振动;冷却润滑不良;工件材料硬度偏低。(每点1分,答出五点以上即给5分)

10. 答案:产生双曲线误差的主要原因是:砂轮旋转轴线与工件的旋转轴线不等高(2分),

从而造成圆锥面母线不直而产生双曲线误差(3分)。

11. 答案:其意义为:平型砂轮,外径600 mm,宽度75 mm,内径305 mm(2分),粒度80#(1分),硬度中软2,组织5级(1分),树脂结合剂,最大工作线速度为35m/s的白刚玉砂轮(1分)。

12. 答案:用砂轮圆周面磨削平面时,砂轮与工件的接触面较小,磨削时的冷却和排屑条件较好,产生的磨削力和磨削热也较小,能减小工件受热变形,有利于提高工件的磨削精度(4分)。但磨削时要用间断的横向进给来完成整个工件表面的磨削,所以生产效率较低(1分)。

13. 答案:(1)磨削精度高,磨出的高精度螺纹工件可用作精密配合和传动(1分)。(2)加工范围大,可以加工各种内、外螺纹、标准米制螺纹和各种截形的螺纹,以及非米制螺纹等(1分)。(3)测量要求高,需用精密的量具和精确的测量计算(1分)。(4)工序成本高,需要精密的磨床、复杂的调整和技术水平较高的工人操作(2分)。

14. 答案:常用的外圆磨削方法及其特点为:(1)纵向磨削法—产生的磨削力和磨削热较小,可获得较高的加工精度和较低的表面粗糙度值,生产效率低,适于加工细长、精密或薄壁的工件(1分)。(2)切入磨削法—砂轮宽度大于工件长度,磨粒负荷基本一致,生产效率高,但磨削时磨削热和径向力大,工件易产生变形,适于磨削长度较短的外圆表面(1分)。(3)分段磨削法—兼有纵向法和切入法的特点,通常分段数为2~3段(1分)。(4)深切缓进磨削法—背吃刀量较大,进给速度缓慢,生产率高,磨床应具有较大的功率和较高的刚度(2分)。

15. 答案:(1)60°内圆锥面圆度和锥角的误差要小(1分)。(2)工件两端的中心孔应处在同一轴线上(1分)。(3)60°内圆锥面的表面粗糙度值要小(1分)。(4)小圆柱孔不能太浅(1分)。(5)对特殊零件,可采用特殊结构中心孔(0.5分)。(6)对于精度要求较高的轴,淬火前、后要修研中心孔(0.5分)。

16. 答案:(1)砂轮应具有较好的磨削性能。砂轮在磨削时要有合适的自锐性和较高的使用寿命(1分)。(2)磨削时产生较小的磨削力和磨削热(1分)。(3)能达到较高的加工精度(1分)。(4)能达到较低的表面粗糙度值(1分)。(5)有利于提高生产率和降低成本(1分)。

17. 答案:制订磨削工艺的步骤为:(1)零件图的审读与工艺分析(1分);(2)确定生产类型(1分);(3)选择定位基准和主要表面磨削方法(1分);(4)拟定磨削路线;(5)确定工序尺寸(1分);(6)选择机床、工艺装备、磨削用量(1分)。

18. 答案:方案(1)以外锥面 b 定位,基准重合,磨削精度较高(2分);方案(2)以外圆柱面 c、d 定位,由于基准不重合,定位误差为0.05 mm(3分)。

19. 答案:产生过热的原因是:(1)主轴与轴承间的间隙过小(1分);(2)润滑油不足(1分);(3)润滑油黏度过大(1分);(4)润滑油有杂质(1分);(5)轴承副表面粗糙度过大(1分)。

20. 答案:图a是双曲柄机构2;图b是曲柄摇杆机构2;图c是双摇杆机构(1分)。

21. 答案:确定夹紧力方向应遵循以下原则:(1)夹紧力作用方向应不破坏工件定位的正确性(2分);(2)夹紧力方向应使所需夹紧力尽可能小(2分);(3)夹紧力方向应使工件变形尽可能小(1分)。

22. 答案:高温合金具有高强度和韧性,导热性差,砂轮为黏附型磨钝(2分)。磨削时可用WA46#~60#J砂轮,并注意充分冷却(3分)。

23. 答案:可采取下列方法缩短基本时间:(1)提高磨削用量,如采用高速或缓进深切强力磨削等(2分);(2)减少磨削行程长度,如采用宽砂轮或多砂轮用切入法磨削(1分);(3)采用复合工步进行磨削(1分);(4)采用多件磨削(5分)。

24. 答案:可采取下列方法缩短辅助时间:(1)直接缩短辅助时间,常采用气动、液动等高效夹具,以缩短装卸工件的时间(2分);(2)间接缩短辅助时间,通常有两种方法,其一是使装卸工件的辅助时间与基本时间相重合,其二是在加工过程中检验工件(3分)。

25. 答案:浮动盘用于内圆磨削。卡盘的传动力经壳体、十字槽垫圈、钢球传至传动轴,传动轴与工件连接(2分)。由于十字槽垫圈的浮动作用,可消除传动惯性引起的误差,从而工件平衡地转动。工件的径向圆跳动可控制在 0.002 mm 以内(3分)。

26. 答案:在工序图上用来确定本工序所加工表面加工后的尺寸、形状、位置的基准,称为工序基准(5分)。

27. 答案:同时用数把刀具加工多个表面的工步,将以若干个工步合并而成的工步,则称为复合工步(5分)。

28. 答案:所谓自动化磨削是指以机械的动作代替人工操作,自动地完成磨削过程(5分)。

29. 答案:高效磨削是磨削加工发展趋势之一,采用高效磨削、可提高生产效率,扩大磨削加工适用范围(3分)。高效磨削包括高速、宽砂轮、多砂轮、缓进深切、恒压力等多种磨削方式(2分)。

30. 答案:砂轮圆周速度超过 45 m/s 的磨削,称为高速磨削(普通磨削速度一般小于35 m/s)(4分)。采用高速磨削有利于提高生产效率,提高加工精度,降低粗糙度值,并能提高砂轮的耐用度(1分)。

31. 答案:可采用高精度外圆磨床和基孔配磨(1分)。仪器由测孔仪、测轴仪、电子控制部分组成(1分)。电子控制部分对来自测孔仪的传感器信号及测轴仪信号进行比较,放大显示并控制机床执行机构实现砂轮架进给(1分)。配磨间隙按下式计算:$\delta = (D - d) + \delta_0 (\mu m)$。(2分)

32. 答案:工件的表面粗糙度是经多道工序逐步达到的(1分)。工序间的表面粗糙度是获得工件最后表面粗糙度的可靠保证。粗磨的表面粗糙度是为精磨做好准备;精磨则为精密磨削做准备(2分)。一般精密磨削前的表面粗糙度取 Ra0.4μm;超精密磨削前的表面粗糙度取Ra0.1μm(2分)。

33. 答案:检测时,在内圆磨具支架孔中插入检验棒,并用一根与其直径相等的检验棒插入头架主轴孔中,移动指示器架使测头分别接触两个圆柱面进行检验(3分)。检验时,需将内圆磨头支架孔中的检验棒转 180°,测两次,误差以平均值计(2分)。

34. 答案:检测时,在工作台上固定指示器(1分),使测头触及砂轮架壳体并使测头中心线与砂轮主轴轴线在同一水平面上(1分),砂轮架快速引进(1分),连续检验六次(1分),误差以指示器读数的最大差值计(1分)。

35. 答案:检测时,在头架主轴锥孔中插入专用检具(1分),砂轮架上固定指示器,使测头触及检测表面并读数(1分),然后使头架回转 45°(1分),移动工作台和砂轮架使测头再次触及检具原测点,误差以两次读数的平均值计(2分)。

36. 答案:产生砂轮主轴的回转运动误差,主要影响磨削表面粗糙度(2分)。当径向跳动大时,加工表面会产生波纹度,轴向窜动大时,会出现螺旋痕迹(1分)。由于砂轮主轴由上述误差引起切削不均匀,也可能使工件产生圆度和端面圆跳动误差(2分)。

37. 答案:启动开停阀,台面不运动的主要原因是:(1)油泵的输油量和压力不足(1分);

(2)系统中有大量泄漏(1分);(3)溢流阀的滑阀卡死,大量压力油溢回油池(1分);(4)换向阀在阀孔中间位置卡死,使压力油进入油缸两端;(5)换向阀两端的节流阀调得过紧,将回油封闭;(1分);(6)油温低,油的黏度使油泵吸油困难(1分)。

38. 答案:对机床的主要要求有:(1)砂轮主轴回转精度误差应小于0.001mm(1分);(2)砂轮架相对工作台振动的振幅小于0.001 mm(1分);(3)横向进给机构灵敏度和重复精度误差小于0.002 mm(1分);(4)工作台在小于0.010 mm/min的低速下无爬行(1分);(5)要有严格过滤切削液的装置(1分)。

39. 答案:其工作台纵向液压系统的压力为1~2 MPa(1分),启动开停阀(1分),进油路:油泵→换向阀→油压筒右腔(1分),工作台右移;回油路:油压筒左腔→换向阀→先导阀→开停阀→节流阀→油箱(1分)。先导阀制动起预制动作用,换向阀经过制动、停留、启动换向三阶段,工作台停留时间由停留阀调节(1分)。

40. 答案:其工艺要求为:

(1)磨料选择:一般材料选棕刚玉(A),高镍耐热合金钢选80%白刚玉(WA)+20%绿色碳化硅(GC)的磨料(1分);

(2)硬度选择:普通材料选软3级砂轮(J),耐热合金钢选超软级砂轮(F)(1分);

(3)粒度选择:强力磨削时,多采用粗粒度大气孔砂轮(1分);

(4)砂轮结合剂选择陶瓷(1分);

(5)砂轮旋转方向要求:强力磨削时,旋转方向多采用顺时针方向(0.5分);

(6)改善工件端部的冷却条件(0.5分)。

41. 答案:其原因有:(1)珩磨时砂条与工件孔壁的接触面积比普通磨削时大,因而每颗磨粒上的负荷比磨削小,加工表面的变形层很薄(2分);(2)珩磨的切削速度比磨削时低(1分);(3)珩磨时能注入大量切削液,及时冲走脱落的磨粒,还能使加工表面得到充分冷却,工件发热量少,不易烧伤(2分)。

42. 答案:换向精度是以工作台在同一速度及同一油温下所测得的换向点位置之差表示的(1分)。造成换向精度低的主要原因是:(1)系统内存有空气(1分);(2)导轨润滑油太多(1分);(3)导向阀与阀孔的配合间隙因磨损变大(1分);(4)导向阀的加工质量差(1分)。

43. 答案:工作台往复速度不一致的原因主要有:(1)油缸两端的泄漏不等(1分);(2)油缸活塞杆两端弯曲程度不一致(1分);(3)工作台运动时放气阀未关闭(1分);(4)油中有杂质,影响节流的稳定性(1分);(5)在工作台换向时,由于振动和压力冲击而使节流阀节流开口变化(1分)。

44. 答案:人造金刚石工要用于磨削、研磨、珩磨高硬脆材料,如硬质合金、光学玻璃、宝石、石材、陶瓷和半导体材料等(2分)。立方氮化硼主要加工既硬又韧的淬火钢,高钼、高钒、高钴的高速钢及不锈钢,高强度钢和镍基合金等难切削材料(3分)。

45. 答案:在砂轮重新修整后,或因工件、机床的热变形以及机床回程时的冲击,都会引起工件螺纹槽与砂轮产生相对偏移,因此需要对线(2分)。对线方法有:

(1)停车对线法,适用于初始磨削已开槽的螺纹工件(1分);

(2)初态对线法,适用于粗磨、精磨(1分);

(3)定位对线法,适用于成批、连续生产(1分)。

46. 答案:无心磨削时产生尺寸分散过大的原因有:(1)砂轮已钝,金刚石不好;(2)微量进给不灵敏,有爬行;(3)切入磨时切入机构定位精度超差;(4)自动修整量与补偿量不相适应;(5)自动测量系统工作不正常;(6)通磨时毛坯余量变化太大;(7)锥度和圆度误差太大;(8)切削液不充足;(9)室温变化(每点 0.5 分,答出 7 点以上即给 5 分)。

47. 答案:无心磨削圆度超差的原因有:(1)中心高度不适当,中心过低出现奇数棱圆,中心过高出现偶数棱圆(1 分);(2)砂轮已钝,砂轮不平衡,砂轮过硬(1 分);(3)导轮未修圆,导轮架未固定,切入磨导轮转速太低(1 分);(4)磨削区火花不正常,出口处火花太大(1 分);(5)毛坯精度差(0.5 分);(6)定位杆端面或工件定位端面不垂直(0.5 分)。

48. 答案:截面轮廓曲线不一致的原因有:(1)偏心量调整误差大,超过＋0.005 mm(1 分);(2)砂轮主轴椭圆运动轨迹误差大(砂轮主轴箱上下运动导轨间隙大、砂轮架摆动杠杆回转支点轴承磨损等原因造成)(3 分);(3)电气系统同步性误差超过 00.3°(1 分)。

49. 答案:采取下述措施保证各轴颈精度:(1)要求同组砂轮的硬度,切削性能及磨损应基本一致(1 分);(2)根据各轴颈的尺寸分布,可以对任何一片砂轮或同时对各片砂轮进行修整,以达到各轴颈尺寸精度(1 分);(3)备有自动跟踪中心架,提高工件系统刚度(1 分);(4)采用自动锥度调整机构,以保证工件精度(2 分)。

50. 答案:对夹具夹紧装置有以下几个基本要求:(1)在夹紧过程中要保证工件的正确定位(1 分);(2)夹紧既要可靠,不使工件在加工过程中移动,又要防止夹紧力过大,以免工件夹紧变形(1 分);(3)夹紧机构操作应安全方便、省力(1 分);(4)夹紧装置自动化程度和复杂程度要与工件产量、批量相适应(2 分)。

51. 答案:机床刚度不足将造成以下影响:(1)影响工件的加工精度和表面粗糙度(0.5 分);(2)影响生产效率的提高(0.5 分);(3)影响机床本身精度(1 分)。

影响机床刚度的因素有:(1)合理结构与尺寸(1 分);(2)接触支撑面刚度(1 分);(3)运动部件配合间隙(0.5 分);(4)联接件的紧固力(0.5 分)。

52. 答案:作机床空运转的目的是使机床达到热平衡,以稳定机床的加工精度(2 分)。当机床的温升达到某一数值时,单位时间内散出的热量与传入的热量相等,一般中小型机床需 2～6 h 达到热平衡(3 分)。

53. 答案:砂轮与工件接触面积小,切削过程发热量小(2 分),散热快,加工时工件不易产生热变形,排屑和冷却条件好,因而能获得较高的加工质量(3 分)。

54. 答案:磨钛合金时,砂轮为完全黏敷型磨钝(1 分)。采用浓度为 100%～150% 的立方氮化硼砂轮磨削,以水溶油切削液冷却(1 分)。磨削用量为 $V_砂=30～50$ m/s,$V_工=10～20$ m/min,$a_P=0.002～0.01$ mm(3 分)。

55. 答案:产生平行度误差的原因有:(1)磨头垂直方向有倾斜;(2)导板不正确;(3)送料速度不均匀,时快、时慢或停顿(2 分)。产生垂直度误差的原因有:(1)送料盘轴线与砂轮轴不垂直;(2)料套孔歪斜;(3)料套孔与工件外圆间隙过大;(4)砂轮主轴垂直方向与水平方向倾斜角太大(3 分)。

56. 答案:薄片工件磨前多有翘曲,磨时应将凹面作为首次定位面,用软而锋利的砂轮,采用小磨削深度,大工作台速度,在充分冷却下进行磨削(3 分)。工件的装夹可采用低熔点材料黏固或用薄橡皮作衬垫(2 分)。

57. 答案:为了消除检验棒误差对主轴锥孔中心线径向跳动误差迭加或抵消的影响,检验棒要相对主轴锥孔每转过 90°,作一次径向跳动的检验、共需检验四次(3 分)。算出相对两检验结果的代数和之半,取其中最大值作为主轴锥孔的最大跳动量(2分)。

58. 答案:包括以下几个方面:(1)各电机的振动;(2)旋转零部件的不平衡;(3)运动传递过程中产生的振动;(4)往复运动零部件的冲击;(5)液压传动系统的压力脉动;(6)由于切削力变化而引起的振动等(每点1分,答出5点以上即给5分)。

59. 答案:精加工后,从工件上不切除或切除极薄金属层,用以细化工件表面粗糙度或强化其表面的加工过程,称为光整加工(4分)。如研磨、珩磨、超精加工等(1分)。

60. 答案:十字轴的磨削工艺见表2(5分)

表2 十字轴的磨削工艺

序号	内容	砂轮特性	机床	基准	
1	粗磨四个外圆,留余量0.4 mm	A60K	M1332A	中心孔	(1分)
2	双砂轮无心磨四个外圆,留余量0.2 mm	A60K	MZ1180/1	同方向两外圆	(1分)
3	热处理渗碳淬火				(0.5分)
4	半精磨四个外圆	WA80L	MZ1180/1	同方向两外圆	(0.5分)
5	精磨四个外圆至尺寸	WA80L	MZ1180/1	同方向两外圆	(1分)
6	磨端面至尺寸	WA80J	M7132K	同方向两个外圆端面	(1分)

61. 答案:产生爬行的原因有:(1)液压系统内有空气;(2)溢流阀、节流阀失灵;(3)导轨润滑不当;(4)导轨摩擦阻力大;(5)油缸部件不灵活;(6)回油路背压不足。(每点1分,答出5点以上即给5分)

62. 答案:主轴套磨削工艺见表(3分)。

表3 主轴套的磨削工艺

序号	内容	砂轮特性	机床	基准	
1	研磨中心孔				
2		A60J	M1432A	中心孔	
3	粗磨 $\phi46_{-0.011}^{\ 0}$ mm,$\phi50_{-0.027}^{-0.010}$ mm 留余量0.10 mm～0.15 mm	A46J	M1432A	$\phi46$ 外圆	(1分)
4	粗磨60°锥孔	A46J	M1432A	$\phi46$ 外圆	(1分)
5	研磨中心孔				
6	用顶尖式心轴装夹,精磨 $\phi46_{-0.011}^{\ 0}$ mm$\phi50_{-0.027}^{-0.010}$ mm 至尺寸,磨两肩面至要求	WA80L	M131W	中心孔	(1分)
7	精磨 $\phi38_{0}^{+0.015}$ mm 至尺寸	WA80L	M1432A	$\phi46$ 外圆	(1分)
8	精磨60°锥孔至尺寸	PA60L	M1432A	$\phi46$ 外圆	(1分)

63. 答案:头架主轴轴承采用可调整间隙的整体式锥形动静压轴承。油泵输入压力为0.5～1MPa,在锥面产生轴向分力与其后端弹簧力平衡(3分)。端面推力静压轴承使主轴具有良好动态精度,调整主轴间隙可转动轴承左端螺套(2分)。

64. 答案:由于精密钢球能补偿中心孔的同轴度误差,而使中心孔接触为正圆,故可提高工件的圆度(5分)。

65. 答案:中型的球轴可在M131W型万能外圆磨床上磨削(1分)。其工艺方法如下:(1分);(1)改装头架变速机构,减低拨盘转速(1分);(2)砂轮回转90°,并与工件轴线垂直(1分);(3)用杯形砂轮以范成法切入磨削(1分);(4)砂轮轴线与工件轴线严格保持等高,以保证球面的圆度(1分)。

66. 答案:拟定方案的依据有:

(1)工件的加工精度(1分);(2)生产效率(1分);(3)加工成本(1分);(4)生产周期(1分);(5)车间设备条件(0.5分);(6)工人技术等级水平(0.5分)。

67. 答案:所谓强力磨削就是采用较大的磨削深度(一次磨削深度达 6 mm 以上)和缓速进给的磨削方法(3分),它类似于铣削工艺,只不过以砂轮代替铣刀,所以又称铣磨法(2分)。

68. 答案:影响工件圆度的因素有:(1)中心孔形状误差;(2)中心孔内有污物;(3)两端中心孔不同轴;(4)中心孔与顶尖润滑不良而磨损;(5)中心孔硬度太低;(6)工件顶得过松或过紧;(7)顶尖误差;(8)砂轮过钝;(9)切削液使用不当;(10)工件原有圆度误差的复映;(11)工件刚度低;(12)工件有不平衡量;(13)磨削力、重力太大;(14)砂轮主轴间隙过大;(15)头架主轴径向间隙过大。(每点 0.5 分,答出 10 点以上即给 5 分)

69. 答案:对机床的主要要求有:(1)砂轮主轴回转精度应高于 1 μm(1分);(2)砂轮架相对工作台振动的振幅小于 1 μm(1分);(3)横进给机构灵敏度和重复精度误差小于 2 μm(1分);(4)工作台在小于 10 mm/min 的低速下无爬行(1分);(5)要有严格过滤切削液的装置(1分)。

70. 答案:金刚石研磨膏是以金刚石微粉和其他结合剂配制而成。它适用于金刚石、玻璃、陶瓷、宝石和硬质合金等材料制成的零件的研磨和抛光(2分)。使用时,将少量研磨膏挤入容器或直接挤入研磨装置,用适量的稀释剂调至适当的浓度,并均匀分布在研磨装置上即可(3分)。

71. 答案:磨削精度是指:加工后,零件在几何形状、尺寸和位置三个方面与理想零件的符合程度。影响磨削精度的因素有:

(1)原理误差;(2)机床误差;(3)砂轮特性;(4)砂轮型面误差;(5)夹具误差;(6)工艺系统热变形误差;(7)工艺系统刚度和受力变形误差;(8)工件材料特性;(9)工件的原始误差;(10)切削液种类;(11)磨削用量选择。(每点 0.5 分,答出 10 点以上即给 5 分)

72. 答案:其工作原理:恒压的压缩空气,经主喷嘴、气室和测量喷嘴与被测工件表面间形成间隙流入大气(2分)。当工件尺寸变化时,间隙也随之变化,由此引起气室内的压力变化,此压力变化可由压力表测出,其值相应地反映工件尺寸的变化量(3分)。

73. 答案:(1)夹紧力作用方向应不破坏工件定位的正确性(2分);

(2)夹紧力方向应使所需夹紧力尽可能小(2分);

(3)夹紧力方向应使工件变形尽可能小(1分)。

74. 答案:工件定位时,工件的定位基准在加工尺寸方向上的变动量,称为基准位移误差(1分)。产生基准位移误差的原因是:(1)工件定位表面的误差(1分);(2)工件定位表面与定位元件间的间隙(1分);(3)定位元件的制造误差及磨损(1分);(4)定位机构的误差(1分)。

75. 答案:自动换刀数控机床,亦称"加工中心"。它能自动完成工件的转位和定位,主轴转速和进给量的变换,各种刀具的更换,使工件在机床上只经一次装夹就可进行全部加工过程。它较普通数控机床增加了下列装置。

(1)用于贮存加工所需刀具的刀库;

(2)用于自动装卸刀具的机械手;

(3)主轴定向机构,刀具自动夹紧,松开机构和刀柄自动清洁装置。

(4)使工件自动移位和分度回转工作台。(意思对,即可给 5 分)

六、综合题

1. 解：$n_1 = (D_导 \times n_导 / d_1) \cos\alpha$（2分）

$= (350 \times 50/20) \cos 3° = 873.8 \text{ r/min}$（6分）

答：工件的转速为 873.8 r/min。（2分）

2. 解：根据公式可得：（2分）

$$L_K = \sqrt{f_r} \times \sqrt{\frac{d_w \cdot D}{d_w - D}} = \sqrt{0.02} \times \sqrt{\frac{80 \times 50}{80 - 50}}$$

$= 1.6 \text{ mm}$（6分）

答：接触弧长 L_K 为 1.6 mm（2分）。

3. 解：$T_o = 2L \cdot b \cdot Z \cdot K / (1\,000 V_W \cdot f_H \cdot f_r)$（2分）

$= [2 \times (300 + 20) \times 150 \times 0.1 \times 1.44]/(1\,000 \times 20 \times 0.01 \times 4)$

$= 17 \text{ min}$（6分）

答：机动时间 T_o 为 17 min。（2分）

4. 解：

$$\sin\alpha = \frac{\dfrac{D-d}{2}}{H - \alpha - \left[\dfrac{D-d}{2}\right]} = \frac{\dfrac{30-20}{2}}{59 - 3.75 - \left[\dfrac{30-20}{2}\right]} = 0.099\,5$$（3分）

查表得：$\alpha = 5°42'$（1分）

又：$D_o = D(\tan\alpha + 1/\cos\alpha) + 2a\tan\alpha$

$= 30 \times (0.1 + 1/0.99\,5) + 2 \times 3.75 \times 0.1$

$= 33.9 \text{ mm}$（4分）

答：锥孔圆锥斜角 α 为 $5°42'$，锥孔大端的孔径 D_o 为 33.9 mm（2分）。

5. 解：$\Delta = \Delta_D + \Delta_d + \delta = 0.027 + 0.06 + 0.02 = 0.107 \text{ mm}$（3分）

$\tan\alpha = \Delta/L = 0.107/40 = 0.002675$（4分）

查表得：$\alpha = 9'$（1分）

答：定位误差 0.107 mm，最大转角为 $9'$（2分）。

6. 解：$F_Z \cdot R = 3 W_计 \cdot f \cdot r$（2分）

$W_计 = F_Z \cdot R / (3f \cdot r) = 80 \times 30/(3 \times 0.1 \times 40) = 200 \text{ N}$（3分）

$W_实 = K \cdot W_计 = 2 \times 200 = 400 \text{ N}$（3分）

答：三点夹紧时各处的夹紧力 W 为 400 N（2分）。

7. 解：已知 $\angle\alpha = 10°$，$\angle\beta = 90° - 55° = 35°$（2分）

$\tan\theta = \cos\alpha \cdot \tan\beta = \cos 10° \cdot \tan 35° = 0.689$，（4分）

故 $\theta = 34°30'$（2分）

答：磨削斜角时 A 面的法向角度 θ 为 $34°30'$。（2分）

8. 答案：解：$V_1 = \dfrac{4Q}{\pi D^2} = \dfrac{4 \times 3.33 \times 10^{-4}}{\pi \times 80^2 \times 10^6} = 0.066\,2 \text{ m/s}$（2分）

$V_快 = \dfrac{4Q}{\pi(D^2 - d^2)} = \dfrac{4 \times 3.33 \times 10^{-4}}{\pi(80^2 - 56^2) \times 10^{-6}} = 0.13 \text{ m/s}$（2分）

$$P_I = P \cdot A_1 = 4.5 \times 10^6 \times \frac{\pi \times 80^2 \times 10^{-6}}{4} = 22\ 619(\text{N}) = 22.6\ \text{kN (2 分)}$$

$$P_{\text{快}} = P \cdot A_2 = P \cdot \frac{\pi(D^2 - d^2)}{4} = 4.5 \times 10^6 \times \frac{\pi(80^2 - 56^2) \times 10^{-6}}{4} = 11\ 536\ N =$$

11.5 kN(2 分)

答:工进、快退速度分别为 0.066 2 m/s、0.13 m/s;其推力分别为 22.6 kN、11.5 kN(2 分)。

9. 解:基准不重合误差为:

$\delta_1 = 0.02 + 0.04/2 = 0.04$ mm(2 分)

基准位移误差为:$\delta_2 = \delta_d/(2\sin 45°) = 0.10/(2 \times \sin 45°) = 0.07$ mm(4 分)

故定位误差为:$0.07 + 0.04 = 0.11$ mm(2 分)

答:定位误差为 0.11 mm。(2 分)

10. 解:$F_y = C_F \cdot Z_s^{0.7} \cdot B_I = 1.67 \times 125^{0.7} \times 60 = 2\ 957$ N(8 分)

答:径向切削力 F_y 为 2 957 N。(2 分)

11. 解:基准位置误差就是磨削后的同轴度误差,即:

$\Delta = \Delta_D + \Delta_d + \delta = D_{max} - d_{min} = 27.021 - 26.980 = 0.04$ mm(8 分)

答:同轴度误差为 ϕ0.04 mm(2 分)。

12. 解:手轮转一圈砂轮架进给量:

$S = n[Z_1 \times Z_3/(Z_2 \times Z_4)] \times P$(2 分)

　　$= 1 \times [20 \times 44/(80 \times 88)] \times 4$

　　$= 0.5$ mm(4 分)

手轮转一格砂轮架的进给量:$t = 1/(200 \times 0.5) = 0.002\ 5$ mm(2 分)

答:手轮转过一格时,砂轮架进给量是 0.002 5 mm(2 分)。

13. 解:手轮转一圈工作台移动距离。

$S = [n(Z_1 \times Z_3)/(Z_2 \times Z_4)] \times \pi m Z$(2 分)

$= [1 \times (15 \times 18)/(72 \times 72)] \times 3.14 \times 2 \times 18 = 5.9$ mm(6 分)

答:工作台实际移动距离为 5.9 mm(2 分)。

14. 解:由图可知:$b = M - 2AB - d$(2 分)

在△中:$AB = BC \cdot \cot(\alpha/2) = d/2 \cdot \cot(\alpha/2)$(2 分)

得:$b = M - (1 + \cot\alpha/2)d$(2 分)

代入已知数据得:$b = M - 2.921\ d = 104.11 - 2.921 \times 10 = 74.9$ mm(2 分)

答:宽度 b 为 74.9 mm。(2 分)

15. 解:磨削后平面呈中凹形状,平面误差 Δ 可通过几何关系计算:

$\Delta = K \cdot \tan\alpha \approx K \cdot \alpha$(2 分)

又:

$$K = \frac{D}{2} - \sqrt{\left(\frac{D}{2}\right)^2 - \left(\frac{B}{2}\right)^2} = \frac{1}{2}(D - \sqrt{D^2 - B^2})\ (4 分)$$

所以:$\Delta = (1/2)(300 - \sqrt{300^2 - 100^2}) \times 0.000\ 58 = 0.005$ mm(4 分)

答:磨后工件的平面度误差为 0.005 mm。(2 分)

16. 解:在直角三角形 ABC 中,$AB=e$;$BC=R-r$(2分)

$BC=AB\cos45°=e\cos45°$

即:$R-r=e \cdot \cos45°$,$R=r+0.7071e$,(2分)

$D=2R=d+1.414e=40+1.414\times4=45.657$ mm(4分)

答:所用找正心棒的直径 D 为 45.657 mm(2分)。

17. 解:$P_m=C_p \cdot Z_s^{0.7} \cdot B_I/1000=3.9\times125^{0.7}\times60/1000=6.9$(kW)(8分)

答:磨削功率 P_m 为 6.9 kW。(2分)

18. 解:砂轮中心与铣刀中心之差 H 为:

$H=(D\sin\alpha)/2=(120\sin8°)/2=8.35$ mm(8分)

答:砂轮中心与铣刀中心相差 8.35 mm。(2分)

19. 解:工艺尺寸链图如图 16 所示,(2分)

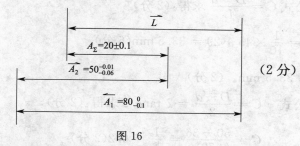

(2分)

图 16

A_Σ 为封闭环,L 和 A_2 为增环,A_1 为减环,

因此:L 基本尺寸$=80-50+20=50$ mm(4分)

$L_{上偏差}=-0.1+0.1-(-0.01)=+0.01$ mm(1分)

$L_{下偏差}=-0.04$ mm(1分)

答:磨削内孔时的控制长度 L 为 $50^{+0.01}_{-0.04}$ mm。(2分)

20. 解:

$$\Delta h = (1/2)(D-\sqrt{D^2-b^2})\tan\alpha = (1/2)(300-\sqrt{300^2-115^2})\tan30' = 0.1 \text{ mm}(8分)$$

答:平面呈凹形,误差为 0.1 mm。(2分)

21. 解:$\Delta l=\alpha\Delta tL=1.07\times10^{-5}\times4\times10^3=0.0428$ mm(8分)

答:母丝杠热变形伸长量为 0.0428 mm。(2分)

22. 解:$v=\dfrac{\pi dn}{1000\times60}$(2分)

$d=400$ mm $n=1670$ r/min(2分)

$v=\dfrac{3.14\times400\times1670}{1000\times60}\approx35$ m/s(4分)

答:砂轮圆周速度为 35 m/s(2分)

23. 解:根据公式 $n_{\bar\omega}\approx\dfrac{318v_{\bar\omega}}{d_{\bar\omega}}$ 求得(2分)

$n_{\bar\omega}=\dfrac{318\times30}{30}$ r/min $=318$ r/min(6分)

答：工件的转速为 318 r/min。（2 分）

24. 解：根据公式 $v_f = \dfrac{fn_{\bar{\omega}}}{1\ 000}$ 求得（2 分）

$v_f = \dfrac{0.4 \times 40 \times 224}{1\ 000}$ m/min $= 3.58$ m/min（6 分）

答　工作台纵向进给速度为 3.58 m/min。（2 分）

25. 解：根据公式 $v_f = \dfrac{fn_{\bar{\omega}}}{1\ 000}$ 求得（2 分）

$v_f = \dfrac{0.6 \times 45 \times 210}{1\ 000} = 5.67$ m/min（6 分）

答　工作台纵向进给速度为 5.67 m/min。（2 分）

26. 解：根据公式 $C = \dfrac{D-d}{L}$ 求得：（2 分）

$D = CL + d = \dfrac{1}{10} \times 45 + 29 = 33.5$ mm（6 分）

答大端直径为 33.5 mm。（2 分）

27. 解：根据公式　$C = \dfrac{D-d}{2} = 2\tan\alpha/2$ 求得：（2 分）

$C = \dfrac{50-36}{70} = \dfrac{1}{5} = 0.2$（2 分）

$\tan\dfrac{\alpha}{2} = 0.1$（2 分）

$\alpha/2 = \arctan 0.1$（2 分）

答：圆锥的锥度为 1：5，圆锥半角为 arctan0.1。（2 分）

28. 答案：其工艺要求为：

(1)磨料选择：一般材料—棕刚玉(GZ)（2 分）

高镍耐热合金钢—80％白刚玉(GB)＋20％绿色碳化硅(TL)的磨料

(2)硬度选择：普通钢材—软 3 级砂轮（2 分）

耐热合金钢—超软级砂轮

(3)粒度选择：强力磨削时，多采用粗粒度大气孔砂轮（2 分）

(4)砂轮结合剂选择：陶瓷（2 分）

(5)砂轮旋转方向要求：强力磨削时，旋转方向多采用顺时针方向（与工件进给方向相反）（1 分）

(6)改善工件端部的冷却条件（1 分）。

29. 答案：应认真考虑工件结构要素的工艺性，结合自动线加工的特征和节拍，采用先进工艺的可能性并按以下原则制订工艺流程：（3 分）

(1)粗精加工分开，先粗后精（1 分）：

(2)适当集中，合理分散（1 分）：

(3)工序单一化（1 分）：

(4)力求减少工件的转位次数（1 分）；

(5)尽量保证工件的相互位置精度(1分);

(6)合理安排辅助性工序(1分);

(7)适应多品种加工的要求(1分);

30. 答案:影响工件磨削表面粗糙度的主要因素为:机床性能、工件材料硬度、砂轮特性、砂轮形面、冷却润滑及磨削用量等(2分)。

降低工件表面粗糙度值有以下一些途径:

(1)正确选择磨削用量(2分)。

(2)正确选用与修整砂轮(2分)。

(3)正确选用切削液(2分)。

(4)减小振动(2分)。

31. 答案:数控机床由数控装置、伺服系统和机床组成,数控装置是数控机床的运算和控制系统(1分)。它是由中央处理单元(CPU)、只读存储器(ROM)、随机存储器(RAM)及相应的总线所构成的专用计算机和纸带输入机、数控输入键盘(MDI)显示器(CRT)、接口等部件构成,用以完成阅读穿孔机带上的程序和数据,进行插补运算和各种补偿计算,并对伺服系统和控制系统中其他部分进行控制和协调(3分)。

伺服系统包括位置控制器、速度单元、伺服电机、检测单元等部件,它的功能是根据数控装置发出的指令,驱动伺服电机运行(3分)。

机床是控制装置和伺服系统的最终控制对象。一般采用滚珠丝杠作为传动元件,滚珠丝杠在伺服电机的带动下拖动机床运动,使刀具和工件严格地按照穿孔带上各段程序的规定进行切削,精确地加工符合图纸所要求的零件(3分)。

32. 答案:可采用以下措施予以平衡:

(1)用工序分散的方法,将限制性工序分为几个工步,增加顺序加工机床或工位(2分)。

(2)在限制性工序中增加同时加工的工件数量,将机动时间长的工序组成一个单独工段,实行多件输送,而其余各段仍是单件输送(2分)。

(3)在限制性工序中增加工序相同的加工机床和工位数,同时加工限制性工序,这几台机床在自动线上可以串联或并联(2分)。

(4)当工件批量较小,自动线节拍远远大于工序节拍时,应考虑减少机床和其他工艺装备的数量。对于工件结构对称或各面结构要素相同的箱体工件,可以采用两次通过自动线的方式,完成全部加工工序,以达到平衡节拍的目的(4分)。

33. 答案:在螺纹磨床上磨削蜗杆时,采用的是盘形锥面砂轮,由于蜗杆不同半径处的导程角不同,砂轮不能以理想直线磨削工件,而是以一曲线与工件接触,因而磨出的是非直线,在蜗杆分度圆处为中凸齿形,即产生了干涉效应(5分)。

在磨削矩形蜗杆时,蜗杆齿根圆处的导程角大,轴向槽宽大于分度圆上的槽宽;而齿顶圆上的导程角小,轴向槽宽小于分度圆上的槽宽,因而也产生干涉效应,磨出分度圆处为中凸的齿形。一般磨削导程角大于5°的蜗杆时,齿形角都有严重的干涉效应存在,蜗杆由于导程角大都超过这个范围,干涉效应更为明显(5分)。

34. 答案:精密套筒的结构较复杂,一般外圆面较长,主要支承孔则分布在套筒的两端,且有较高的同轴度要求(2分)。其磨削工艺特点为:

(1)正确选用装夹方法精密套筒常采用互为基准的方法定位磨削。磨内孔时用外圆作基准定位,磨外圆时则以内孔作基准用心轴装夹(2分)。

(2)主要表现须经过多次磨削精密套筒一般是具有阶梯孔结构,所以须反复装夹,多次磨削(2分)。

(3)热处理工序多而严格精密套筒常安排有调质、高温时效、渗氮和定性处理等,以保证加工质量,为防止弯曲应力的产生,工艺上应特别规定不准对工件进行校直(2分)。

(4)某些工序采用了合并加工的方法用合并加工可提高加工精度(2分)。

35. 答:(1)冷却液的作用

①冷却作用:由于磨削区域无数磨削点的瞬时高温形成热聚集现象,在磨削和冷却过程中,被磨辊子极薄一层表面与辊子内部造成很高的温度差,形成磨削热应力。如果磨削热应力超过辊子材料的强度,辊子表面即会产生裂纹;如果磨削温度超过辊子材料的临界温度,则辊面发生磨削烧伤。因此,在磨削过程中要求始终供给充足的冷却液,将已产生的磨削热迅速从磨削区域冲走(2分)。

②清洗作用:细微的磨屑镶嵌在砂轮空隙中,破坏了砂轮的微刃性,降低了砂轮的磨削性能,并容易划伤辊子表面。因此,要求冷却液流动性好、渗透性强,在磨削区域起到良好的清洗作用,冲走磨屑和脱落的砂粒,保持砂轮的磨削性能(2分)。

③防锈作用:磨削冷却液所含的防锈添加剂是一种极性很强的化合物,它在金属表面形成保护膜与金属化合形成钝化膜,防止金属与腐蚀介质接触而起防锈作用(2分)。

(2)常用磨削冷却液种类

①皂化液:润滑性较好、防锈性差、冷却性能一般、使用周期短(2分)。

②化学磨削冷却液:防锈性、冷却性较好。一般化学液中均含有亚硝酸钠,有一定的危害性(1分)。

③新型磨削液:目前不断开发出新型的环保磨削液,无臭味,冷却、清洗性能优异,防锈防蚀效果好(1分)。

36. 答薄壁零件的刚性较差,加工时容易产生变形,加工精度难以提高(3分)。

磨削薄壁零件时应减小夹紧力、磨削力、磨削热,以减小工件的径向变形。薄壁零件的径向夹紧力要均匀,精磨时夹紧力要小,有条件时可以轴向夹紧工件。磨削时选用较小的磨削用量,选用磨削性能较好的砂轮,并注意充分冷却工件(7分)。

磨工(初级工)技能操作考核框架

一、框架说明

1. 依据《国家职业标准》[注]，以及中国北车确定的"岗位个性服从于职业共性"的原则，提出磨工(初级工)技能操作考核框架(以下简称:技能考核框架)。

2. 本职业等级技能操作考核评分采用百分制。即:满分为100分,60分为及格,低于60分为不及格。

3. 实施"技能考核框架"时,考核制件(活动)命题可以选用本企业的加工件(活动范围),也可以结合实际另外组织命题。

4. 实施"技能考核框架"时,考核的时间和场地条件等应依据《国家职业标准》,并结合企业实际确定。

5. 实施"技能考核框架"时,其"职业功能"的分类按以下要求确定:

(1)"工艺准备"、"精度检验"、"机床维护保养"、"平板磨削"、"光轴的外圆磨削或无心磨削"、"内孔与端面的磨削"、"手与铰刀的忍磨"、"梯形丝杠的磨削"、"7-6-6HL 齿轮的磨削"、"单拐曲轴的磨削"、"双矩形导轨的磨削"、"孔的珩磨"属于本职业等级技能操作的核心职业活动,其"项目代码"为"E"。

(2)"基础技能"属于本职业等级技能操作的辅助性活动,其"项目代码"为"D"。

6. 实施"技能考核框架"时,其"鉴定项目"和"选考数量"按以下要求确定:

(1)按照《国家职业标准》有关技能操作鉴定比重的要求,本职业等级技能操作考核制件的"鉴定项目"应按"D"+"E"组合,其考核配分比例相应为:"D"占 10 分,"E"占 90 分(其中:工艺准备 15 分、磨削加工 40 分、误差分析 20 分、精度检验与机械故障排除 15 分)。

(2)按照《国家职业标准》规定有关技能操作鉴定职业功能任选其一进行考核。

(3)依据中国北车确定的"核心职业活动选取 2/3,并向上取整"的规定,在"E"类鉴定项目的全部 4 项中,至少选取 3 项。

(4)依据中国北车确定的"其余'鉴定项目'的数量可以任选"的规定,"D"类鉴定项目"识图"中,选取 1 项。

(5)依据中国北车确定的"确定'选考数量'时,所涉及'鉴定要素'的数量占比,应不低于对应'鉴定项目'范围内'鉴定要素'总数的 60%,并向上取整"的规定,考核制件的鉴定要素"选考数量"应按以下要求确定:

①在"D"类"鉴定项目"中,在已选定的 1 个或全部鉴定项目中,至少选取已选鉴定项目所对应的全部鉴定要素的 60%项,并向上保留整数。

②在"E"类"鉴定项目"中,在已选的 3 个鉴定项目所包含的全部鉴定要素中,至少选取总数的 60%项,并向上保留整数。

举例分析:

按照上述"第 6 条"要求,若命题时按最少数量选取,并且在职业功能任选其一"平面磨削加工"进行考核。即:在"D"类鉴定项目中选取了"识图"1 项,在"E"类鉴定项目中选取了"工艺准备"、"平板磨削"和"精度校验"3 项,则:

　　此考核制件所涉及的"鉴定项目"总数为4项,具体包括:"识图"、"工艺准备"、"平板磨削"和"精度校验"。

　　此考核制件所涉及的鉴定要素"选考数量"相应为13项,具体包括:"识图"鉴定项目包含的全部2个鉴定要素中的2项,"工艺准备"、"平板磨削"和"精度校验"3个鉴定项目包括的全部18个鉴定要素中的11项。

　　7. 本职业等级技能操作需要两人及以上共同作业的,可由鉴定组织机构根据"必要、辅助"的原则,结合实际情况确定协助人员的数量。在整个操作过程中,协助人员只能起必要、简单的辅助作用。否则,每违反一次,至少扣减应考者的技能考核总成绩10分,直至取消其考试资格。

　　8. 实施"技能考核框架"时,应同时对应考者在质量、安全、工艺纪律、文明生产等方面行为进行考核。对于在技能操作考核过程中出现的违章作业现象,每违反一项(次)至少扣减技能考核总成绩10分,直至取消其考试资格。

　　注:按照中国北车规定,各《职业技能操作考核框架》的编制依据现行的《国家职业标准》或现行的《行业职业标准》或现行的《中国北车职业标准》的顺序执行。

二、磨工(初级工)技能操作鉴定要素细目表

(1)平面磨削加工

职业功能	鉴定项目				鉴定要素		
	项目代码	名称	鉴定比重(%)	选考方式	要素代码	名称	重要程度
一、平面磨削	D	(一)识图	10	至少选择三项	001	识读类似方体类与法兰类结构形状零件的零件图	X
					002	识读零件图的技术要求	X
	E	(二)工艺准备	20		001	读懂上述各类零件制造工艺过程	X
					002	识读磨削加工的切削参数	X
					003	正确选择、装卡砂轮	X
					004	配制冷却液	X
					005	正确调整专用夹具	X
					006	根据零件形状和要求调整磨床	X
					007	根据零件要求选择磨具	X
		(三)平板磨削	50		001	确定合理的定位和夹紧方式	X
					002	装卡找正	X
					003	磨床机床调整	X
					004	合理选择磨削用量并进行磨削	X
					005	尺寸公差等级不低于IT6的保证措施	X
					006	圆度、圆柱度不低于7级的保证措施	X
					007	表面结构优于 Ra1.6~Ra0.4 μm 的措施	X
		(四)精度检验	15		001	能够熟练使用千分尺、深度尺等常规量具	X
					002	了解常用量具、量仪的维护知识与保养方法,能够正确对常用量具、量仪进行维护和保养	X
					003	能够使用千分表、角尺测量零件平行度与垂直度	X
					004	能够使用涂色法检测外椎体接触精度	X
		(五)机床维护保养	5		001	掌握磨床的保养维护方法	X
					002	正确使用各类润滑	X
					003	运用正确的方法对磨床设备进行日常的维护保养(清洁、润滑等)	X
					004	掌握磨床普通故障解决方法	X

（2）外圆磨削加工

职业功能	鉴定项目				鉴定要素		
	项目代码	名称	鉴定比重（%）	选考方式	要素代码	名称	重要程度
二、外圆磨削	D	（一）识图	10	至少选择三项	001	识读类似光轴与阶梯轴类结构形状零件的零件图	X
					002	识读零件图的技术要求	X
	E	（二）工艺准备	20		001	读懂上述各类零件制造工艺过程	X
					002	识读磨削加工的切削参数	X
					003	正确选择、装卡砂轮	X
					004	配制冷却液	X
					005	正确调整专用夹具	X
					006	根据零件形状和要求调整磨床	X
					007	根据零件要求选择磨具	X
		（三）光轴的外圆磨削或无心磨削	50		001	确定合理的定位和夹紧方式	X
					002	装卡找正	X
					003	磨床机床调整	X
					004	合理选择磨削用量并进行磨削	X
					005	尺寸公差等级不低于 IT6 的保证措施	X
					006	圆度、圆柱度不低于 7 级的保证措施	X
					007	表面结构优于 $Ra1.6 \sim Ra0.4\ \mu m$ 的措施	X
		（四）精度检验	15		001	能够熟练使用千分尺、卡规等常规量具	X
					002	了解常用量具、量仪的维护知识与保养方法，能够正确对常用量具、量仪进行维护和保养	X
					003	能够使用千分表测量零件跳动	X
					004	能够使用涂色法检测外椎体接触精度	X
		（五）机床维护保养	5		001	掌握磨床的保养维护方法	X
					002	正确使用各类润滑	X
					003	运用正确的方法对磨床设备进行日常的维护保养（清洁、润滑等）	X
					004	掌握磨床普通故障解决方法	X

(3)内圆磨削加工

职业功能	鉴定项目				鉴定要素		
	项目代码	名称	鉴定比重（%）	选考方式	要素代码	名称	重要程度
三、内圆磨削	D	（一）识图	10	至少选择三项	001	识读类似套筒类结构形状零件的零件图	X
					002	识读零件图的技术要求	X
	E	（二）工艺准备	20		001	读懂上述各类零件制造工艺过程	X
					002	识读磨削加工的切削参数	X
					003	正确选择、装卡砂轮	X
					004	配制冷却液	X
					005	正确调整专用夹具	X
					006	根据零件形状和要求调整磨床	X
					007	根据零件要求选择磨具	X
		（三）内孔与端面的磨削	50		001	确定合理的定位和夹紧方式	X
					002	装卡找正	X
					003	磨床机床调整	X
					004	合理选择磨削用量并进行磨削	X
					005	尺寸公差等级不低于 IT6 的保证措施	X
					006	圆度、圆柱度不低于 7 级的保证措施	X
					007	表面结构优于 Ra1.6～Ra0.4μm 的措施	X
		（四）精度检验	15		001	能够熟练使用千分尺、卡规等常规量具	X
					002	了解常用量具、量仪的维护知识与保养方法，能够正确对常用量具、量仪进行维护和保养	X
					003	能够使用千分表测量零件跳动	X
					004	能够使用涂色法检测外椎体接触精度	X
		（五）机床维护保养	5		001	掌握磨床的保养维护方法	X
					002	正确使用各类润滑	X
					003	运用正确的方法对磨床设备进行日常的维护保养（清洁、润滑等）	X
					004	掌握磨床普通故障解决方法	X

（4）刀具与工具磨削加工

职业功能	鉴定项目			选考方式	鉴定要素		
	项目代码	名称	鉴定比重（%）		要素代码	名称	重要程度
四、刀具与工具磨削	D	（一）识图	10	至少选择三项	001	识读刀具与工具零件结构形状的零件图	X
					002	识读零件图的技术要求	X
	E	（二）工艺准备	20		001	读懂上述各类零件制造工艺过程	X
					002	识读磨削加工的切削参数	X
					003	正确选择、装卡砂轮	X
					004	配制冷却液	X
					005	正确调整专用夹具	X
					006	根据零件形状和要求调整磨床	X
					007	根据零件要求选择磨具	X
		（三）手用铰刀的刃磨	50		001	确定合理的定位和夹紧方式	X
					002	装卡找正	X
					003	磨床机床调整	X
					004	合理选择磨削用量并进行磨削	X
					005	符合图纸尺寸保证措施	X
					006	表面结构优于 Ra1.6～Ra0.4 μm 的措施	X
		（四）精度检验	15		001	能够熟练使用千分尺、卡规等常规量具	X
					002	了解常用量具、量仪的维护知识与保养方法，能够正确对常用量具、量仪进行维护和保养	X
					003	能够使用千分表测量零件跳动	X
					004	能够使用涂色法检测外椎体接触精度	X
		（五）机床维护保养	5		001	掌握磨床的保养维护方法	X
					002	正确使用各类润滑	X
					003	运用正确的方法对磨床设备进行日常的维护保养（清洁、润滑等）	X
					004	掌握磨床普通故障解决方法	X

（5）螺纹磨削加工

职业功能	鉴定项目				鉴定要素		
	项目代码	名称	鉴定比重（%）	选考方式	要素代码	名称	重要程度
五、螺纹磨削	D	（一）识图	10	至少选择三项	001	识读带螺纹的轴类结构形状的零件图	X
					002	识读零件图的技术要求	X
	E	（二）工艺准备	20		001	读懂上述各类零件制造工艺过程	X
					002	识读磨削加工的切削参数	X
					003	正确选择、装卡砂轮	X
					004	配制冷却液	X
					005	正确调整专用夹具	X
					006	根据零件形状和要求调整磨床	X
					007	根据零件要求选择磨具	X
		（三）梯形丝杠的磨削	50		001	确定合理的定位和夹紧方式	X
					002	装卡找正	X
					003	磨床机床调整	X
					004	合理选择磨削用量并进行磨削	X
					005	尺寸精度等级不低于 7 级的保证措施	X
					006	表面结构优于 Ra1.6～Ra0.4 μm 的措施	X
		（四）精度检验	15		001	能够熟练使用千分尺、游标卡尺等常规量具	X
					002	了解常用量具、量仪的维护知识与保养方法，能够正确对常用量具、量仪进行维护和保养	X
					003	能够使用千分尺和三针测量螺纹中径	X
		（五）机床维护保养	5		001	掌握磨床的保养维护方法	X
					002	正确使用各类润滑	X
					003	运用正确的方法对磨床设备进行日常的维护保养（清洁、润滑等）	X
					004	掌握磨床普通故障解决方法	X

（6）齿轮磨削加工

职业功能	鉴定项目				鉴定要素		
	项目代码	名称	鉴定比重（%）	选考方式	要素代码	名称	重要程度
六、齿轮磨削	D	（一）识图	10	至少选择三项	001	识读齿轮类零件结构形状的零件图	X
					002	识读零件图的技术要求	X
	E	（二）工艺准备	20		001	读懂上述各类零件制造工艺过程	X
					002	识读磨削加工的切削参数	X
					003	正确选择、装卡砂轮	X
					004	配制冷却液	X
					005	正确调整专用夹具	X
					006	根据零件形状和要求调整磨床	X
					007	根据零件要求选择磨具	X
		（三）7-6-6HL齿轮的磨削	50		001	确定合理的定位和夹紧方式	X
					002	装卡找正	X
					003	磨床机床调整	X
					004	合理选择磨削用量并进行磨削	X
					005	尺寸精度等级不低于 7 级的保证措施	X
					006	表面结构优于 Ra1.6～Ra0.4 μm 的措施	X
		（四）精度检验	15		001	能够熟练使用千分尺、游标卡尺等常规量具	X
					002	了解常用量具、量仪的维护知识与保养方法，能够正确对常用量具、量仪进行维护和保养	X
					003	能够使用公法线千分尺测量齿轮的公法线长度	X
					004	能够使用齿厚游标卡尺测量齿厚	X
		（五）机床维护保养	5		001	掌握磨床的保养维护方法	X
					002	正确使用各类润滑	X
					003	运用正确的方法对磨床设备进行日常的维护保养（清洁、润滑等）	X
					004	掌握磨床普通故障解决方法	X

（7）曲轴与凸轮磨削加工

职业功能	鉴定项目				鉴定要素		
	项目代码	名称	鉴定比重（％）	选考方式	要素代码	名称	重要程度
七、曲轴与凸轮磨削	D	（一）识图	10	至少选择三项	001	识读曲轴类结构形状零件的零件图	X
					002	识读零件图的技术要求	X
		（二）工艺准备	20		001	读懂上述各类零件制造工艺过程	X
					002	识读磨削加工的切削参数	X
					003	正确选择、装卡砂轮	X
					004	配制冷却液	X
					005	正确调整专用夹具	X
					006	根据零件形状和要求调整磨床	X
					007	根据零件要求选择磨具	X
	E	（三）单拐曲轴的磨削	50		001	确定合理的定位和夹紧方式	X
					002	装卡找正	X
					003	磨床机床调整	X
					004	合理选择磨削用量并进行磨削	X
					005	尺寸公差等级不低于 IT6 的保证措施	X
					006	圆度、圆柱度不低于 7 级的保证措施	X
					007	表面结构优于 Ra1.6～Ra0.4 μm 的措施	X
		（四）精度检验	15		001	能够熟练使用千分尺等常规量具	X
					002	了解常用量具、量仪的维护知识与保养方法，能够正确对常用量具、量仪进行维护和保养	X
					003	能够使用千分尺、量块测量偏心量	X
		（五）机床维护保养	5		001	掌握磨床的保养维护方法	X
					002	正确使用各类润滑	X
					003	运用正确的方法对磨床设备进行日常的维护保养（清洁、润滑等）	X
					004	掌握磨床普通故障解决方法	X

(8)导轨磨削加工

职业功能	鉴定项目				鉴定要素		
	项目代码	名称	鉴定比重(%)	选考方式	要素代码	名称	重要程度
八、导轨磨削	D	(一)识图	10	至少选择三项	001	识读导轨类结构形状零件的零件图	X
					002	识读零件图的技术要求	X
		(二)工艺准备	20		001	读懂上述各类零件制造工艺过程	X
					002	识读磨削加工的切削参数	X
					003	正确选择、装卡砂轮	X
					004	配制冷却液	X
					005	正确调整专用夹具	X
					006	根据零件形状和要求调整磨床	X
					007	根据零件要求选择磨具	X
	E	(三)双矩形导轨的磨削	50		001	确定合理的定位和夹紧方式	X
					002	装卡找正	X
					003	磨床机床调整	X
					004	合理选择磨削用量并进行磨削	X
					005	尺寸公差等级不低于IT6的保证措施	X
					006	直线度不低于7级的保证措施	X
					007	表面结构优于Ra1.6～Ra0.4 μm的措施	X
		(四)精度检验	15		001	能够熟练使用游标卡尺、千分尺等常规量具	X
					002	了解常用量具、量仪的维护知识与保养方法,能够正确对常用量具、量仪进行维护和保养	X
					003	能够使用千分表测量导轨的直线度	X
		(五)机床维护保养	5		001	掌握磨床的保养维护方法	X
					002	正确使用各类润滑	X
					003	运用正确的方法对磨床设备进行日常的维护保养(清洁、润滑等)	X
					004	掌握磨床普通故障解决方法	X

(9)珩磨磨削加工

职业功能	鉴定项目			选考方式	鉴定要素		
	项目代码	名称	鉴定比重（%）		要素代码	名称	重要程度
九、珩磨磨削	D	（一）识图	10	至少选择三项	001	识读箱体类结构形状零件的零件图	X
					002	识读零件图的技术要求	X
	E	（二）工艺准备	20		001	读懂上述各类零件制造工艺过程	X
					002	识读磨削加工的切削参数	X
					003	正确选择、装卡砂轮	X
					004	配制冷却液	X
					005	正确调整专用夹具	X
					006	根据零件形状和要求调整磨床	X
					007	根据零件要求选择磨具	X
		（三）孔的珩磨	50		001	确定合理的定位和夹紧方式	X
					002	装卡找正	X
					003	磨床机床调整	X
					004	合理选择磨削用量并进行磨削	X
					005	尺寸公差等级不低于 IT6 的保证措施	X
					006	圆柱度不低于 7 级的保证措施	X
					007	表面结构优于 Ra1.6～Ra0.4 μm 的措施	X
		（四）精度检验	15		001	能够熟练使用游标内径千分尺、内径千分表等常规量具	X
					002	了解常用量具、量仪的维护知识与保养方法，能够正确对常用量具、量仪进行维护和保养	X
					003	能够测量内孔	X
		（五）机床维护保养	5		001	掌握磨床的保养维护方法	X
					002	正确使用各类润滑	X
					003	运用正确的方法对磨床设备进行日常的维护保养(清洁、润滑等)	X
					004	掌握磨床普通故障解决方法	X

注：重要程度中 X 表示核心要素，Y 表示一般要素，Z 表示辅助要素。下同。

磨工(初级工)技能操作考核
样题与分析

职 业 名 称：_____

考 核 等 级：_____

存 档 编 号：_____

考核站名称：_____

鉴定责任人：_____

命题责任人：_____

主管负责人：_____

中国北车股份有限公司劳动工资部制

职业技能鉴定技能操作考核制件图示或内容

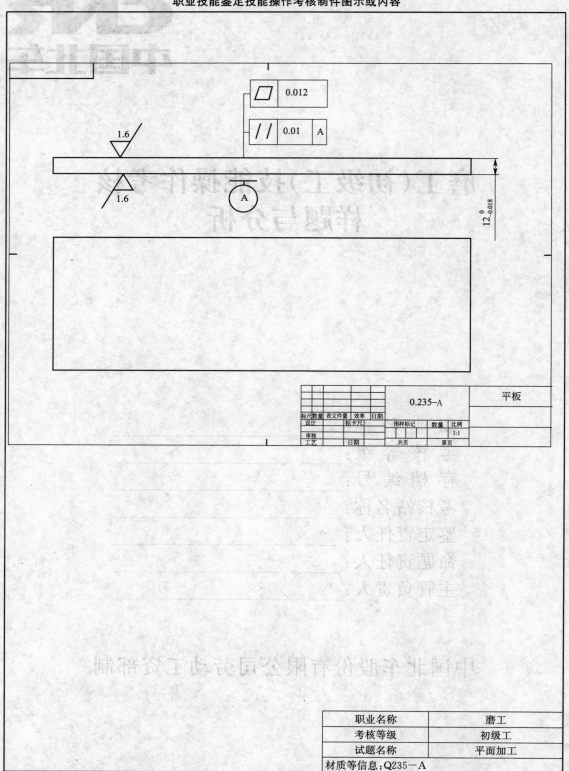

			0.235−A		平板
标尺数量	表文件量	效率	日期		
设计		标卡尺寸	图样标记	数量	比例
审核					1:1
工艺		日期	共页	第页	

职业名称	磨工
考核等级	初级工
试题名称	平面加工
材质等信息：Q235−A	

职业技能鉴定技能操作考核准备单

职业名称	磨工
考核等级	初级工
试题名称	平面加工

一、材料准备

1. 材料规格：Q235－A。
2. 坯件尺寸：12.05×100.5×300.5。

二、设备、工、量、卡具准备清单

序号	名称	规格	数量	备注
1	平面磨床	MG7125	1	
3	游标卡尺	(0～500)mm	1	
4	外径千分尺	(0～25)mm	3	
5	砂轮	46#	1	

三、考场准备

1. 相应的公用设备、设备与器具的润滑与冷却等。

a)考场附近应设置符合要求的磨刀砂轮机。

b)设备附近应设置必备的工、夹、量、刃、检具存放装置。

c)考场应提供起重设施及人员。

d)与鉴定有关的设备、设施在考前应做好检查、检测，保证状态完好、精度符合要求，并做好润滑保养等工作。

2. 相应的场地及安全防范措施。

a)考场采光须良好，每台设备配有设备专用照明灯。

b)每台设备必须采用一机一护一闸。

c)考场应干净整洁、空气流通性好，无环境干扰。

3. 其他准备。

a)考前由考务人员检查考场各工位应准备的材料、设备、工装夹具是否齐全到位。

b)考前由考务人员检查相关设备、工装夹具技术状态须完好。

四、考核内容及要求

1. 考核内容(按考核制件图示及要求制作)
2. 考核时限

鉴定考核总时间为 210 分钟。

3. 考核评分(表)

职业名称	磨工		考核等级	初级工		
试题名称	平面加工		考核时限	210分钟		
鉴定项目	考核内容	配分	评分标准	扣分说明		得分
识图	在操作过程中能够正确读懂图纸题目	5	磨削加工完成后检测,基本符合图纸即为合格,相应扣分			
	在操作过程中能够正确读懂图纸题目	5				
工艺准备	正确定位	3	定位错误不得分			
	正确装卡	4	装卡错误不得分			
	正确调整	4	操作错误扣分			
	选择正确砂轮	4	选择错误扣分			
齿轮的磨削	能合理选择磨削速度、进给量、背吃刀深度	4	磨削用量不合理扣分			
	能合理选择磨削速度、进给量、背吃刀深度	4	磨削用量不合理扣分			
	正确修整	2	需修整则按步骤评分			
	平行度:0.01 平面度:0.012	10	超差一处扣5分			
	$12_{-0.018}^{0}$	10	超差扣10分			
	Ra1.6(2处)	10	一处达不到扣5分			
误差分析	正确使用测量仪	10	使用不正确,扣分			
	正确保养量具	5	使用前后,正确保养与维护,不正确一处,扣1分			
	加工完成后,进行误差分析	5	得出分析结论,给分			
精度检验与机械故障排除	掌握磨床几何精度检验方法和标准	4	不正确扣分			
	掌握磨床工作精度检验方法和标准	4	不正确扣分			
	熟知检测器具相关知识	2	不正确扣分			
	使用检测器具进行精度检验	5	不正确扣分			
质量、安全、工艺纪律、文明生产等综合考核项目	考核时限	不限	每超时5分钟,扣10分			
	工艺纪律	不限	依据企业有关工艺纪律规定执行,每违反一次扣10分			
	劳动保护	不限	依据企业有关劳动保护管理规定执行,每违反一次扣10分			
	文明生产	不限	依据企业有关文明生产管理定执行,每违反一次扣10分			
	安全生产	不限	依据企业有关安全生产管理规定执行,每违反一次扣10分			

职业技能鉴定技能考核制件(内容)分析

职业名称	磨工
考核等级	初级工
试题名称	平面加工
职业标准依据	《国家职业标准》

试题中鉴定项目及鉴定要素的分析与确定

分析事项 \ 鉴定项目分类	基本技能"D"	专业技能"E"	相关技能"F"	合计	数量与占比说明
鉴定项目总数	9	36	0	45	职业功能任选其一进行考核,在选定后,保证其专业技能选取数量达到2/3
选取的鉴定项目数量	1	4	0	5	
选取的鉴定项目数量占比	12%	12%	0	12%	
对应选取鉴定项目所包含的鉴定要素总数	2	22	0	24	
选取的鉴定要素数量	2	17	0	19	
选取的鉴定要素数量占比	100%	77.3%	0	79.2%	

所选取鉴定项目及相应鉴定要素分解与说明

鉴定项目类别	鉴定项目名称	国家职业标准规定比重(%)	《框架》中鉴定要素名称	本命题中具体鉴定要素分解	配分	评分标准	考核难点说明
D	识图	10	识读平板类零件的零件图	在操作过程中能够正确读懂图纸题目	5	磨削加工完成后检测,基本符合图纸即为合格,相应扣分	在图中识别出需加工的部位
			几何公差、表面结构的识别	在操作过程中能够正确读懂图纸题目	5	磨削加工完成后检测,基本符合图纸即为合格,相应扣分	在图中识别出需加工精度
E	工艺准备	15	正确选择定位方式	正确定位	3	定位错误不得分	考核基准选择及定位方面相关知识
			合理选择装卡方法	正确装卡	4	装卡错误不得分	
			正确调整专用夹具	正确调整	4	操作错误扣分	
			根据零件要求选择磨具	选择正确砂轮	4	选择错误扣分	
	齿轮的磨削	40	合理分配磨削余量	能合理选择磨削速度、进给量、背吃刀深度	4	磨削用量不合理扣分	考核材质、系统刚性、刀具耐用度合理选择切削用量
			合理选择磨削用量并进行磨削	能合理选择磨削速度、进给量、背吃刀深度	4	磨削用量不合理扣分	
			修整磨削砂轮	正确修整	2	需修整则按步骤评分	考核磨具修整方法
			平行度平面度	平行度:0.01 平面度:0.012	10	超差一处扣5分	考核表面几何精度、位置精度及表面质量的保证能力
			磨削精度	$12^{0}_{-0.018}$	10	超差扣10分	
			表面结构优于Ra1.6~Ra0.4 μm的措施	Ra1.6(2处)	10	一处达不到扣5分	
			能够熟练使用测微仪、表面粗糙度仪等精密测量仪	正确使用测量仪	10	使用不正确,扣分	精密测量仪的使用方法与保养相关知识

鉴定项目类别	鉴定项目名称	国家职业标准规定比重(%)	《框架》中鉴定要素名称	本命题中具体鉴定要素分解	配分	评分标准	考核难点说明
E	误差分析	20	了解常用量具、量仪的维护知识与保养方法,能够正确对常用量具、量仪进行维护和保养	正确保养量具	5	使用前后,正确保养与维护,不正确一处,扣1分	
			分析磨削尺寸误差、形位误差产生的原因	加工完成后,进行误差分析	5	得出分析结论,给分	误差分析产生的原因
	精度检验与机械故障排除	15	能掌握磨床几何精度检验方法和标准	掌握磨床几何精度检验方法和标准	4	不正确扣分	平面磨床的几何精度和工作精度的检验
			能掌握磨床工作精度检验方法和标准	掌握磨床工作精度检验方法和标准	4	不正确扣分	
			能正确选择检测器具进行精度检验	熟知检测器具相关知识	2	不正确扣分	
			能正确使用检测器具进行精度检验	使用检测器具进行精度检验	5	不正确扣分	
时限、质量、安全、工艺纪律、文明生产等综合考核项目				考核时限	不限	每超时5分钟,扣10分	
				工艺纪律	不限	依据企业有关工艺纪律规定执行,每违反一次扣10分	
				劳动保护	不限	依据企业有关劳动保护管理规定执行,每违反一次扣10分	
				文明生产	不限	依据企业有关文明生产管理定执行,每违反一次扣10分	
				安全生产	不限	依据企业有关安全生产管理规定执行,每违反一次扣10分	

磨工(中级工)技能操作考核框架

一、框架说明

1. 依据《国家职业标准》^注，以及中国北车确定的"岗位个性服从于职业共性"的原则，提出磨工(中级工)技能操作考核框架(以下简称:技能考核框架)。

2. 本职业等级技能操作考核评分采用百分制。即:满分为 100 分,60 分为及格,低于 60 分为不及格。

3. 实施"技能考核框架"时,考核制件(活动)命题可以选用本企业的加工件(活动项目),也可以结合实际另外组织命题。

4. 实施"技能考核框架"时,考核的时间和场地条件等应依据《国家职业标准》,并结合企业实际确定。

5. 实施"技能考核框架"时,其"职业功能"的分类按以下要求确定:

(1)"工艺准备"、"精度检验"、"机床故障判断"、"薄板磨削"、"细长轴的磨削"、"莫氏内锥孔的磨削"、"圆柱铣刀的刃磨"、"蜗杆的磨削"、"6HL 齿轮的磨削"、"双拐曲轴的磨削"、"普通车床床身导轨面的磨削"、"轴承孔的珩磨"属于本职业等级技能操作的核心职业活动,其"项目代码"为"E"。

(2)"基础技能"属于本职业等级技能操作的辅助性活动,其"项目代码"为"D"。

6. 实施"技能考核框架"时,其"鉴定项目"和"选考数量"按以下要求确定:

(1)按照《国家职业标准》有关技能操作鉴定比重的要求,本职业等级技能操作考核制件的"鉴定项目"应按"D"+"E"组合,其考核配分比例相应为:"D"占 10 分,"E"占 90 分(其中:识图 10 分、工艺准备 15 分、磨削加工 40 分、误差分析 20 分、精度检验与机械故障排除 15 分)。

(2)按照《国家职业标准》有关技能操作鉴定职业功能任选其一进行考核。

(3)依据中国北车确定的"核心职业活动选取 2/3,并向上取整"的规定,在"E"类鉴定项目的全部 4 项中,至少选取 3 项。

(4)依据中国北车确定的"其余'鉴定项目'的数量可以任选"的规定,"D"类鉴定项目"识图"中,选取 1 项。

(5)依据中国北车确定的"确定'选考数量'时,所涉及'鉴定要素'的数量占比,应不低于对应'鉴定项目'范围内'鉴定要素'总数的 60%,并向上取整"的规定,考核制件的鉴定要素"选考数量"应按以下要求确定:

①在"D"类"鉴定项目"中,在已选定的 1 个或全部鉴定项目中,至少选取已选鉴定项目所对应的全部鉴定要素的 60%项,并向上保留整数。

②在"E"类"鉴定项目"中,在已选的 3 个鉴定项目所包含的全部鉴定要素中,至少选取总数的 60%项,并向上保留整数。

举例分析：

按照上述"第6条"要求，若命题时按最少数量选取，并且在职业功能任选其一"平面磨削加工"进行考核。即：在"D"类鉴定项目中选取了"识图"1项，在"E"类鉴定项目中选取了"工艺准备"、"薄板磨削"和"精度校验"3项，则：

此考核制件所涉及的"鉴定项目"总数为4项，具体包括："识图"、"工艺准备"、"薄板磨削"和"精度校验"。

此考核制件所涉及的鉴定要素"选考数量"相应为13项，具体包括："识图"鉴定项目包含的全部2个鉴定要素中的2项，"工艺准备"、"薄板磨削"和"精度校验"等3个鉴定项目包括的全部17个鉴定要素中的11项。

7. 本职业等级技能操作需要两人及以上共同作业的，可由鉴定组织机构根据"必要、辅助"的原则，结合实际情况确定协助人员的数量。在整个操作过程中，协助人员只能起必要、简单的辅助作用。否则，每违反一次，至少扣减应考者的技能考核总成绩10分，直至取消其考试资格。

8. 实施"技能考核框架"时，应同时对应考者在质量、安全、工艺纪律、文明生产等方面行为进行考核。对于在技能操作考核过程中出现的违章作业现象，每违反一项（次）至少扣减技能考核总成绩10分，直至取消其考试资格。

注：按照中国北车规定，各《职业技能操作考核框架》的编制依据现行的《国家职业标准》或现行的《行业职业标准》或现行的《中国北车职业标准》的顺序执行。

二、磨工（中级工）技能操作鉴定要素细目表

（1）平面磨削加工

职业功能	鉴定项目				鉴定要素		
	项目代码	名称	鉴定比重（%）	选考方式	要素代码	名称	重要程度
一、平面磨削	D	（一）识图	10	至少选择三项	001	识读类似方体类与法兰类零件的零件图	X
					002	熟知磨床的传动原理与基本结构	X
	E	（二）工艺准备	15		001	读懂上述各类零件制造工艺过程	X
					002	能够使用柔性垫装夹薄板类零件	X
					003	正确选择、装卡砂轮	X
					004	配制冷却液	X
					005	正确调整专用夹具	X
					006	根据零件形状和要求调整磨床	X
					007	根据零件要求选择磨具	X
		（三）薄板磨削	50		001	确定合理的定位和夹紧方式	X
					002	装卡找正	X
					003	磨床机床调整	X
					004	合理选择磨削用量并进行磨削	X
					005	尺寸公差等级不低于 IT6 的保证措施	X
					006	圆度、圆柱度不低于7级的保证措施	X
					007	表面结构优于 Ra1.6～Ra0.4 μm 的措施	X

职业功能	鉴定项目				鉴定要素		
	项目代码	名称	鉴定比重(%)	选考方式	要素代码	名称	重要程度
一、平面磨削	D	(四)精度检验	15	至少选择三项	001	能够熟练使用千分表等常规量具	X
					002	能够测量平行度	X
					003	能够使用正弦规测量斜度	X
	E	(五)机床故障判断	10		001	掌握磨床液压传动知识	X
					002	判断类似磨床皮带松动等常见机械故障	X
					003	判断类似磨床液压系统异常声音等等常见液压系统故障	X

(2)外圆磨削加工

职业功能	鉴定项目				鉴定要素		
	项目代码	名称	鉴定比重(%)	选考方式	要素代码	名称	重要程度
二、外圆磨削	D	(一)识图	10	至少选择三项	001	识读轴、套、圆锥、螺纹等回转体类零件的零件图	X
					002	熟知磨床的传动原理与基本结构	X
		(二)工艺准备	15		001	读懂上述各类零件制造工艺过程	X
					002	能够使用中心架装夹细长轴类零件	X
					003	正确选择、装卡砂轮	X
					004	配制冷却液	X
					005	正确调整专用夹具	X
					006	根据零件形状和要求调整磨床	X
					007	根据零件要求选择磨具	X
	E	(三)细长轴的磨削	50		001	确定合理的定位和夹紧方式	X
					002	装卡找正	X
					003	磨床机床调整	X
					004	合理选择磨削用量并进行磨削	X
					005	尺寸公差等级不低于IT6的保证措施	X
					006	圆度、圆柱度不低于7级的保证措施	X
					007	表面结构优于Ra1.6～Ra0.4 μm的措施	X
		(四)精度检验	15		001	能够熟练使用丝杆卡规和扭簧比较仪等量具	X
					002	能够检测圆度与圆柱度	X
					003	能够使用千分表测量零件同轴度	X
					004	能够使用正弦规检量椎体的锥度	X
		(五)机床故障判断	10		001	掌握磨床液压传动知识	X
					002	判断类似磨床皮带松动等常见机械故障	X
					003	判断类似磨床液压系统异常声音等等常见液压系统故障	X

(3)内圆磨削加工

职业功能	鉴定项目			选考方式	鉴定要素		
	项目代码	名称	鉴定比重（%）		要素代码	名称	重要程度
三、内圆磨削	D	（一）识图	10	至少选择三项	001	识读套筒等回转体零件的零件图	X
					002	熟知磨床的传动原理与基本结构	X
	E	（二）工艺准备	15		001	读懂上述各类零件制造工艺过程	X
					002	识读磨削加工的切削参数	X
					003	正确选择、装卡砂轮	X
					004	配制冷却液	X
					005	正确调整专用夹具	X
					006	根据零件形状和要求调整磨床	X
					007	根据零件要求选择磨具	X
		（三）莫氏内锥孔的磨削	50		001	确定合理的定位和夹紧方式	X
					002	装卡找正	X
					003	磨床机床调整	X
					004	合理选择磨削用量并进行磨削	X
					005	尺寸公差等级不低于 IT6 的保证措施	X
					006	圆度、圆柱度不低于 7 级的保证措施	X
					007	表面结构优于 Ra 1.6 ～ Ra 0.4 μm的措施	X
		（四）精度检验	15		001	能够熟练使用内径千分尺等常规量具	X
					002	能够测量圆度	X
					003	能够使用千分表测量零件同轴度和圆柱度	X
		（五）机床故障判断	10		001	掌握磨床液压传动知识	X
					002	判断类似磨床皮带松动等常见机械故障	X
					003	判断类似磨床液压系统异常声音等等常见液压系统故障	X

(4)刀具与工具磨削加工

职业功能	鉴定项目			选考方式	鉴定要素		
	项目代码	名称	鉴定比重（%）		要素代码	名称	重要程度
四、刀具与工具磨削	D	（一）识图	10	至少选择三项	001	识读刀具与工具类零件的零件图	X
					002	熟知磨床的传动原理与基本结构	X
	E	（二）工艺准备	15		001	读懂上述各类零件制造工艺过程	X
					002	合理分配磨削加工余量	X
					003	正确选择、装卡砂轮	X
					004	配制冷却液	X

职业功能	项目代码	名称	鉴定比重(%)	选考方式	要素代码	名称	重要程度
四、刀具与工具磨削	E	(二)工艺准备	15	至少选择三项	005	正确调整专用夹具	X
					006	根据零件形状和要求调整磨床	X
					007	根据零件要求选择磨具	X
		(三)圆柱铣刀的刃磨	50		001	确定合理的定位和夹紧方式	X
					002	装卡找正	X
					003	磨床机床调整	X
					004	合理选择磨削用量并进行磨削	X
					005	符合图纸尺寸保证措施	X
					006	表面结构优于 Ra1.6～Ra0.4 μm 的措施	X
		(四)精度检验	15		001	能够熟练使用常规量具	X
					002	能够使用正弦规测量锥度	X
					003	能够使用巴氏量角仪测量角度	X
		(五)机床故障判断	10		001	掌握磨床液压传动知识	X
					002	判断类似磨床皮带松动等常见机械故障	X
					003	判断类似磨床液压系统异常声音等等常见液压系统故障	X

(5)螺纹磨削加工

职业功能	项目代码	名称	鉴定比重(%)	选考方式	要素代码	名称	重要程度
五、螺纹磨削	D	(一)识图	10	至少选择三项	001	识读带螺纹的轴类零件的零件图	X
					002	熟知磨床的传动原理与基本结构	X
	E	(二)工艺准备	15		001	读懂上述各类零件制造工艺过程	X
					002	合理分配磨削加工余量	X
					003	正确选择、装卡砂轮	X
					004	配制冷却液	X
					005	正确调整专用夹具	X
					006	根据零件形状和要求调整磨床	X
					007	根据零件要求选择磨具	X
		(三)蜗杆的磨削	50		001	确定合理的装夹与分度方法	X
					002	装卡找正	X
					003	磨床机床调整	X
					004	合理选择磨削用量并进行磨削	X
					005	尺寸精度等级不低于7级的保证措施	X
					006	表面结构优于 Ra1.6～Ra0.4 μm 的措施	X

职业功能	鉴定项目				鉴定要素		
	项目代码	名称	鉴定比重（%）	选考方式	要素代码	名称	重要程度
五、螺纹磨削	E	（四）精度检验	15	至少选择三项	001	能够熟练使用千分尺与三针测量蜗杆中径	X
					002	能使用齿厚千分尺或齿厚游标卡尺测量蜗杆齿厚	X
		（五）机床故障判断	10		001	掌握磨床液压传动知识	X
					002	判断类似磨床皮带松动等常见机械故障	X
					003	判断类似磨床液压系统异常声音等等常见液压系统故障	X

（6）齿轮磨削加工

职业功能	鉴定项目				鉴定要素		
	项目代码	名称	鉴定比重（%）	选考方式	要素代码	名称	重要程度
六、齿轮磨削	D	（一）识图	10	至少选择三项	001	识读齿轮类零件的零件图	X
					002	熟知磨床的传动原理与基本结构	X
	E	（二）工艺准备	15		001	读懂上述各类零件制造工艺过程	X
					002	能够使用小锥度芯轴装夹零件	X
					003	正确选择、装卡砂轮	X
					004	配制冷却液	X
					005	正确调整专用夹具	X
					006	根据零件形状和要求调整磨床	X
					007	根据零件要求选择磨具	X
		（三）6HL齿轮的磨削	50		001	确定合理的定位和夹紧方式	X
					002	装卡找正	X
					003	磨床机床调整	X
					004	合理选择磨削用量并进行磨削	X
					005	尺寸精度等级不低于 7 级的保证措施	X
					006	表面结构优于 Ra1.6～Ra0.4 μm 的措施	X
		（四）精度检验	15		001	能够检测精密齿轮	X
					002	能够使用齿厚游标卡尺测量齿厚	X
		（五）机床故障判断	10		001	掌握磨床液压传动知识	X
					002	判断类似磨床皮带松动等常见机械故障	X
					003	判断类似磨床液压系统异常声音等等常见液压系统故障	X

（7）曲轴与凸轮磨削加工

职业功能	鉴定项目			选考方式	鉴定要素		
	项目代码	名称	鉴定比重（%）		要素代码	名称	重要程度
七、曲轴与凸轮磨削	D	（一）识图	10	至少选择三项	001	识读曲轴类状零件的零件图	X
					002	熟知磨床的传动原理与基本结构	X
	E	（二）工艺准备	15		001	读懂上述各类零件制造工艺过程	X
					002	合理分配磨削加工余量	X
					003	正确选择、装卡砂轮	X
					004	配制冷却液	X
					005	正确调整专用夹具	X
					006	根据零件形状和要求调整磨床	X
					007	根据零件要求选择磨具	X
		（三）双拐曲轴的磨削	50		001	确定合理的定位和夹紧方式	X
					002	装卡找正	X
					003	磨床机床调整	X
					004	合理选择磨削用量并进行磨削	X
					005	尺寸公差等级不低于 IT6 的保证措施	X
					006	圆度、圆柱度不低于 7 级的保证措施	X
					007	表面结构优于 Ra 1.6～Ra 0.4 μm的措施	X
		（四）精度检验	15		001	能够熟练使用千分表测量对称度	X
					002	能够使用量块测量曲拐角度误差	X
		（五）机床故障判断	10		001	掌握磨床液压传动知识	X
					002	判断类似磨床皮带松动等常见机械故障	X
					003	判断类似磨床液压系统异常声音等等常见液压系统故障	X

（8）导轨磨削加工

职业功能	鉴定项目			选考方式	鉴定要素		
	项目代码	名称	鉴定比重（%）		要素代码	名称	重要程度
八、导轨磨削	D	（一）识图	10	至少选择三项	001	识读导轨类零件的零件图	X
					002	熟知磨床的传动原理与基本结构	X
	E	（二）工艺准备	15		001	读懂上述各类零件制造工艺过程	X
					002	合理分配磨削加工余量	X
					003	正确选择、装卡砂轮	X
					004	配制冷却液	X
					005	正确调整专用夹具	X

续上表

职业功能	项目代码	鉴定项目			选考方式	鉴定要素		
		名称	鉴定比重(%)			要素代码	名称	重要程度
八、导轨磨削	E	(二)工艺准备	15		至少选择三项	006	根据零件形状和要求调整磨床	X
						007	根据零件要求选择磨具	X
		(三)普通车床床身导轨面的磨削	50			001	确定合理的定位和夹紧方式	X
						002	装卡找正	X
						003	磨床机床调整	X
						004	合理选择磨削用量并进行磨削	X
						005	尺寸公差等级不低于 IT6 的保证措施	X
						006	直线度不低于 7 级的保证措施	X
						007	表面结构优于 Ra1.6~Ra0.4 μm 的措施	X
		(四)精度检验	15			001	能够使用千分表测量导轨的扭曲度	X
		(五)机床故障判断	10			001	掌握磨床液压传动知识	X
						002	判断类似磨床皮带松动等常见机械故障	X
						003	判断类似磨床液压系统异常声音等等常见液压系统故障	X

(9)珩磨磨削加工

职业功能	项目代码	鉴定项目			选考方式	鉴定要素		
		名称	鉴定比重(%)			要素代码	名称	重要程度
九、珩磨磨削	D	(一)识图	10		至少选择三项	001	识读箱体类零件的零件图	X
						002	熟知磨床的传动原理与基本结构	X
	E	(二)工艺准备	15			001	读懂上述各类零件制造工艺过程	X
						002	合理分配磨削加工余量	X
						003	正确选择、装卡砂轮	X
						004	配制冷却液	X
						005	正确调整专用夹具	X
						006	根据零件形状和要求调整磨床	X
						007	根据零件要求选择磨具	X
		(三)轴承孔的珩磨	50			001	确定合理的定位和夹紧方式	X
						002	装卡找正	X
						003	磨床机床调整	X
						004	合理选择磨削用量并进行磨削	X
						005	尺寸公差等级不低于 IT6 的保证措施	X
						006	圆柱度不低于 7 级的保证措施	X
						007	表面结构优于 Ra1.6~Ra0.4 μm 的措施	X

职业功能	鉴定项目			选考方式	鉴定要素		
	项目代码	名称	鉴定比重（%）		要素代码	名称	重要程度
九、珩磨磨削	D	（四）精度检验	15	至少选择三项	001	能够使用内径千分表测量内孔圆度和锥度	X
	E	（五）机床故障判断	10		001	掌握磨床液压传动知识	X
					002	判断类似磨床皮带松动等常见机械故障	X
					003	判断类似磨床液压系统异常声音等等常见液压系统故障	X

磨工(中级工)技能操作考核
样题与分析

职 业 名 称：＿＿＿＿＿＿＿＿＿＿＿＿＿＿

考 核 等 级：＿＿＿＿＿＿＿＿＿＿＿＿＿＿

存 档 编 号：＿＿＿＿＿＿＿＿＿＿＿＿＿＿

考核站名称：＿＿＿＿＿＿＿＿＿＿＿＿＿＿

鉴定责任人：＿＿＿＿＿＿＿＿＿＿＿＿＿＿

命题责任人：＿＿＿＿＿＿＿＿＿＿＿＿＿＿

主管负责人：＿＿＿＿＿＿＿＿＿＿＿＿＿＿

中国北车股份有限公司劳动工资部制

职业技能鉴定技能操作考核制件图示或内容

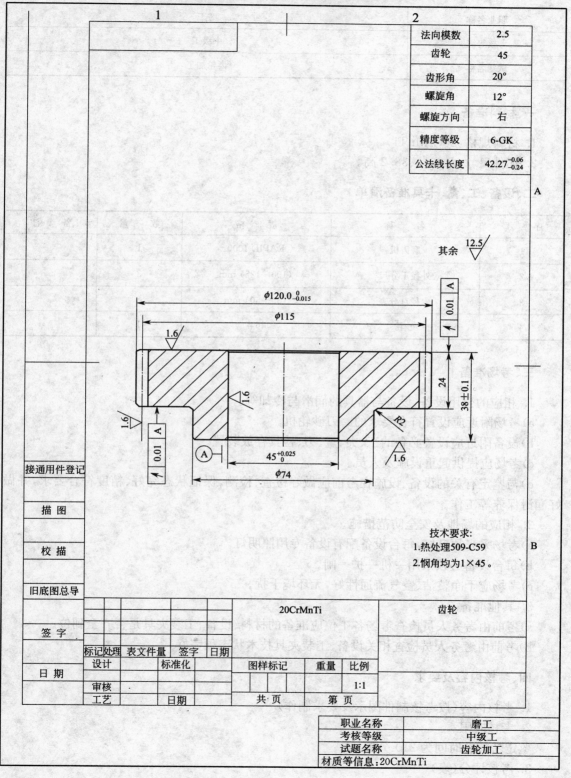

法向模数	2.5
齿轮	45
齿形角	20°
螺旋角	12°
螺旋方向	右
精度等级	6-GK
公法线长度	$42.27^{-0.06}_{-0.24}$

其余 $\sqrt{12.5}$

技术要求:
1.热处理509-C59
2.倒角均为1×45。

	20CrMnTi		齿轮

标记处理	表文件量	签字	日期		
设计		标准化		图样标记	重量	比例
审核	.					1:1
工艺		日期		共　页	第　页	

接通用件登记

描　图

校　描

旧底图总导

签　字

日　期

职业名称	磨工
考核等级	中级工
试题名称	齿轮加工
材质等信息:20CrMnTi	

职业技能鉴定技能操作考核准备单

职业名称	磨工
考核等级	中级工
试题名称	齿轮加工

一、材料准备

1. 材料规格：20CrMnTi。
2. 坯件尺寸：ϕ120.1、38.2 高。

二、设备、工、量、卡具准备清单

序 号	名 称	规 格	数 量	备 注
1	磨齿机	RAPID 1000	1	
2	外径千分尺	(100～125) mm	3	
3	内径百分表	(35～50) mm	3	
4	砂轮	46#	1	

三、考场准备

1. 相应的公用设备、设备与器具的润滑与冷却等。
a)考场附近应设置符合要求的磨刀砂轮机。
b)设备附近应设置必备的工、夹、量、刃、检具存放装置。
c)考场应提供起重设施及人员。
d)与鉴定有关的设备、设施在考前应做好检查、检测,保证状态完好、精度符合要求,并做好润滑保养等工作。
2. 相应的场地及安全防范措施。
a)考场采光须良好,每台设备配有设备专用照明灯。
b)每台设备必须采用一机一护一闸。
c)考场应干净整洁、空气流通性好,无环境干扰。
3. 其他准备。
a)考前由考务人员检查考场各工位应准备的材料、设备、工装夹具是否齐全到位。
b)考前由考务人员检查相关设备、工装夹具技术状态须完好。

四、考核内容及要求

1. 考核内容(按考核制件图示及要求制作)
2. 考核时限
鉴定考核总时间为 210 分钟。
3. 考核评分(表)

职业名称	磨工		考核等级	中级工		
试题名称	齿轮加工		考核时限	210 分钟		
鉴定项目	考核内容	配分		评分标准	扣分说明	得分
识图	在操作过程中能够正确读懂图纸题目	5		磨削加工完成后检测,基本符合图纸即为合格,相应扣分		
	在操作过程中能够正确读懂图纸题目	5				
工艺准备	正确定位	3		定位错误不得分		
	正确装卡	4		装卡错误不得分		
	正确调整	4		操作错误扣分		
	选择正确砂轮	4		选择错误扣分		
齿轮的磨削	能合理选择磨削速度、进给量、背吃刀深度	4		磨削用量不合理扣分		
	能合理选择磨削速度、进给量、背吃刀深度	4		磨削用量不合理扣分		
	正确修整	2		需修整则按步骤评分		
	齿向误差:0.009 基节偏差:0.009 公法线长度:$42.27^{-0.065}_{-0.104}$	10		超差一处扣 3 分		
	齿圈径向跳动公差:0.036 公法线长度变动公差:0.02	10		超差一处扣 5 分		
	Ra1.6(4 处)	10		一处达不到扣 2.5 分		
误差分析	正确使用测量仪	10		使用不正确,扣分		
	正确保养量具	5		使用前后,正确保养与维护,不正确一处,扣 1 分		
	加工完成后,进行误差分析	5		得出分析结论,给分		
精度检验与机械故障排除	掌握磨床几何精度检验方法和标准	4		不正确扣分		
	掌握磨床工作精度检验方法和标准	4		不正确扣分		
	熟知检测器具相关知识	2		不正确扣分		
	使用检测器具进行精度检验	5		不正确扣分		
质量、安全、工艺纪律、文明生产等综合考核项目	考核限制	不限		每超时 5 分钟,扣 10 分		
	工艺纪律	不限		依据企业有关工艺纪律规定执行,每违反一次扣 10 分		
	劳动保护	不限		依据企业有关劳动保护管理规定执行,每违反一次扣 10 分		
	文明生产	不限		依据企业有关文明生产管理定执行,每违反一次扣 10 分		
	安全生产	不限		依据企业有关文明生产管理定执行,每违反一次扣 10 分		

职业技能鉴定技能考核制件(内容)分析

职业名称	磨工
考核等级	中级工
试题名称	齿轮加工
职业标准依据	《国家职业标准》

试题中鉴定项目及鉴定要素的分析与确定

分析事项 ＼ 鉴定项目分类	基本技能"D"	专业技能"E"	相关技能"F"	合计	数量与占比说明
鉴定项目总数	9	36	0	45	职业功能任选其一进行考核,在选定后,保证其专业技能的选取数量达到2/3
选取的鉴定项目数量	1	4	0	5	
选取的鉴定项目数量占比	12%	12%	0	12%	
对应选取鉴定项目所包含的鉴定要素总数	2	18	0	20	
选取的鉴定要素数量	2	17	0	19	
选取的鉴定要素数量占比	100%	94.4%	0	95%	

所选取鉴定项目及相应鉴定要素分解与说明

鉴定项目类别	鉴定项目名称	国家职业标准规定比重(%)	《框架》中鉴定要素名称	本命题中具体鉴定要素分解	配分	评分标准	考核难点说明
D	识图	10	识读齿轮类零件的零件图	在操作过程中能够正确读懂图纸题目	5	磨削加工完成后检测,基本符合图纸即为合格,相应扣分	在图中识别出需加工的部位
			几何公差、表面结构的识别	在操作过程中能够正确读懂图纸题目	5	磨削加工完成后检测,基本符合图纸即为合格,相应扣分	在图中识别出需加工精度
E	工艺准备	15	正确选择定位方式	正确定位	3	定位错误不得分	考核基准选择及定位方面相关知识
			合理选择装卡方法	正确装卡	4	装卡错误不得分	
			正确调整专用夹具	正确调整	4	操作错误扣分	
			根据零件要求选择磨具	选择正确砂轮	4	选择错误扣分	
E	齿轮的磨削	40	合理分配磨削余量	能合理选择磨削速度、进给量、背吃刀深度	4	磨削用量不合理扣分	考核材质、系统刚性、刀具耐用度合理选择切削用量
			合理选择磨削用量并进行磨削	能合理选择磨削速度、进给量、背吃刀深度	4	磨削用量不合理扣分	
			修整磨削砂轮	正确修整	2	需修整则按步骤评分	考核磨具修整方法
			齿向误差、基节偏差、公法线长度	齿向误差:0.009 基节偏差:0.009 公法线长度: $42.27_{-0.104}^{-0.065}$	10	超差一处扣3分	考核表面几何精度、位置精度及表面质量的保证能力
			跳动公差	齿圈径向跳动公差:0.036 公法线长度变动公差:0.02	10	超差一处扣5分	
			表面结构优于 Ra 1.6～Ra 0.4μm 的措施	Ra1.6(4处)	10	一处达不到扣2.5分	

鉴定项目类别	鉴定项目名称	国家职业标准规定比重(%)	《框架》中鉴定要素名称	本命题中具体鉴定要素分解	配分	评分标准	考核难点说明
E	误差分析	20	能够熟练使用测微仪、表面粗糙度仪等精密测量仪	正确使用测量仪	10	使用不正确,扣分	精密测量仪的使用方法与保养相关知识
			了解常用量具、量仪的维护知识与保养方法,能够正确对常用量具、量仪进行维护和保养	正确保养量具	5	使用前后,正确保养与维护,不正确一处,扣1分	
			分析磨削尺寸误差、形位误差产生的原因	加工完成后,进行误差分析	5	得出分析结论,给分	误差分析产生的原因
	精度检验与机械故障排除	15	能掌握磨床几何精度检验方法和标准	掌握磨床几何精度检验方法和标准	4	不正确扣分	平面磨床的几何精度和工作精度的检验
			能掌握磨床工作精度检验方法和标准	掌握磨床工作精度检验方法和标准	4	不正确扣分	
			能正确选择检测器具进行精度检验	熟知检测器具相关知识	2	不正确扣分	
			能正确使用检测器具进行精度检验	使用检测器具进行精度检验	5	不正确扣分	
	时限、质量、安全、工艺纪律、文明生产等综合考核项目			考核时限	不限	每超过5分钟,扣10分	
				工艺纪律	不限	依据企业有关工艺纪律规定执行,每违反一次扣10分	
				劳动保护	不限	依据企业有关劳动保护管理规定执行,每违反一次扣10分	
				文明生产	不限	依据企业有关文明生产管理定执行,没违反一次扣10分	
				安全生产	不限	依据企业有关安全生产管理规定执行,每违反一次扣10分	

磨工(高级工)技能操作考核框架

一、框架说明

1. 依据《国家职业标准》^注，以及中国北车确定的"岗位个性服从于职业共性"的原则，提出磨工(高级工)技能操作考核框架(以下简称：技能考核框架)。

2. 本职业等级技能操作考核评分采用百分制。即：满分为 100 分，60 分为及格，低于 60 分为不及格。

3. 实施"技能考核框架"时，考核制件(活动)命题可以选用本企业的加工件(活动项目)，也可以结合实际另外组织命题。

4. 实施"技能考核框架"时，考核的时间和场地条件等应依据《国家职业标准》，并结合企业实际确定。

5. 实施"技能考核框架"时，其"职业功能"的分类按以下要求确定：

(1)"工艺准备"、"精度检验与机械故障排除"、"误差分析"、"四面体的磨削"、"精密芯轴的磨削"、"精密芯轴的磨削"、"铣刀、花键滚刀的刃磨"、"精密芯轴的磨削"、"6-5-5HL 齿轮的磨削"、"四拐曲轴的磨削"、"精密磨床导轨的磨削"、"深孔的珩磨"属于本职业等级技能操作的核心职业活动，其"项目代码"为"E"。

(2)"基础技能"属于本职业等级技能操作的辅助性活动，其"项目代码"为"D"。

6. 实施"技能考核框架"时，其"鉴定项目"和"选考数量"按以下要求确定：

(1)按照《国家职业标准》有关技能操作鉴定比重的要求，本职业等级技能操作考核制件的"鉴定项目"应按"D"＋"E"组合，其考核配分比例相应为："D"占 10 分，"E"占 90 分(其中：工艺准备 15 分、磨削加工 40 分、误差分析 20 分、精度检验与机械故障排除 15 分)。

(2)按照《国家职业标准》有关技能操作鉴定职业功能任选其一进行考核。

(3)依据中国北车确定的"核心职业活动选取 2/3，并向上取整"的规定，在"E"类鉴定项目的全部 4 项中，至少选取 3 项。

(4)依据中国北车确定的"其余'鉴定项目'的数量可以任选"的规定，"D"类鉴定项目"识图"中，选取 1 项。

(5)依据中国北车确定的"确定'选考数量'时，所涉及'鉴定要素'的数量占比，应不低于对应'鉴定项目'范围内'鉴定要素'总数的 60%，并向上取整"的规定，考核制件的鉴定要素"选考数量"应按以下要求确定：

①在"D"类"鉴定项目"中，在已选定的 1 个或全部鉴定项目中，至少选取已选鉴定项目所对应的全部鉴定要素的 60%项，并向上保留整数。

②在"E"类"鉴定项目"中，在已选的 3 个鉴定项目所包含的全部鉴定要素中，至少选取总数的 60%项，并向上保留整数。

举例分析:

按照上述"第 6 条"要求,若命题时按最少数量选取,并且在职业功能任选其一"平面磨削加工"进行考核。即:在"D"类鉴定项目中选取了"识图"1 项,在"E"类鉴定项目中选取了"工艺准备"、"四面体的磨削"和"精度校验"3 项,则:

此考核制件所涉及的"鉴定项目"总数为 4 项,具体包括:"识图"、"工艺准备"、"四面体的磨削"和"精度校验"。

此考核制件所涉及的鉴定要素"选考数量"相应为 16 项,具体包括:"识图"鉴定项目包含的全部 3 个鉴定要素中的 2 项,"工艺准备"、"四面体的磨削"和"精度校验"等 3 个鉴定项目包括的全部 23 个鉴定要素中的 14 项。

7. 本职业等级技能操作需要两人及以上共同作业的,可由鉴定组织机构根据"必要、辅助"的原则,结合实际情况确定协助人员的数量。在整个操作过程中,协助人员只能起必要、简单的辅助作用。否则,每违反一次,至少扣减应考者的技能考核总成绩 10 分,直至取消其考试资格。

8. 实施"技能考核框架"时,应同时对应考者在质量、安全、工艺纪律、文明生产等方面行为进行考核。对于在技能操作考核过程中出现的违章作业现象,每违反一项(次)至少扣减技能考核总成绩 10 分,直至取消其考试资格。

注:按照中国北车规定,各《职业技能操作考核框架》的编制依据现行的《国家职业标准》或现行的《行业职业标准》或现行的《中国北车职业标准》的顺序执行。

二、磨工(高级工)技能操作鉴定要素细目表

(1)平面磨削加工

职业功能	鉴定项目				鉴定要素		
	项目代码	名 称	鉴定比重(%)	选考方式	要素代码	名 称	重要程度
一、平面磨削	D	(一)识图	10	至少选择三项	001	识读类似方形减速箱箱体等典型平面类零件的零件图	X
					002	识读机械装配图与液压原理图	X
					003	几何公差、公差配合、表面结构的识别	X
	E	(二)工艺准备	15		001	读懂上述各类零件制造工艺过程	X
					002	制定平面磨削加工步骤	X
					003	正确选择定位方式	X
					004	合理选择装卡方法	X
					005	正确调整专用夹具	X
					006	分析夹具定位误差	X
					007	根据零件要求选择磨具	X
		(三)四面体的磨削	40		001	合理分配磨削余量	X
					002	正确选择磨削方式(粗、精)	X
					003	正确控制及消除磨削热的产生	X
					004	合理选择磨削用量并进行磨削	X
					005	修整磨削砂轮	X
					006	尺寸公差等级不低于 IT6 的保证措施	X
					007	平面度和平行度、垂直度不低于 7 级的保证措施	X
					008	表面结构优于 Ra1.6~Ra0.4 μm 的措施	X

续上表

职业功能	鉴定项目			选考方式	鉴定要素			
	项目代码	名　称	鉴定比重(%)		要素代码	名　称		重要程度
一、平面磨削	E	(四)误差分析	20	至少选择三项	001	能够熟练使用测微仪、表面粗糙度仪等精密测量仪		X
					002	了解常用量具、量仪的维护知识与保养方法,能够正确对常用量具、量仪进行维护和保养		X
					003	熟知磨削误差的种类		X
					004	分析磨削尺寸误差、形位误差产生的原因		X
		(五)精度检验与机械故障排除	15		001	能掌握磨床几何精度检验方法和标准		X
					002	能掌握磨床工作精度检验方法和标准		X
					003	能正确选择检测器具进行精度检验		X
					004	能正确使用检测器具进行精度检验		X
					005	能正确确定精度检验操作顺序,操作方法正确		X
					006	能正确进行检测数据观察、记录、统计、计算,精度判断正确		X
					007	通过加工质量准确分析、评价磨床相关工作精度		X
					008	能够排除类似砂轮主轴轴向窜动超差等平面磨床常见机械故障		X

(2)外圆磨削加工

职业功能	鉴定项目			选考方式	鉴定要素			
	项目代码	名　称	鉴定比重(%)		要素代码	名　称		重要程度
二、外圆磨削	D	(一)识图	10	至少选择三项	001	识读类似变速箱传动轴等典型回转体类零件的零件图		X
					002	识读机械装配图与液压原理图		X
					003	几何公差、公差配合、表面结构的识别		X
	E	(二)工艺准备	15		001	读懂上述各类零件制造工艺过程		X
					002	制定外圆磨削加工步骤		X
					003	正确选择定位方式		X
					004	合理选择装卡方法		X
					005	正确调整专用夹具		X
					006	分析夹具定位误差		X
					007	根据零件要求选择磨具		X
		(三)精密芯轴的磨削	40		001	合理分配磨削余量		X
					002	正确选择磨削方式(粗、精)		X
					003	正确控制及消除磨削热的产生		X
					004	合理选择磨削用量并进行磨削		X
					005	修整磨削砂轮		X
					006	尺寸公差等级不低于IT6的保证措施		X
					007	圆度、圆柱度不低于7级的保证措施		X
					008	表面结构优于 Ra 1.6～Ra 0.4μ 的措施		X

职业功能	鉴定项目				鉴定要素		
	项目代码	名　称	鉴定比重(%)	选考方式	要素代码	名　　称	重要程度
二、外圆磨削	E	(四)误差分析	20	至少选择三项	001	能够熟练使用圆度仪、测微仪、表面粗糙度仪、电动轮廓仪等精密测量仪	X
					002	了解常用量具、量仪的维护知识与保养方法,能够正确对常用量具、量仪进行维护和保养	X
					003	熟知磨削误差的种类	X
					004	分析磨削尺寸误差、形位误差产生的原因	X
		(五)精度检验与机械故障排除	15		001	能掌握磨床几何精度检验方法和标准	X
					002	能掌握磨床工作精度检验方法和标准	X
					003	能正确选择检测器具进行精度检验	X
					004	能正确使用检测器具进行精度检验	X
					005	能正确确定精度检验操作顺序,操作方法正确	X
					006	能正确进行检测数据观察、记录、统计、计算,精度判断正确	X
					007	通过加工质量准确分析、评价磨床相关工作精度	X
					008	能够排除类似头架主轴径向跳动超差等外圆磨床常见机械故障	X

(3)内圆磨削加工

职业功能	鉴定项目				鉴定要素		
	项目代码	名　称	鉴定比重(%)	选考方式	要素代码	名　　称	重要程度
三、内孔磨削	D	(一)识图	10	至少选择三项	001	识读类似动、静压轴承等典型回转体类零件的零件图	X
					002	识读机械装配图与液压原理图	X
					003	几何公差、公差配合、表面结构的识别	X
		(二)工艺准备	15		001	读懂上述各类零件制造工艺过程	X
					002	制定内孔磨削加工步骤	X
					003	正确选择定位方式	X
					004	合理选择装卡方法	X
					005	正确调整专用夹具	X
					006	分析夹具定位误差	X
					007	根据零件要求选择磨具	X
	E	(三)精密芯轴的磨削	40		001	合理分配磨削余量	X
					002	正确选择磨削方式(粗、精)	X
					003	正确控制及消除磨削热的产生	X
					004	合理选择磨削用量并进行磨削	X
					005	修整磨削砂轮	X
					006	尺寸公差等级不低于 IT6 的保证措施	X
					007	圆度、圆柱度不低于 7 级的保证措施	X
					008	表面结构优于 Ra 1.6~Ra 0.4μ 的措施	X

职业功能	鉴定项目				鉴定要素		
	项目代码	名　称	鉴定比重(%)	选考方式	要素代码	名　称	重要程度
三、内孔磨削	E	(四)误差分析	20	至少选择三项	001	能够熟练使用圆度仪、测微仪、表面粗糙度仪、电动轮廓仪等精密测量仪	X
					002	了解常用量具、量仪的维护知识与保养方法,能够正确对常用量具、量仪进行维护和保养	X
					003	熟知磨削误差的种类	X
					004	分析磨削尺寸误差、形位误差产生的原因	X
		(五)精度检验与机械故障排除	15		001	能掌握磨床几何精度检验方法和标准	X
					002	能掌握磨床工作精度检验方法和标准	X
					003	能正确选择检测器具进行精度检验	X
					004	能正确使用检测器具进行精度检验	X
					005	能正确确定精度检验操作顺序,操作方法正确	X
					006	能正确进行检测数据观察、记录、统计、计算,精度判断正确	X
					007	通过加工质量准确分析、评价磨床相关工作精度	X
					008	能够排除类似头架主轴径向跳动超差等内孔磨床常见机械故障	X

（4）刀具与工具磨削加工

职业功能	鉴定项目				鉴定要素		
	项目代码	名　称	鉴定比重(%)	选考方式	要素代码	名　称	重要程度
四、刀具与工具磨削	D	(一)识图	10	至少选择三项	001	识读类似错齿三面刃铣刀等典型刀具类零件的零件图	X
					002	识读机械装配图与液压原理图	X
					003	几何公差、公差配合、表面结构的识别	X
	E	(二)工艺准备	15		001	读懂上述各类零件制造工艺过程	X
					002	制定磨削加工步骤	X
					003	正确选择定位方式	X
					004	合理选择装卡方法	X
					005	正确调整专用夹具	X
					006	分析夹具定位误差	X
					007	根据零件要求选择磨具	X
		(三)铣刀、花键滚刀的刃磨	40		001	合理分配磨削余量	X
					002	正确选择磨削方式(粗、精)	X
					003	正确控制及消除磨削热的产生	X
					004	合理选择磨削用量并进行磨削	X
					005	修整磨削砂轮	X
					006	保证刃磨刀具压力角、模数尺寸措施	X

职业功能	鉴定项目				鉴定要素		
	项目代码	名　称	鉴定比重(%)	选考方式	要素代码	名　称	重要程度
四、刀具与工具磨削	E	（四）误差分析	20	至少选择三项	001	能够熟练使用圆度仪、测微仪、表面粗糙度仪、电动轮廓仪等精密测量仪	X
					002	了解常用量具、量仪的维护知识与保养方法，能够正确对常用量具、量仪进行维护和保养	X
					003	熟知磨削误差的种类	X
					004	分析磨削尺寸误差、形位误差产生的原因	X
		（五）精度检验与机械故障排除	15		001	能掌握磨床几何精度检验方法和标准	X
					002	能掌握磨床工作精度检验方法和标准	X
					003	能正确选择检测器具进行精度检验	X
					004	能正确使用检测器具进行精度检验	X
					005	能正确确定精度检验操作顺序，操作方法正确	X
					006	能正确进行检测数据观察、记录、统计、计算，精度判断正确	X
					007	通过加工质量准确分析、评价磨床相关工作精度	X
					008	能够排除类似砂轮主轴径向跳动超差等工具磨床常见机械故障	X

（5）螺纹磨削加工

职业功能	鉴定项目				鉴定要素		
	项目代码	名　称	鉴定比重(%)	选考方式	要素代码	名　称	重要程度
五、螺纹磨削	D	（一）识图	10	至少选择三项	001	识读类似多线蜗杆、滚珠丝杠、等复杂类零件的零件图	X
					002	识读机械装配图与液压原理图	X
					003	几何公差、公差配合、表面结构的识别	X
	E	（二）工艺准备	15		001	读懂上述各类零件制造工艺过程	X
					002	制定螺纹磨削加工步骤	X
					003	正确选择定位方式	X
					004	合理选择装卡方法	X
					005	正确调整专用夹具	X
					006	分析夹具定位误差	X
					007	根据零件要求选择磨具	X
		（三）精密芯轴的磨削	40		001	合理分配磨削余量	X
					002	正确选择磨削方式（粗、精）	X
					003	正确控制及消除磨削热的产生	X
					004	合理选择磨削用量并进行磨削	X
					005	修整磨削砂轮	X
					006	尺寸精度等级不低于 6 级的保证措施	X
					007	表面结构优于 Ra 1.6～Ra 0.4μ 的措施	X

续上表

职业功能	鉴定项目			选考方式	鉴定要素		重要程度
	项目代码	名　称	鉴定比重(%)		要素代码	名　称	
五、螺纹磨削	E	(四)误差分析	20	至少选择三项	001	能够熟练使用测微仪、表面粗糙度仪、丝杠误差测量仪等精密测量仪	X
					002	了解常用量具、量仪的维护知识与保养方法,能够正确对常用量具、量仪进行维护和保养	X
					003	熟知磨削误差的种类	X
					004	分析磨削尺寸误差、形位误差产生的原因	X
		(五)精度检验与机械故障排除	15		001	能掌握磨床几何精度检验方法和标准	X
					002	能掌握磨床工作精度检验方法和标准	X
					003	能正确选择检测器具进行精度检验	X
					004	能正确使用检测器具进行精度检验	X
					005	能正确确定精度检验操作顺序,操作方法正确	X
					006	能正确进行检测数据观察、记录、统计、计算,精度判断正确	X
					007	通过加工质量准确分析、评价磨床相关工作精度	X
					008	能够排除类似砂轮主轴径向跳动超差等螺纹磨床常见机械故障	X

(6)齿轮磨削加工

职业功能	鉴定项目			选考方式	鉴定要素		重要程度
	项目代码	名　称	鉴定比重(%)		要素代码	名　称	
六、齿轮磨削	D	(一)识图	10	至少选择三项	001	识读类似齿轮轴、涡轮、多拐曲轴等复杂类零件的零件图	X
					002	识读机械装配图与液压原理图	X
					003	几何公差、公差配合、表面结构的识别	X
	E	(二)工艺准备	15		001	读懂上述各类零件制造工艺过程	X
					002	制定齿轮磨削加工步骤	X
					003	正确选择定位方式	X
					004	合理选择装卡方法	X
					005	正确调整专用夹具	X
					006	分析夹具定位误差	X
					007	根据零件要求选择磨具	X
		(三)6-5-5HL齿轮的磨削	40		001	合理分配磨削余量	X
					002	正确选择磨削方式(粗、精)	X
					003	正确控制及消除磨削热的产生	X
					004	合理选择磨削用量并进行磨削	X
					005	修整磨削砂轮	X
					006	尺寸精度等级不低于6级的保证措施	X
					007	表面结构优于 Ra 1.6～Ra 0.4μ 的措施	X

续上表

职业功能	鉴定项目				鉴定要素		
	项目代码	名　称	鉴定比重(%)	选考方式	要素代码	名　称	重要程度
六、齿轮磨削	E	(四)误差分析	20	至少选择三项	001	能够熟练使用测微仪、表面粗糙度仪、齿轮单啮仪等精密测量仪	X
					002	了解常用量具、量仪的维护知识与保养方法,能够正确对常用量具、量仪进行维护和保养	X
					003	熟知磨削误差的种类	X
					004	分析磨削尺寸误差、形位误差产生的原因	X
		(五)精度检验与机械故障排除	15		001	能掌握磨床几何精度检验方法和标准	X
					002	能掌握磨床工作精度检验方法和标准	X
					003	能正确选择检测器具进行精度检验	X
					004	能正确使用检测器具进行精度检验	X
					005	能正确确定精度检验操作顺序,操作方法正确	X
					006	能正确进行检测数据观察、记录、统计、计算,精度判断正确	X
					007	通过加工质量准确分析、评价磨床相关工作精度	X
					008	能够排除类似砂轮主轴径向跳动超差等齿轮磨床常见机械故障	X

(7)曲轴与凸轮磨削加工

职业功能	鉴定项目				鉴定要素		
	项目代码	名　称	鉴定比重(%)	选考方式	要素代码	名　称	重要程度
七、曲轴磨削	D	(一)识图	10	至少选择三项	001	识读多拐曲轴等复杂类零件的零件图	X
					002	识读机械装配图与液压原理图	X
					003	几何公差、公差配合、表面结构的识别	X
		(二)工艺准备	15		001	读懂上述各类零件制造工艺过程	X
					002	制定曲轴磨削加工步骤	X
					003	正确选择定位方式	X
					004	合理选择装卡方法	X
					005	正确调整专用夹具	X
					006	分析夹具定位误差	X
					007	根据零件要求选择磨具	X
	E	(三)四拐曲轴的磨削	40		001	合理分配磨削余量	X
					002	正确选择磨削方式(粗、精)	X
					003	正确控制及消除磨削热的产生	X
					004	合理选择磨削用量并进行磨削	X
					005	修整磨削砂轮	X
					006	尺寸公差等级不低于 IT6 的保证措施	X
					007	圆度、圆柱度不低于 7 级的保证措施	X
					008	表面结构优于 Ra 1.6~Ra 0.4μ 的措施	X
					009	保证偏心误差措施	X
					010	保证相邻两拐角误差不大于 5′	X

续上表

职业功能	项目代码	鉴定项目 名 称	鉴定比重(%)	选考方式	要素代码	鉴定要素 名 称	重要程度
七、曲轴磨削	E	(四)误差分析	20	至少选择三项	001	能够熟练使用测微仪、表面粗糙度仪等精密测量仪	X
					002	了解常用量具、量仪的维护知识与保养方法,能够正确对常用量具、量仪进行维护和保养	X
					003	熟知磨削误差的种类	X
					004	分析磨削尺寸误差、形位误差产生的原因	X
		(五)精度检验与机械故障排除	15		001	能掌握磨床几何精度检验方法和标准	X
					002	能掌握磨床工作精度检验方法和标准	X
					003	能正确选择检测器具进行精度检验	X
					004	能正确使用检测器具进行精度检验	X
					005	能正确确定精度检验操作顺序,操作方法正确	X
					006	能正确进行检测数据观察、记录、统计、计算,精度判断正确	X
					007	通过加工质量准确分析、评价磨床相关工作精度	X
					008	能够排除类似砂轮主轴径向跳动超差等曲轴磨床常见机械故障	X

(8)导轨磨削加工

职业功能	项目代码	鉴定项目 名 称	鉴定比重(%)	选考方式	要素代码	鉴定要素 名 称	重要程度
八、导轨磨削	D	(一)识图	10	至少选择三项	001	识读液压滑台导轨等复杂类零件的零件图	X
					002	识读机械装配图与液压原理图	X
					003	几何公差、公差配合、表面结构的识别	X
	E	(二)工艺准备	15		001	读懂上述各类零件制造工艺过程	X
					002	制定导轨磨削加工步骤	X
					003	正确选择定位方式	X
					004	合理选择装卡方法	X
					005	正确调整专用夹具	X
					006	分析夹具定位误差	X
					007	根据零件要求选择磨具	X
		(三)精密磨床导轨的磨削	40		001	合理分配磨削余量	X
					002	正确选择磨削方式(粗、精)	X
					003	正确控制及消除磨削热的产生	X
					004	合理选择磨削用量并进行磨削	X
					005	修整磨削砂轮	X
					006	能磨削对最大零件回转直径 $\phi320$ mm 以下的精密磨床等床身的工作台导轨面	X
					007	尺寸要求符合图纸	X

续上表

职业功能	鉴定项目				鉴定要素		
	项目代码	名　称	鉴定比重(%)	选考方式	要素代码	名　称	重要程度
八、导轨磨削	E	(四)误差分析	20	至少选择三项	001	能够熟练使用测微仪、表面粗糙度仪等精密测量仪	X
					002	了解常用量具、量仪的维护知识与保养方法，能够正确对常用量具、量仪进行维护和保养	X
					003	熟知磨削误差的种类	X
					004	分析磨削尺寸误差、形位误差产生的原因	X
		(五)精度检验与机械故障排除	15		001	能掌握磨床几何精度检验方法和标准	X
					002	能掌握磨床工作精度检验方法和标准	X
					003	能正确选择检测器具进行精度检验	X
					004	能正确使用检测器具进行精度检验	X
					005	能正确确定精度检验操作顺序，操作方法正确	X
					006	能正确进行检测数据观察、记录、统计、计算，精度判断正确	X
					007	通过加工质量准确分析、评价磨床相关工作精度	X
					008	能够排除类似砂轮主轴径向跳动超差等导轨磨床常见机械故障	X

（9）珩磨磨削加工

职业功能	鉴定项目				鉴定要素		
	项目代码	名　称	鉴定比重(%)	选考方式	要素代码	名　称	重要程度
九、珩磨磨削	D	(一)识图	10	至少选择三项	001	识读类似车床主轴箱等复杂类零件的零件图	X
					002	识读机械装配图与液压原理图	X
					003	几何公差、公差配合、表面结构的识别	X
	E	(二)工艺准备	15		001	读懂上述各类零件制造工艺过程	X
					002	制定珩磨磨削加工步骤	X
					003	正确选择定位方式	X
					004	合理选择装卡方法	X
					005	正确调整专用夹具	X
					006	分析夹具定位误差	X
					007	根据零件要求选择磨具	X
		(三)深孔的珩磨	40		001	合理分配磨削余量	X
					002	正确选择磨削方式(粗、精)	X
					003	正确控制及消除磨削热的产生	X
					004	合理选择磨削用量并进行磨削	X
					005	修整磨削珩磨油石	X
					006	尺寸公差等级不低于 IT6 的保证措施	X
					007	圆度、锥度不低于 7 级的保证措施	X
					008	表面结构优于 Ra 1.6～Ra 0.4μ 的措施	X

职业功能	鉴定项目				鉴定要素		
	项目代码	名　　称	鉴定比重(%)	选考方式	要素代码	名　　称	重要程度
九、珩磨磨削	E	(四)误差分析	20	至少选择三项	001	能够熟练使用测微仪、表面粗糙度仪等精密测量仪	X
					002	了解常用量具、量仪的维护知识与保养方法,能够正确对常用量具、量仪进行维护和保养	X
					003	熟知磨削误差的种类	X
					004	分析磨削尺寸误差、形位误差产生的原因	X
		(五)精度检验与机械故障排除	15		001	能掌握磨床几何精度检验方法和标准	X
					002	能掌握磨床工作精度检验方法和标准	X
					003	能正确选择检测器具进行精度检验	X
					004	能正确使用检测器具进行精度检验	X
					005	能正确确定精度检验操作顺序,操作方法正确	X
					006	能正确进行检测数据观察、记录、统计、计算,精度判断正确	X
					007	通过加工质量准确分析、评价磨床相关工作精度	X
					008	能够排除类似砂轮主轴轴向窜动超差等珩磨机床常见机械故障	X

磨工(高级工)技能操作考核
样题与分析

职 业 名 称：_____

考 核 等 级：_____

存 档 编 号：_____

考核站名称：_____

鉴定责任人：_____

命题责任人：_____

主管负责人：_____

中国北车股份有限公司劳动工资部制

职业技能鉴定技能操作考核制件图示或内容

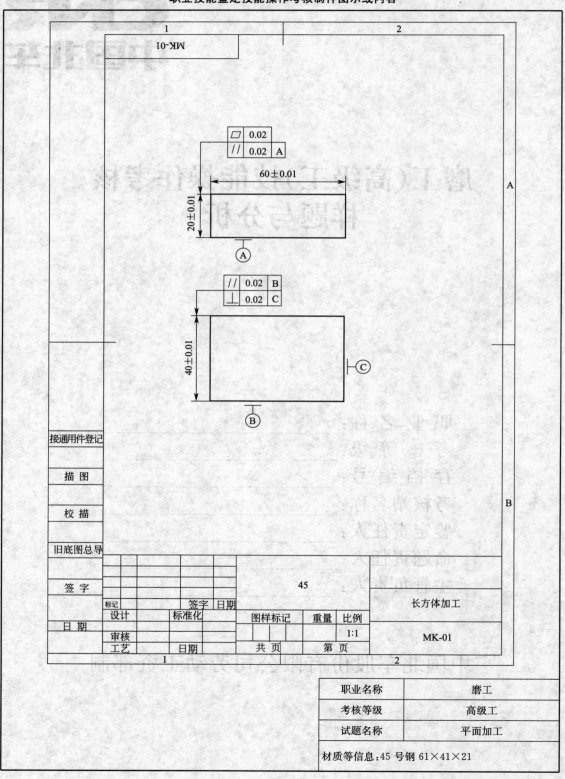

接通用件登记			
描　图			
校　描			
旧底图总导			
签　字		45	长方体加工
日　期	标记　　　签字 日期		
	设计　　 标准化	图样标记 重量 比例	MK-01
	审核		1:1
	工艺　　　　 日期	共　页　　第　页	

职业名称	磨　工
考核等级	高级工
试题名称	平面加工

材质等信息:45 号钢 61×41×21

职业技能鉴定技能操作考核准备单

职业名称	磨工
考核等级	高级工
试题名称	平面加工

一、材料准备

1. 材料规格:材质为 45 号钢。
2. 坯件尺寸:61×41×21。

二、设备、工、量、卡具准备清单

序　号	名　　称	规　　格	数　量	备　注
1	平面磨床	MG7125	1	
2	精密平口钳	(0~150)mm	1	
3	游标卡尺	(0~125)mm	1	
4	外径千分尺	(0~25)mm (25~50)mm (50~75)mm	3	
5	内径百分表	(18~35)mm (35~50)mm (50~100)mm	3	
6	砂轮	46#	1	

三、考场准备

1. 相应的公用设备、设备与器具的润滑与冷却等。

a)考场附近应设置符合要求的磨刀砂轮机。

b)设备附近应设置必备的工、夹、量、刃、检具存放装置。

c)考场应提供起重设施及人员。

d)与鉴定有关的设备、设施在考前应做好检查、检测,保证状态完好、精度符合要求,并做好润滑保养等工作。

2. 相应的场地及安全防范措施。

a)考场采光须良好,每台设备配有设备专用照明灯。

b)每台设备必须采用一机一护一闸。

c)考场应干净整洁、空气流通性好,无环境干扰。

3. 其他准备。

a)考前由考务人员检查考场各工位应准备的材料、设备、工装夹具是否齐全到位。

b)考前由考务人员检查相关设备、工装夹具技术状态须完好。

四、考核内容及要求

1.考核内容(按考核制件图示及要求制作)

2.考核时限

鉴定考核总时间为 210 分钟。

3.考核评分（表）

职业名称	磨工	考核等级	高级工		
试题名称	平面加工	考核时限	210 分钟		
鉴定项目	考核内容	配分	评分标准	扣分说明	得分
识图	在操作过程中能够正确读懂图纸题目	5	磨削加工完成后检测,基本符合图纸即为合格,相应扣分		
	在操作过程中能够正确读懂图纸题目	5			
工艺准备	正确定位	3	定位错误不得分		
	正确装卡	4	装卡错误不得分		
	正确调整	4	操作错误扣分		
	选择正确砂轮	4	选择错误扣分		
四面体的磨削	能合理选择磨削速度、进给量、背吃刀深度	4	磨削用量不合理扣分		
	能合理选择磨削速度、进给量、背吃刀深度	4	磨削用量不合理扣分		
	正确修整	2	需修整则按步骤评分		
	保证尺寸±0.01	10	超差一处扣 3 分		
	平面度 0.02,平行度 0.02,垂直度 0.02	10	超差一处扣 3 分		
	Ra1.6(6处)	10	一处达不到扣 2.5 分		
误差分析	正确使用测量仪	10	使用不正确,扣分		
	正确保养量具	5	使用前后,正确保养与维护,不正确一处,扣 1 分		
	加工完成后,进行误差分析	5	得出分析结论,给分		
精度检验与机械故障排除	掌握磨床几何精度检验方法和标准	4	不正确扣分		
	掌握磨床工作精度检验方法和标准	4	不正确扣分		
	熟知检测器具相关知识	2	不正确扣分		
	使用检测器具进行精度检验	5	不正确扣分		
质量、安全、工艺纪律、文明生产等综合考核项目	考核限制	不限	每超时 5 分钟,扣 10 分		
	工艺纪律	不限	依据企业有关工艺纪律规定执行,每违一次扣 10 分		
	劳动保护	不限	依据企业有关劳动保护管理规定执行,每违反一次扣 10 分		
	文明生产	不限	依据企业有关文明生产管理定执行,每违反一次扣 10 分		
	安全生产	不限	依据企业有关文明生产管理定执行,每违反一次扣 10 分		

职业技能鉴定技能考核制件(内容)分析

职业名称	磨工
考核等级	高级工
试题名称	平面加工
职业标准依据	《国家职业标准》

试题中鉴定项目及鉴定要素的分析与确定

分析事项＼鉴定项目分类	基本技能"D"	专业技能"E"	相关技能"F"	合计	数量与占比说明
鉴定项目总数	9	36	0	45	职业功能任选其一进行考核,在选定后,保证其专业技能的选取数量达到2/3
选取的鉴定项目数量	1	4	0	5	
选取的鉴定项目数量占比	12%	12%		12%	
对应选取鉴定项目所包含的鉴定要素总数	3	27	0	30	
选取的鉴定要素数量	2	17	0	19	
选取的鉴定要素数量占比	67%	63%		63%	

所选取鉴定项目及相应鉴定要素分解与说明

鉴定项目类别	鉴定项目名称	国家职业标准规定比重(%)	《框架》中鉴定要素名称	本命题中具体鉴定要素分解	配分	评分标准	考核难点说明
"D"	识图	10	识读类似方形减速箱箱体等典型平面类零件的零件图	在操作过程中能够正确读懂图纸题目	5	磨削加工完成后检测,基本符合图纸即为合格,相应扣分	在图中识别出需加工的矩形
			几何公差、公差配合、表面结构的识别	在操作过程中能够正确读懂图纸题目	5	磨削加工完成后检测,基本符合图纸即为合格,相应扣分	在图中识别出需加工精度
	工艺准备	15	正确选择定位方式	正确定位	3	定位错误不得分	考核基准选择及定位方面相关知识
			合理选择装卡方法	正确装卡	4	装卡错误不得分	
			正确调整专用夹具	正确调整	4	操作错误扣分	
			根据零件要求选择磨具	选择正确砂轮	4	选择错误扣分	
	四面体的磨削	40	合理分配磨削余量	能合理选择磨削速度、进给量、背吃刀深度	4	磨削用量不合理扣分	考核材质、系统刚性、刀具耐用度合理选择切削用量
			合理选择磨削用量并进行磨削	能合理选择磨削速度、进给量、背吃刀深度	4	磨削用量不合理扣分	
			修整磨削砂轮	正确修整	2	需修整则按步骤评分	考核磨具修整方法
			尺寸公差等级不低于IT6的保证措施	保证尺寸±0.01	10	超差一处扣3分	考核表面几何精度、位置精度及表面质量的保证能力
			平面度和平行度、垂直度不低于7级的保证措施	平面度0.02,平行度0.02,垂直度0.02	10	超差一处扣3分	
			表面结构优于Ra1.6~Ra0.4μm的措施	Ra1.6(6处)	10	一处达不到扣2分	

鉴定项目类别	鉴定项目名称	国家职业标准规定比重(%)	《框架》中鉴定要素名称	本命题中具体鉴定要素分解	配分	评分标准	考核难点说明
	误差分析	20	能够熟练使用测微仪、表面粗糙度仪等精密测量仪	正确使用测量仪	10	使用不正确,扣分	精密测量仪的使用方法与保养相关知识
			了解常用量具、量仪的维护知识与保养方法,能够正确对常用量具、量仪进行维护和保养	正确保养量具	5	使用前后,正确保养与维护,不正确一处,扣1分	
			分析磨削尺寸误差、形位误差产生的原因	加工完成后,进行误差分析	5	得出分析结论,给分	误差分析产生的原因
	精度检验与机械故障排除	15	能掌握磨床几何精度检验方法和标准	掌握磨床几何精度检验方法和标准	4	不正确扣分	平面磨床的几何精度和工作精度的检验
			能掌握磨床工作精度检验方法和标准	掌握磨床工作精度检验方法和标准	4	不正确扣分	
			能正确选择检测器具进行精度检验	熟知检测器具相关知识	2	不正确扣分	
			能正确使用检测器具进行精度检验	使用检测器具进行精度检验	5	不正确扣分	
时限、质量、安全、工艺纪律、文明生产等综合考核项目				考核时限	不限	每超过5分钟,扣10分	
				工艺纪律	不限	依据企业有关工艺纪律规定执行,每违反一次扣10分	
				劳动保护	不限	依据企业有关劳动保护管理规定执行,每违反一次扣10分	
				文明生产	不限	依据企业有关文明生产管理定执行,每违反一次扣10分	
				安全生产	不限	依据企业有关安全生产管理规定执行,每违反一次扣10分	